普通高等院校化学化工类系列教材

化工原理

下册

任永胜 于 辉 田永华 王淑杰 王焦飞 陈丽丽 主编

第2版

清华大学出版社
北京

内容简介

本书是在第一版基础上修订而成,全书分上、下两册。上册从揭示流体流动的基本规律入手,相继讲述与流体流动和传热有关的单元操作,包括流体流动基础、流体输送机械、机械分离与固体流态化、传热、蒸发;下册主要讲述各种传质单元操作,包括气体吸收、蒸馏、气液传质设备、萃取、干燥、其他传质与分离过程。本书对各种单元操作的讨论均按"过程分析—过程描述—过程计算"的思路进行,每章均设置了能力目标、学习提示、讨论题、思考题及习题。本书采用双色印刷,突出重点。

本书可作为化学工程与工艺、应用化学、制药工程及相关、相近专业"化工原理"课程的教材,也可作为化工、环境等过程工业技术和管理人员的参考书。

版权所有,侵权必究。举报: 010-62782989, beiqinquan@tup.tsinghua.edu.cn。

图书在版编目(CIP)数据

化工原理.下册/任永胜等主编. —2版. —北京:清华大学出版社,2023.6
普通高等院校化学化工类系列教材
ISBN 978-7-302-63718-9

Ⅰ.①化… Ⅱ.①任… Ⅲ.①化工原理—高等学校—教材 Ⅳ.①TQ02

中国国家版本馆 CIP 数据核字(2023)第 099614 号

责任编辑:冯 昕
封面设计:傅瑞学
责任校对:欧 洋
责任印制:沈 露

出版发行:清华大学出版社
网　　址:http://www.tup.com.cn, http://www.wqbook.com
地　　址:北京清华大学学研大厦A座　　邮　编:100084
社 总 机:010-83470000　　邮　购:010-62786544
投稿与读者服务:010-62776969, c-service@tup.tsinghua.edu.cn
质量反馈:010-62772015, zhiliang@tup.tsinghua.edu.cn
印 装 者:三河市龙大印装有限公司
经　　销:全国新华书店
开　　本:185mm×260mm　　印　张:18.25　　字　数:444千字
版　　次:2018年8月第1版　　2023年6月第2版　　印　次:2023年6月第1次印刷
定　　价:59.80元

产品编号:095674-01

第 2 版前言

化工原理课程是化学工程与工艺、制药工程、应用化学、食品科学与工程、环境工程、生物工程及相关专业的专业基础课。其主要任务是研究化工过程单元操作的基本原理、典型过程设备,进行过程工艺设计计算、设备设计与选型及单元过程的操作分析。通过本门课程的学习,并结合"化工原理实验""化工原理课程设计"等课程的训练,培养学生的工程观念和工程素养,以及分析和解决复杂工程问题的能力。

本书是在清华大学出版社 2018 年出版的《化工原理》(上、下册)基础上修订的,在此对第 1 版教材的全体作者付出的辛苦工作表示深深的谢意。

第 2 版教材在保持原教材总体结构和风格的基础上,主要进行了以下修订:

(1) 对部分内容进行充实与更新,增加难度较大、要求较高的内容,体现教材的高阶性;

(2) 对某些内容进行了删改与调整,提高教材的科学性;

(3) 在每章前增加了本章重点,便于读者明确各章的学习目的;在每章后增加学习提示,希望给读者一些启发,对内容进行总结归纳;

(4) 对部分例题进行了适当调整,突出工程特色,提升读者分析、解决复杂工程问题的能力,部分例题后增加分析与讨论,扩展读者视野;

(5) 增加课堂/课外讨论题、思考题,尤其综合性讨论题是以工程实际背景编写,适用于课堂小组讨论、翻转课堂等,提高课程挑战度;

(6) 对习题进行了适当调整,补充填空题及综合性习题,并附有答案;

(7) 本套教材采用双色印刷,突出重点,更加醒目。

全套教材共 12 章。上册(流体流动与传热)包括绪论、流体流动基础、流体输送机械、机械分离与固体流态化、传热、蒸发;下册(传质与分离)包括气体吸收、蒸馏、气液传质设备、萃取、干燥、其他传质与分离过程。上册由任永胜、王淑杰、田永华、王焦飞主编,其中绪论与附录、机械分离与固体流态化由任永胜编写,流体流动基础、流体输送机械由王淑杰编写,传热由田永华编写,蒸发由王焦飞编写,全书由任永胜统稿。

下册由任永胜、于辉、王淑杰、田永华、王焦飞、陈丽丽主编,其中气体吸收由王淑杰编写,蒸馏由于辉编写,气液传质设备、其他传质与分离方法由陈丽丽编写,萃取由王焦飞编写,干燥由田永华编写,附录由任永胜编写,全书由任永胜统稿。

本套教材是宁夏大学化工原理教研室教师多年的教学和科研工作的积

累,在编写过程中得到了教研室及化工系全体同事的关心和支持,在此表示衷心的感谢。

  本套教材的出版得到了宁夏大学高水平教材出版项目资助,同时获得了宁夏大学化学化工学院(省部共建煤炭高效利用与绿色化工国家重点实验室)和清华大学出版社等单位领导给予的大力支持、关心和指导,在此致以诚挚的感谢。

  由于编者水平所限,书中不妥之处甚至错误在所难免,恳请读者批评指正。

编 者

2022 年 12 月

第1版前言

化工原理是化学工程与工艺、制药工程、应用化学、食品科学与工程、环境工程、生物工程及相近和相关专业的主干课程，其主要任务是研究化工过程单元操作的基本原理、典型过程设备，进行过程工艺设计计算和设备选型及单元过程的操作分析。通过本门课程的学习，并结合"化工原理实验""化工原理课程设计"等课程的训练，培养学生的工程素养以及分析和解决化工生产实际问题的能力。

本教材以教育部高等学校化工类专业教学指导委员会对化工工程师培养的基本要求为指导，吸取国内外同类教材的长处，并结合编者在多年课程教学实践中形成的认识和经验编写而成。全书分上、下两册出版。上册除绪论与附录外，包括流体流动、流体输送机械、非均相物系的分离、传热及蒸发等单元操作；下册包括吸收、蒸馏、萃取、干燥、结晶及其他分离过程等单元操作。

本书由任永胜统稿。参加上册各章编写的有：绪论（于辉、任永胜）；流体流动（王淑杰）；流体输送机械（王淑杰）；非均相物系的分离（王淑杰、陈丽丽）；传热（田永华）；蒸发（田永华）；附录（陈丽丽、田永华、任永胜）。参与下册各章编写的有：吸收（王淑杰）、蒸馏（于辉）、传质设备（陈丽丽、田永华）、萃取（田永华、陈丽丽）、干燥（陈丽丽、田永华）、其他分离方法（于辉）。校稿工作由任永胜、王淑杰、陈丽丽、田永华、于辉等老师承担。在本书的编写过程中，化工系主任李平及范辉、张晓光、董梅、蔡超、方芬、詹海鹃、麻晓霞、王晓中、冯雪兰等同事给了无私的帮助和支持，在此一并表示衷心的感谢。

本书的出版得到了宁夏高等学校一流学科建设项目（宁夏大学化学工程与技术学科，编号：NXYLXK2017A04）的资助，同时获得了省部共建煤炭高效利用与绿色化工国家重点实验室、化学国家基础实验教学示范中心（宁夏大学）、化学化工学院和清华大学出版社等单位的大力支持，在此致以诚挚的谢意。

由于编者水平所限，书中不妥之处甚至错误在所难免，恳请读者批评指正。

编 者

2017 年 12 月

目录

第 6 章　气体吸收 …………………………………………… 1

　6.1　概述 ………………………………………………… 1
　　6.1.1　吸收过程及其应用 ……………………………… 1
　　6.1.2　吸收过程的分类 ………………………………… 3
　　6.1.3　吸收剂的选择 …………………………………… 3
　　6.1.4　吸收过程的技术经济评价 ……………………… 4
　　6.1.5　吸收过程中气液相的接触方式 ………………… 5
　6.2　吸收过程的气液相平衡 …………………………… 6
　　6.2.1　混合物组成的表示方法 ………………………… 6
　　6.2.2　平衡溶解度 ……………………………………… 8
　　6.2.3　亨利定律 ………………………………………… 11
　　6.2.4　相平衡与吸收过程的关系 ……………………… 14
　6.3　扩散和单相传质 …………………………………… 16
　　6.3.1　双组分混合物中的分子扩散 …………………… 17
　　6.3.2　扩散系数 ………………………………………… 22
　　6.3.3　对流传质 ………………………………………… 25
　　6.3.4　对流传质理论 …………………………………… 28
　6.4　相际传质 …………………………………………… 30
　　6.4.1　吸收相际传质速率 ……………………………… 31
　　6.4.2　传质速率方程的各种表达形式 ………………… 33
　　6.4.3　相际传质速率分析 ……………………………… 34
　6.5　低浓度气体吸收 …………………………………… 36
　　6.5.1　低浓度气体吸收的特点 ………………………… 36
　　6.5.2　低浓度气体吸收过程的数学描述 ……………… 37
　　6.5.3　填料层高度的计算 ……………………………… 39
　　6.5.4　吸收塔的设计型计算 …………………………… 48
　　6.5.5　吸收塔的操作型计算 …………………………… 55
　　6.5.6　吸收塔的操作和调节 …………………………… 55
　6.6　解吸 ………………………………………………… 59
　　6.6.1　气提解吸法 ……………………………………… 59
　　6.6.2　其他解吸方法 …………………………………… 63

6.7 高浓度气体吸收 — 64
6.7.1 高浓度气体吸收的特点 — 64
6.7.2 高浓度气体吸收过程的数学描述 — 65
6.7.3 等温（绝热）高浓度气体吸收的计算 — 66

6.8 多组分气体吸收 — 69
6.8.1 多组分吸收的特点 — 69
6.8.2 多组分吸收的计算 — 69

6.9 化学吸收 — 70
6.9.1 化学吸收的特点 — 70
6.9.2 化学反应的数学描述 — 71
6.9.3 化学吸收传质高度的计算方法 — 72

6.10 吸收系数 — 73
6.10.1 吸收系数的实验测定 — 73
6.10.2 吸收系数的特征关联式 — 74
6.10.3 吸收系数的经验公式 — 75

习题 — 78

第7章 蒸馏 — 85

7.1 概述 — 85

7.2 蒸馏过程的气液相平衡 — 87
7.2.1 二元理想物系的气液平衡 — 87
7.2.2 二元非理想物系的气液平衡 — 91

7.3 单级蒸馏过程和精馏原理 — 94
7.3.1 平衡蒸馏 — 94
7.3.2 简单蒸馏 — 96
7.3.3 精馏过程原理和操作流程 — 98

7.4 两组分连续精馏的分析和计算 — 100
7.4.1 计算的基本假定 — 100
7.4.2 物料衡算和操作线方程 — 101
7.4.3 进料热状况对精馏过程的影响 — 103
7.4.4 理论板层数的计算 — 107
7.4.5 回流比的影响及选择 — 110
7.4.6 简捷法求理论板层数 — 117
7.4.7 几种特殊类型两组分精馏过程分析 — 120
7.4.8 塔高和塔径的计算 — 126
7.4.9 连续精馏装置的热量衡算 — 131
7.4.10 精馏过程的操作型计算 — 133
7.4.11 精馏操作过程操作条件的选择和优化 — 135

7.5 间歇精馏和特殊精馏 — 137

		7.5.1 间歇精馏	137
		7.5.2 特殊精馏过程	143
	7.6	多组分精馏过程	145
		7.6.1 多组分精馏分离序列的选择	145
		7.6.2 全塔物料衡算	146
		7.6.3 简捷法求理论塔板数	148
	习题		155

第8章 气液传质设备 … 162

- 8.1 概述 … 162
- 8.2 板式塔 … 163
  - 8.2.1 板式塔的结构 … 163
  - 8.2.2 板式塔的流体力学性能 … 164
  - 8.2.3 塔板类型 … 168
  - 8.2.4 板式塔工艺设计 … 170
- 8.3 填料塔 … 185
  - 8.3.1 填料及填料性能 … 185
  - 8.3.2 填料塔的流体力学性能 … 187
  - 8.3.3 填料塔的内件 … 191
- 习题 … 194

第9章 萃取 … 195

- 9.1 概述 … 195
  - 9.1.1 萃取过程原理 … 195
  - 9.1.2 萃取剂的选择 … 196
- 9.2 液液相平衡 … 197
  - 9.2.1 三角形坐标图及杠杆规则 … 197
  - 9.2.2 平衡曲线 … 198
- 9.3 单级萃取 … 202
- 9.4 多级萃取 … 205
  - 9.4.1 多级错流萃取过程的计算 … 205
  - 9.4.2 多级逆流萃取的计算 … 206
- 9.5 完全不互溶物系萃取过程的计算 … 209
  - 9.5.1 单级萃取 … 209
  - 9.5.2 多级错流萃取 … 210
  - 9.5.3 多级逆流萃取 … 212
- 9.6 其他萃取方式简介 … 212
  - 9.6.1 微分接触逆流萃取的计算 … 212
  - 9.6.2 回流萃取 … 214

9.7 液液萃取设备 ··· 216
9.7.1 逐级接触式萃取设备 ··· 216
9.7.2 微分接触式萃取设备 ··· 217
习题 ··· 222

第10章 干燥 ··· 226
10.1 湿空气的性质及湿焓图 ··· 226
10.1.1 湿空气的性质 ··· 226
10.1.2 湿空气的湿焓图 ··· 231
10.2 物料衡算及热量衡算 ·· 236
10.2.1 湿物料中水分含量的表示方法 ································· 236
10.2.2 干燥系统的物料衡算 ··· 237
10.2.3 干燥系统的热量衡算 ··· 238
10.3 固体物料中的水分 ·· 243
10.4 干燥过程速率 ·· 245
10.4.1 干燥曲线及干燥速率曲线 ······································· 245
10.4.2 干燥过程分析 ··· 246
10.5 干燥时间的计算 ··· 249
10.5.1 恒定干燥条件下的干燥时间 ··································· 249
10.5.2 变动干燥时间的计算 ··· 251
10.6 干燥设备 ··· 253
习题 ··· 260

第11章 其他传质与分离过程 ·· 263
11.1 结晶 ··· 263
11.1.1 结晶的基本原理 ··· 263
11.1.2 工业结晶方法与设备 ··· 268
11.2 膜分离 ·· 271
11.2.1 概述 ··· 271
11.2.2 膜分离与分离膜 ··· 273
习题 ··· 278

参考文献 ··· 279

附录A 气体的扩散系数 ·· 280

附录B 几种气体溶于水时的亨利系数 ······································· 282

第 6 章

气 体 吸 收

本章重点

1. 掌握气体在液体中溶解度的表示方法,亨利定律的三种表达方式及其相互关系和应用;

2. 掌握扩散基本原理及吸收速率表达式,双膜模型,传质速率方程表达式,气膜和液膜控制原理;

3. 掌握吸收塔物料衡算和操作线方程,最小液气比概念与吸收剂用量确定的依据和方法,操作线方程及其物理意义;

4. 掌握填料层有效高度的计算,传质单元数和传质单元高度的定义及其物理意义,传质单元数的两种算法;

5. 熟练应用数形结合的方式,分析各参数变化对吸收设计或操作的影响。

6.1 概 述

在化工生产中会遇到各种流体混合物的分离问题,如各种气态或液态混合物的净化提纯以及产品的分离精制等过程。这些过程是将某一流体混合物分离成几个浓度不同的目标产品混合物的过程,或者是将流体混合物分离成单组分产品的过程。这类过程的本质都涉及混合物中各组分在某种推动力的作用下发生"迁移",即当物系中的某组分存在浓度梯度时,将发生该组分由高浓度区向低浓度区的迁移。正是这种组分迁移的作用,使得混合物的浓度发生变化。控制过程发生的条件,使得混合物浓度分布达到预期的要求,即可获得所需要的目标产品。该过程称之为质量传递。促使系统内组分发生迁移的推动力可以是浓度差、温度差、压力差或场力等。由于化工生产中涉及的分离过程多数是以浓度差为推动力的传质过程,因此本章主要研究的传质过程是指具有浓度差的多元混合物中,一个组分相对于混合物从一处转移到另一处的过程。

6.1.1 吸收过程及其应用

在化工生产中,经常遇到需要将气体混合物中的各个组分(一种或一种以上)加以分离的问题,而吸收操作是常用的分离方法之一。该操作过程是将需要分离的混合气体与某种溶剂接触,利用混合气体中各组分在溶剂中溶解度(或化学反应活性)的差异,使易溶组分溶解于溶剂中而与气体分离的一种化工单元操作。通常吸收操作所用的溶剂称为吸收剂,以 S 表示;混合气体中,能够显著溶解的组分称为吸收物质或溶质,以 A 表示;几乎不被溶解

(或微量吸收溶解)的组分统称为惰性组分(也称为惰气或载气),以 B 表示;吸收操作所得到的液体称为吸收液,是吸收剂吸收易溶组分后形成的溶液;吸收后排出吸收塔的气体称为尾气,主要成分为载气,但仍含有少量未被吸收的溶质 A。

气体吸收过程的实质是溶质从气相到液相的质量传递过程,通常在吸收塔内进行,图 6.1 所示为洗油脱除煤气中粗苯的吸收-解吸联合流程简图。

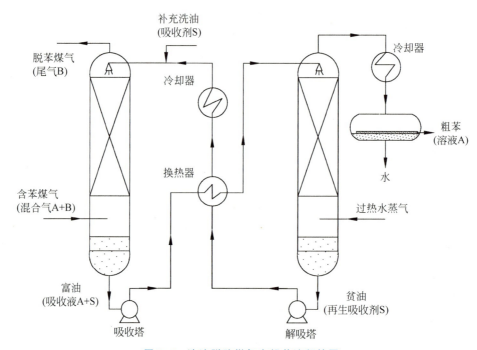

图 6.1　洗油脱除煤气中粗苯流程简图

图中左侧为吸收部分,右侧为解吸部分。含苯的常温常压煤气由吸收塔的底部进入,吸收用的吸收剂洗油从吸收塔的顶部喷淋,与煤气在塔内呈逆流流动接触。两股物流在逆流接触过程中,苯系化合物便溶解于洗油中,吸收了粗苯的洗油由吸收塔底部排出。脱除粗苯后的煤气由吸收塔塔顶排出,其苯的含量降至允许值以下,从而得到净化处理。为了使洗油能够再次使用,需要将苯系化合物与洗油分离,这一过程称之为溶剂的再生。解吸是溶剂再生的一种方法。吸收苯系化合物的洗油吸收液经过加热后送入解吸塔上部,与塔内上升的过热水蒸气接触,苯系化合物从液相解吸至气相。因此,解吸操作是一个与吸收过程相反的操作。苯系化合物被解吸后,洗油得到再生,经过冷却后再重新作为吸收剂送入吸收塔循环使用。

由此可见,采用吸收操作实现气体混合物的分离必须解决下列问题:

(1) 选择合适的吸收剂,使其能选择性地溶解某个(或某些)被分离组分;

(2) 提供适当的传质设备以实现气、液两相接触,使被分离组分能够自气相转移至液相(吸收)或由液相转移至气相(解吸);

(3) 溶剂的再生,即脱除溶解于其中的被分离组分以便循环利用。

总之,一个完整的吸收分离过程通常包括吸收和溶剂的再生(解吸)两部分。

吸收单元操作是气体混合物分离常用的方法,在石油化工、无机化工、精细化工、环境保护等领域得到广泛应用。其目的主要有以下两个。

（1）**回收或捕获气体混合物中的有用物质，以制取产品**。利用吸收过程分离出气体混合物中一个或几个组分来分离气体混合物的工业实例很多。例如在炼油生产中，用粗汽油回收富气中的 C_3、C_4，以获得液化气；在合成氨生产中，用溶剂洗涤变换气，将 CO_2 从变换气中分离出来。

（2）**净化或精制工业气体**，以便进一步加工处理或除去工业放空尾气的有害物，以免污染大气，而实际的过程往往同时兼有净化与回收的双重目的。

6.1.2 吸收过程的分类

由于实际生产中所遇到的情况比较复杂，所选用的吸收剂也多种多样，因而与之相适应的吸收和解吸过程也就不尽相同，工业上的吸收过程可以从不同角度大致分类如下。

（1）**物理吸收和化学吸收** 吸收过程按溶质是否与吸收剂发生明显化学反应，分为物理吸收和化学吸收。若吸收过程中溶质仅是溶解在吸收剂中，没有与吸收剂发生明显化学反应，称为物理吸收，如水吸收二氧化碳、乙醇胺吸收含硫气体等吸收过程都属于物理吸收；若吸收过程中，溶质与吸收剂中的活性组分发生明显化学反应，则称为化学吸收，如用碱液来吸收二氧化碳就属于化学吸收。

（2）**单组分吸收和多组分吸收** 按吸收过程中溶质的数目可分为单组分吸收和多组分吸收。若吸收过程中仅有一种溶质被吸收，称为单组分吸收；若吸收过程中有两种以上的溶质被吸收，称为多组分吸收。如用水吸收氯化氢气体制取盐酸属于单组分吸收；而用洗油处理焦炉气时，气体中的苯、甲苯、二甲苯等几种组分在洗油中都有明显的溶解，则属于多组分吸收。

（3）**等温吸收和非等温吸收** 若吸收过程中溶解热效应不明显，吸收过程系统温度基本保持不变，称为等温吸收；反之则称为非等温吸收。

（4）**低浓度吸收和高浓度吸收** 若气体中溶质含量较低（通常指溶质组分在气液两相中的摩尔分数均不超过 0.1），则在吸收过程中所引起的气相与液相流量变化不大，因此流经吸收塔的气、液流率均可视为常数，并且由溶解热而产生的热效应也不会引起液相温度的显著变化，可视为等温吸收，称为低浓度吸收；反之当混合物组分中溶质的摩尔分数高于 0.1，且被吸收的数量又较多时，则称为高浓度吸收。

工业生产中的吸收过程主要以低浓度吸收为主，而且物理吸收中溶质与吸收剂的结合力较弱，解吸比较方便。因此，本章重点讨论单组分低浓度的等温物理吸收过程。

6.1.3 吸收剂的选择

吸收操作是气、液两相之间的接触传质，是利用溶质在吸收剂中的溶解度来实现的。吸收剂性能的优劣，往往成为决定吸收操作效果和工艺流程的关键，特别是吸收剂与气体混合物之间的相平衡关系。根据物理化学中有关相平衡的知识可知，好的吸收剂应满足以下几点要求。

（1）吸收剂对溶质的溶解度应较大。对于一定的处理量和分离要求，若吸收剂对溶质的溶解度大，则所需吸收剂的用量少。从平衡的角度来说，吸收剂用量少，气体中溶质的极限残余浓度亦可降低；就传质过程速率来说，溶质平衡分压低，过程的传质推动力大，可提高吸收速率，同时减小塔设备的尺寸。

(2) 吸收剂应具有较高的选择性，吸收剂对混合气体中其他组分的溶解度要小。若吸收剂的选择性不高，它将同时吸收气体混合物中的其他组分，这样的吸收操作只能实现组分间的某种程度的增浓，却不能实现较为完全的分离。同时，吸收剂的高选择性，也可以减少惰性组分的损失，提高解吸后溶质气体的纯度。

(3) 不易挥发，吸收剂的蒸气压要低，以减少吸收和解吸过程中吸收剂的挥发损失。

(4) 吸收剂应具有较好的化学稳定性，以免使用过程中发生变质。

(5) 吸收剂应具有较低的黏度。吸收剂在操作温度下的黏度越低，其在塔内的流动性越好，可以实现吸收塔内良好的气液接触和塔顶的气液分离，这有利于传质速率和传热速率的提高。

(6) 所选的吸收剂应尽可能无毒、无腐蚀性、不易燃易爆、不发泡、冰点低、价廉易得等。

实际上很难找到一个理想的吸收剂能满足上述所有要求，因此，应对可供选择的吸收剂进行全面评价，以便作出经济合理的选择。

6.1.4　吸收过程的技术经济评价

吸收过程的主要技术指标包括：
(1) 吸收率，即溶解于吸收剂的某一溶质的量与混合气中该溶质的量的比值；
(2) 产品质量，即产品浓度(以生产产品为目的)或净化后气体中某组分的浓度(以回收或净化为目的)；
(3) 吸收剂单耗，即单位产品所消耗的吸收剂量；
(4) 能耗，即单位产品所消耗的电能、热能、冷剂等。

吸收过程的主要操作费用包括：
(1) 气、液两相流经吸收设备的能量消耗；
(2) 吸收剂的挥发损失和变质损失；
(3) 吸收剂的再生费用，例如解吸操作费用。

三者中再生费用所占的比例最大。

吸收过程的主要经济指标包括：
(1) 吸收过程的投资费用，包括设备、管道、仪表、土建等；
(2) 吸收过程的操作生产成本，即生产单位产品的物料消耗、能耗、设备折旧、维修费用、人工工资等。

对吸收过程的评价主要包括：
(1) 技术先进、可靠，主要反映在技术指标上，例如产品质量好、吸收率高、物料消耗与能耗低等；
(2) 经济合理，主要反映为操作费用少。

需要指出，气体吸收的操作费用主要集中在解吸操作。常用的解吸方法有升温、减压、吹气，其中升温与吹气，特别是升温与吹气同时使用最为常见。吸收剂在吸收与解吸设备之间循环，其间的加热与冷却、泄压与加压必然消耗较多的能量。如果吸收剂的溶解能力差，离开吸收设备的吸收剂中的溶质浓度低，则所需的吸收剂循环量就大，再生时的能耗也大。

同样,若吸收剂的溶解能力对温度变化不敏感,所需解吸温度较高,溶剂再生的能耗也将增大。若吸收了溶质后的溶液是吸收过程的产品,此时不再需要吸收剂的再生,这种吸收过程自然是最经济的。

因此,在经济技术评价中,要综合考虑吸收和解吸。

6.1.5 吸收过程中气液相的接触方式

吸收设备有多种形式,但以塔设备最为常用。按气、液两相接触方式的不同可将吸收设备分为级式接触与微分式接触两大类。图 6.2 为这两类设备中典型的吸收塔示意图。

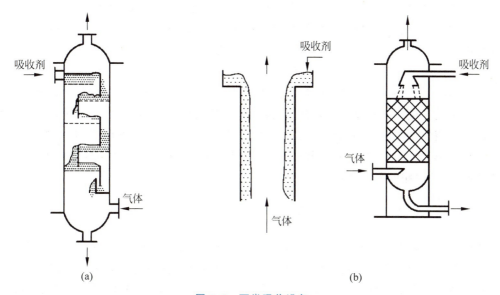

图 6.2　两类吸收设备
(a) 级式接触；(b) 微分式接触

在图 6.2(a)所示的板式吸收塔中,气体与液体为逐级逆流接触。气体自下而上通过板上小孔逐板上升,在每一板上与吸收剂接触,其中可溶组分被部分地溶解。在此类设备中,气体每上升一块塔板,可溶组分的浓度阶跃式地降低;吸收剂逐板下降,其可溶组分的浓度则阶跃式地升高。但是,在级式接触过程中所进行的吸收过程不随时间而变,为定态连续过程。

在图 6.2(b)所示的设备中,液体呈膜状顺壁流下,此为湿壁塔或降膜塔。更常见的是在塔内装上诸如瓷环之类的填料,液体自塔顶均匀喷淋并沿填料表面下流,气体通过填料间的空隙上升并与液体作连续的逆流接触。在这种设备中,气体中的可溶组分不断地被吸收,其浓度自下而上连续地降低;液体则相反,其中可溶组分的浓度由上而下连续地增高,这是微分式接触的吸收塔设备。

级式与微分式接触设备不仅用于气体吸收,也可以用于精馏、萃取、干燥等其他传质单元操作。两类设备可采用完全不同的计算方法。本书以气体吸收为例讲解微分式接触设备的计算方法,而以精馏和萃取为例展开级式接触设备的计算方法,并在气液传质设备一章(第 8 章)中简要说明两种方法之间的关系。

本章讨论的气体吸收限于下列较为简单的情况。

(1) 气体混合物中只有一个组分溶于吸收剂,其余组分在吸收剂中的溶解度极低,可忽略不计,因而可视为一个惰性组分。

(2) 吸收剂的蒸气压很低,其挥发性损失可以忽略,即气体中不含吸收剂蒸气。

基于上述假定,在气相中仅包括一个惰性组分和一个可溶组分;在液相中则包含可溶组分(溶质)与吸收剂。

6.2 吸收过程的气液相平衡

气体吸收过程实质上是溶质组分自气相通过界面转移到液相的过程。

将气体吸收中的传质过程与传热过程进行对照可知,吸收过程首先是溶质在气相主体向相界面扩散,然后穿过相界面,再由相界面向液相主体扩散的过程,类似于传热过程中,热量由高温流体通过间壁再传至低温流体的传热过程。但吸收过程要比传热过程复杂得多:传热过程是冷、热两流体间的热量传递,传递的是热量,传递的推动力是两流体间的温度差,过程的极限是温度相等;吸收过程是气、液两相间的物质传递,传递的是物质,但传递的推动力不是两相的浓度差,过程的极限也不是两相浓度相等,而是溶质在气、液两相间达到平衡。这是由于气、液两相之间的平衡不同于冷、热流体间的热平衡。因此,分析吸收过程首先要研究气、液两相的平衡关系。

6.2.1 混合物组成的表示方法

传质过程的外在表现是混合物中的组分在各相中浓度的变化,因此需要先分析相组成。

溶质在液相中的浓度可用物质的量分数、物质的量比、物质的量表示,也可用单位质量(体积)液体中所含溶质的质量来表示;溶质在气相中的浓度可用分压、物质的量分数、物质的量比表示。

1. 质量分数

混合物中某一组分的质量对该相的总质量之比(分量与总量之比),即

$$w_A = \frac{m_A}{m} \tag{6.1}$$

式中　w_A——组分 A 的质量分数;
　　　m_A——混合物中组分 A 的质量,kg;
　　　m——混合物总质量,kg。

若混合物有 N 个组分,则各组分的质量分数之和为 1,即

$$\sum_{i=1}^{N} w_i = 1$$

2. 物质的量分数(摩尔分数)

混合物中某一组分的物质的量对该混合物总物质的量之比称为该组分的物质的量分数(摩尔分数)。通常液相用 x 表示,则组分 A 的物质的量分数定义为

$$x_A = \frac{n_A}{n} \tag{6.2}$$

式中　x_A——组分 A 在液相中的物质的量分数；
　　　n_A——液相中组分 A 的物质的量，mol；
　　　n——液相各组分的总物质的量，mol。

气相用 y 表示，即

$$y_A = \frac{n_A}{n} \tag{6.3}$$

式中　y_A——组分 A 在气相中的物质的量分数；
　　　n_A——气相中组分 A 的物质的量，mol；
　　　n——气相各组分的总物质的量，mol。

若混合物有 N 个组分，则各组分的物质的量分数之和为 1，即

$$\sum_{i=1}^{N} x_i = 1, \quad \sum_{i=1}^{N} y_i = 1$$

3. 质量浓度

单位体积混合物中某组分的质量称为该组分的质量浓度，以 ρ 表示。则组分 A 的质量浓度定义式为

$$\rho_A = \frac{m_A}{V} \tag{6.4}$$

式中　ρ_A——组分 A 的质量浓度，kg/m^3；
　　　m_A——混合物中组分 A 的质量，kg；
　　　V——混合物体积，m^3。

若混合物有 N 个组分，则混合物的总质量浓度为

$$\rho = \sum_{i=1}^{N} \rho_i \tag{6.5}$$

4. 物质的量浓度（浓度）

单位体积混合物中某组分的物质的量称为该组分的物质的量浓度（浓度），以 c 表示。则组分 A 的浓度定义式为

$$c_A = \frac{n_A}{V} \tag{6.6}$$

式中　c_A——组分 A 的浓度，$kmol/m^3$；
　　　n_A——混合物中组分 A 的物质的量，kmol。

若混合物有 N 个组分，则混合物的总浓度为

$$c = \sum_{i=1}^{N} c_i \tag{6.7}$$

组分 A 的质量浓度和浓度之间的关系为

$$c_A = \frac{\rho_A}{M_A} \tag{6.8}$$

式中　M_A——组分 A 的摩尔质量,kg/kmol。

5. 摩尔比

混合物中某组分的物质的量与溶剂或载体(惰性组分)的物质的量的比值称为该组分的摩尔比,以 X 或 Y 表示。若混合物中除组分 A 外,其余为惰性组分,则组分 A 的摩尔比定义式为

液相:

$$X_A = \frac{n_A}{n_B} = \frac{n_A}{n - n_A} = \frac{x_A}{1 - x_A} \tag{6.9}$$

气相:

$$Y_A = \frac{n_A}{n_B} = \frac{n_A}{n - n_A} = \frac{y_A}{1 - y_A} \tag{6.10}$$

式中　X_A——组分 A 的摩尔比;

　　　n_B——混合物中惰性组分的物质的量,$n_B = n - n_A$,kmol。

摩尔比与摩尔分数之间的换算:

$$x = \frac{X}{1 + X} \tag{6.11}$$

$$y = \frac{Y}{1 + Y} \tag{6.12}$$

6. 质量比

混合物中某组分的质量与溶剂或载体(惰性组分)的质量的比值称为该组分的质量比,以 $\overline{X}$ 或 $\overline{Y}$ 表示。若混合物中除组分 A 外,其余为惰性组分,则

液相:

$$\overline{X}_A = \frac{m_A}{m_S} = \frac{m_A}{m - m_A} = \frac{w_A}{1 - w_A} \tag{6.13}$$

气相:

$$\overline{Y}_A = \frac{m_A}{m_B} = \frac{m_A}{m - m_A} = \frac{w_A}{1 - w_A} \tag{6.14}$$

以上为混合物中组成的表示方法,应用过程中可根据计算方便的原则确定采用哪种表示方法。

6.2.2　平衡溶解度

1. 相平衡

在一定的温度和压力下,使一定量的吸收剂和混合气体长期或充分接触后,气相中的溶质便会向液相中转移,直至液相的溶质组成达到饱和为止,即气、液两相趋于平衡。此时并

非没有溶质分子进入液相,只是在任意时刻进入液相的溶质分子与从液相逸出的溶质分子数刚好相等,是一种动态平衡,简称相平衡或平衡。

平衡状态是传质过程进行的极限。平衡状态时的气、液两相组成称为平衡组成,一般用溶质 A 的浓度表示。

2. 饱和分压

平衡状态下气相中的溶质分压称为平衡分压或饱和分压。

3. 饱和浓度(溶解度)

气体在液体中的溶解度,就是指气体在液体中的饱和组成。溶解度表明一定条件下吸收过程可能达到的极限程度,习惯上用单位质量(或体积)的液体中所含溶质的质量来表示。

4. 溶解度曲线

气体在液体中的溶解度大小表明了一定条件下吸收过程可能达到的极限程度。要确定吸收设备内任何位置上气液实际组成与其平衡组成的差距,从而计算过程进行的速率,需要知道系统的平衡关系。而任何平衡状态都是有条件的。一般而言,气体溶质在一定液体中的溶解度与整个物系的温度、压力及该溶质在气体中的组成密切相关。按相律分析,对于吸收过程,当系统气液相处于平衡态时,其自由度数等于组分数,对于单组分物理吸收过程,涉及 A、B、S 三个组分,因而自由度为 3。所以,在一定的温度和总压下,气体溶质在液相中的溶解度(组成)只取决于它在气相中的组成。但在总压不是很高时,可认为气体在液体中的溶解度只取决于该气体的分压而与总压无关。

若在一定温度下,将平衡时溶质在气相中的分压 p_e 与组分 A 在液相中的溶解度相关联,即得溶解度曲线。

气体的溶解度通过实验测定。不同的气体在同一溶剂中的溶解度有很大差异。图 6.3、图 6.4、图 6.5 分别为常压下氨、二氧化硫和氧在水中的溶解度与其在气相中的分压之间的关系(以温度为参数)。

图 6.3 是常压下氨在水中的溶解度。可以看出,同一溶质在相同的气相分压下,溶解度随温度降低而加大。例如,当氨的分压为 60 kPa 时,温度从 40℃降至 10℃,每 1 000 g 水中溶解的氨从 220 g 增加至 490 g。

图 6.4 是二氧化硫在水中的溶解度,图 6.5 是氧在水中的溶解度。可以看出,在同一溶剂(水)

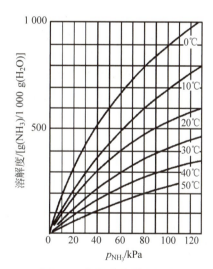

图 6.3 氨在水中的溶解度

中,不同气体的溶解度有很大差异。例如,当温度为 20℃、气相中溶质分压为 20 kPa 时,每 1 000 g 水中所能溶解的氨、二氧化硫和氧的质量分别为 170 g、25 g 和 0.009 g,这表明氨易溶于水,氧难溶于水,二氧化硫居中。从图 6.3 和图 6.4 也可以看出,在 20℃时,若分别有 100 g 的氨和 100 g 的二氧化硫各溶于 1 000 g 的水中,则氨在其液面上方的分压只有 9.3 kPa,

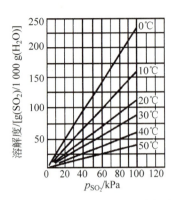
图 6.4 二氧化硫在水中的溶解度

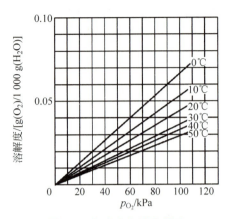
图 6.5 氧在水中的溶解度

而二氧化硫在其液面上方的分压已达到 93.0 kPa。至于氧,由于溶解度很低,分压就很高,达到 220 kPa。很显然,对于同样组成的溶液,易溶气体溶液上方的分压小,而难溶气体所需的分压较高。同时从图中可看出,每种溶质在水中的溶解度均随温度的升高而减小,随分压的升高而增大,这也反映了气体在液体中的溶解度随温度和压力变化的一般规律。

由溶解度曲线的变化规律可知,加压和降温可以提高气体的溶解度,有利于吸收;反之,升温和减压则有利于解吸操作。

以分压表示的溶解度曲线直接反映了相平衡的本质,可直接用来思考和分析问题;而以物质的摩尔分数 x 与 y 表示的相平衡关系,则可方便地与物料衡算等其他关系共同对整个吸收过程进行数学描述。

【例 6.1】 根据 20℃ 的 SO_2-H_2O 的物系平衡数据:(1)标绘出在总压为 101.3 kPa 和 202.6 kPa 的 y_e-x_e 曲线;(2)计算气相组成 $y=0.03$ 时对应两种不同总压下的平衡液相摩尔分数。(下标 e 表示平衡)

解:20℃,SO_2-H_2O 的物系平衡数据列于附表第 1、2 列,设 100 g 水中溶解的 SO_2 量为 a,则溶液中 SO_2 的摩尔分数为

$$\frac{\dfrac{a}{64}}{\dfrac{a}{64}+\dfrac{100}{18}}$$

由此式算得的液相摩尔分数列于附表第 3 列,可作出 p_e-x_e 曲线如本题附图(a)所示。气相摩尔分数 $y_e=p_e/x_e$,在 101.3 kPa 和 202.6 kPa 下,将附表中 p_e 换算成 y_e 列于附表第 4、5 列。根据气、液平衡组成 y_e-x_e 作图,即得 20℃ 的 SO_2-H_2O 的平衡曲线,如本题附图(b)所示。

例 6.1 附表 20℃,SO_2-H_2O 的物系平衡数据

a/[g(SO_2)/100 g(H_2O)]	p_e/kPa	液相摩尔分数 x_e	气相摩尔分数 y_e	
			$p=101.3$ kPa	$p=202.6$ kPa
0.02	0.066 6	0.056 2×10⁻³	6.58×10⁻⁴	3.29×10⁻⁴
0.05	0.159 9	0.141×10⁻³	1.58×10⁻³	0.74×10⁻³

续表

$a/[\text{g}(SO_2)/100\text{ g}(H_2O)]$	p_e/kPa	液相摩尔分数 x_e	气相摩尔分数 y_e	
			$p=101.3\text{ kPa}$	$p=202.6\text{ kPa}$
0.10	0.426 6	0.281×10^{-3}	4.21×10^{-3}	2.10×10^{-3}
0.20	1.132 2	0.562×10^{-3}	11.2×10^{-3}	5.60×10^{-3}
0.30	1.879 8	0.843×10^{-3}	18.6×10^{-3}	9.30×10^{-3}
0.50	3.466 3	1.40×10^{-3}	34.2×10^{-3}	17.1×10^{-3}
1.00	7.865 9	2.81×10^{-3}	77.6×10^{-3}	38.8×10^{-3}
1.50	12.265 4	4.20×10^{-3}	121×10^{-3}	60.5×10^{-3}

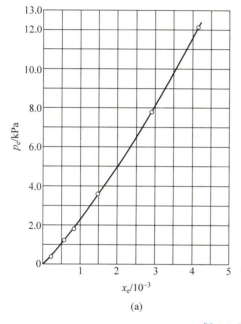
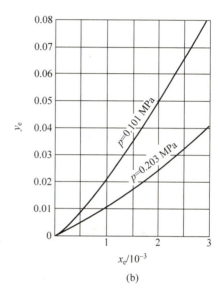

例 6.1 附图

根据混合气中 SO_2 的摩尔分数 $y=0.03$,可由平衡曲线图查得液相的平衡组成为

$$p=101.3\text{ kPa}, \quad x_e=1.25\times10^{-3}; \quad p=202.6\text{ kPa}, \quad x_e=2.238\times10^{-3}$$

由本例可知,总压 p 的变化将改变 y_e-x_e 平衡曲线的位置。这是由于对指定气相组成 y,总压增加使 SO_2 分压增大,液相组成 x 也随之增大。

6.2.3 亨利定律

吸收操作最常用于分离低浓度的气体混合物,因为此种情况下吸收操作较为经济。英国的亨利在 1803 年研究气体在液体中的溶解度时发现,在一定的温度下,低浓度气体混合物吸收时形成的液相浓度通常也较低,即常在稀溶液范围内。稀溶液的溶解度曲线通常近似为一直线,此时,稀溶液上方气体溶质的平衡分压与该溶质在液相中的组成之间服从如下关系:

$$p_e=Ex \tag{6.15}$$

式中 p_e——溶质在气相中的平衡分压，kPa；
　　　x——溶质在液相中的摩尔分数；
　　　E——亨利系数，kPa。

式(6.15)为亨利定律。该式表明，稀溶液上方溶质分压与该溶质在液相中的摩尔分数成正比，其比例系数为亨利系数。

若溶液为理想溶液，且在压力不高和温度一定的情况下，则在全部浓度范围内上式均成立。此时亨利定律和拉乌尔定律一致，亨利系数与同温度下溶质的饱和蒸气压相同。亨利系数表示了气体溶解的难易程度。对于一定的气体溶质和溶剂，亨利系数随温度而变化。一般情况下，温度升高则 E 增大，这体现了气体溶解度随温度升高而减小的变化趋势。在同一溶剂中，亨利系数 E 值越大，则溶质越难溶解；反之，亨利系数 E 值越小，则溶质越易溶解。

需要注意：

(1) 只有溶质在气相中和液相中的分子状态相同时，亨利定律才适用。若溶质分子在溶液中有离解、缔合等情况，则式(6.15)中的 x 应是指与气相中分子状态相同的那一部分溶质的含量。

(2) 在总压不大时，若多种气体同时溶于同一个溶液中，则亨利定律可分别适用于其中的任一种气体。

(3) 一般来说，溶液越稀，亨利定律越准确。

当以其他单位表示可溶组分（溶质）在两相中的浓度时，亨利定律也可表示为如下形式。

(1) 用溶质在液相中的浓度 c_A 与其在气相中的平衡分压 p_e 表示

$$p_e = Hc_A \tag{6.16}$$

式中 p_e——溶质在气相中的平衡分压，kPa；
　　　c_A——溶质 A 在液相中的浓度，$kmol/m^3$；
　　　H——溶解度常数，$kPa \cdot m^3/kmol$。

(2) 用溶质在液相和气相中的摩尔分数 x 和 y 表示

$$y_e = mx \tag{6.17}$$

式中 y_e——与溶液呈平衡的气相中溶质的摩尔分数；
　　　x——溶质在液相中的摩尔分数；
　　　m——相平衡常数，无单位。

在式(6.15)~式(6.17)中，比例系数 E、H、m 为以不同单位表示的亨利系数。这些常数的值越小，表明可溶组分的溶解度越大，或者说溶剂的溶解能力越强。以上三式所用单位各不相同，但在稀溶液范围内可将溶解度曲线视为直线这一点则是共同的。

比较式(6.15)~式(6.17)可得出三个比例常数之间的关系：

① 相平衡常数 m 与亨利系数 E 的关系为

$$m = \frac{E}{p} \tag{6.18}$$

式中 p——操作总压，kPa。

② 溶解度常数与亨利系数的关系为

$$E = Hc_M \tag{6.19}$$

式中 c_M——混合液的总浓度,$kmol/m^3$。

溶液中溶质的浓度 c 与摩尔分数 x 之间的关系为

$$c = xc_M \tag{6.20}$$

溶液的总浓度 c_M 可用 $1\ m^3$ 溶液为基准来计算,即

$$c_M = \frac{\rho_m}{M_m} \tag{6.21}$$

式中 ρ_m——混合液的平均密度,kg/m^3;

M_m——混合液的平均摩尔质量,g/mol。

对于稀溶液,式(6.21)可近似为 $c_M \approx \rho_S/M_S$,其中 ρ_S 和 M_S 分别为溶剂的密度和摩尔质量。代入式(6.19)中可得

$$H \approx \frac{EM_S}{\rho_S} \tag{6.22}$$

常见物系的气液溶解度数据、亨利系数 E(或 H)可在相关手册中查到。需注意的是,手册中气、液两相含量常使用不同的单位,对应亨利系数的数值与单位也会不同。

(3)摩尔比表示相平衡

在吸收计算时,根据假设,通常认为惰性组分不进入液相,溶剂也没有显著的汽化现象,因此在吸收塔各个横截面上,气相中惰性组分 B 的摩尔流量和液相中溶剂 S 的流量均不变。若以 B 和 S 的物质的量为基准分别表示溶质 A 在气、液两相中的组成,对吸收计算会带来一些方便。

将式(6.11)和式(6.12)代入式(6.17)中可得

$$\frac{Y_e}{1+Y_e} = m\frac{X}{1+X}$$

整理可得

$$Y_e = \frac{mX}{1+(1-m)X} \tag{6.23}$$

式(6.23)在 Y-X 坐标系中的图形总是曲线,但当溶液组成很低时,$(1-m)X \ll 1$,则式(6.23)等号右端分母趋近于1,于是可简化为

$$Y_e = mX \tag{6.23a}$$

这是亨利定律的又一种表达形式,它表明当溶液组成足够低时,平衡关系在 Y-X 图中可近似表示为一条通过原点的直线,其斜率为 m。

影响相平衡关系的主要因素是系统的总压和温度。当系统的总压不是很高时(低于 5 atm),总压的变化对溶解度的影响通常可以忽略不计,但温度对溶解度的影响很大。式(6.15)是亨利定律的基本形式。依相律分析,影响亨利系数 E 的因素应该是温度和总压,如前所述,在总压不太高时其对气相分压与溶解度之间的影响可以忽略不计,故对亨利系数的影响也可忽略不计。因此在压力较低时,可认为亨利系数 E 仅受温度的影响,当温度升高时,E 值增大,气体溶解度下降。同理可得,H 取决于系统的温度和溶液的总浓度;相平衡常数 m 取决于系统的温度和总压。

6.2.4 相平衡与吸收过程的关系

相平衡关系描述的是气、液两相接触传质的极限状态。根据气、液两相的实际组成与相应条件下平衡的比较,可以判断传质进行的方向,确定传质推动力的大小,并可指明传质过程所能达到的极限。

1. 判断传质过程进行的方向

若气液平衡关系为 $y_e = mx$ 或者 $x_e = y/m$,如果气相中溶质的实际组成 y 大于与液相溶质组成相平衡的气相溶质组成 y_e,即 $y > y_e$(或液相的实际组成 x 小于与气相组成 y 相平衡的液相组成 x_e,即 $x < x_e$),说明溶液尚未达到饱和状态,此时气相中的溶质必然要继续溶解,传质的方向由气相到液相,即进行吸收;反之,传质方向则由液相到气相,即发生解吸(或脱吸)。

例如,在 101.3 kPa、20℃下稀氨水的相平衡方程为 $y_e = 0.94x$,使含氨摩尔分数 10% 的混合气与 $x = 0.05$ 的氨水接触,如图 6.6(a)所示。因实际气相摩尔分数 y 大于与实际溶液摩尔分数 x 成平衡的气相摩尔分数 $y_e = 0.94 \times 0.05 = 0.047$,故两相接触时将有部分氨自气相转入液相,即发生吸收过程。

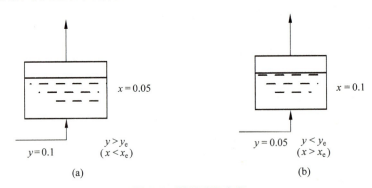

图 6.6 判别过程方向
(a) 吸收;(b) 解吸

同理,此吸收过程也可理解为实际液相摩尔分数 x 小于与实际气相摩尔分数 y 成平衡的液相摩尔分数 $x_e = y/m = 0.1/0.94 = 0.106$,故两相接触时将有部分氨自气相转入液相。

反之,若用 $y = 0.05$ 的含氨混合气体与 $x = 0.1$ 的氨水接触,如图 6.6(b)所示,则因 $y < y_e$,或 $x > x_e$,部分氨将从液相转入气相,即发生解吸过程。

2. 指明传质过程的极限

平衡状态是传质过程进行的极限。今将溶质摩尔分数为 y_1 的混合气送入某吸收塔的底部,溶剂自塔顶淋入作逆流吸收,如图 6.7(a)所示,若减少淋下的吸收剂量,则溶剂在塔底出口的摩尔分数 x_1 必将增高。但即使在塔很高、吸收剂量很少的情况下,x_1 也不会无限增大,其极限是气相摩尔分数 y_1 的平衡组成 x_{1e},即

$$x_{1\max} \leqslant x_{1e} = y_1/m$$

反之，当吸收剂用量很大而气体流量较小时，即使在无限高的塔内进行逆流吸收，如图 6.7(b)，出口气体的溶质含量也不会低于某一平衡含量，即

$$y_{2\min} \geqslant y_{2e} = mx_2$$

由此可见，相平衡关系限制了被净化气体出塔时的最低组成 $y_{2\min}$ 和吸收液离塔时的最高组成 $x_{1\max}$。一切平衡状态均是有条件的，通过改变平衡条件可以得到有利于传质过程所需的新的平衡关系。

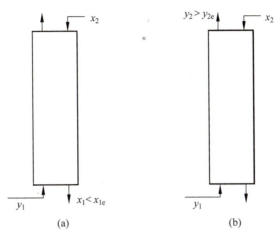

图 6.7 吸收过程的极限

3. 计算过程的推动力

平衡是过程的极限，只有不平衡的两相相互接触才会发生气体的吸收或解吸。传质过程的推动力通常用一相的实际组成与其平衡组成的偏离程度表示。实际含量偏离平衡含量越远，过程的推动力越大，过程的速率也越快。

如图 6.8 所示，在吸收塔内某一横截面 A 处气相溶质的摩尔分数为 y，液相的摩尔分数为 x。若操作条件下气液平衡关系为 $y_e = mx$，则在相平衡曲线图上可标出该截面上两相的实际组成。显然，由于相平衡的存在，气、液两相间的吸收推动力并非 $y-x$，而是可以用气相组成的摩尔分数差表示的推动力 $\Delta y = y - y_e$，和用液相组成摩尔分数差表示的推动力 $\Delta x = x_e - x$。

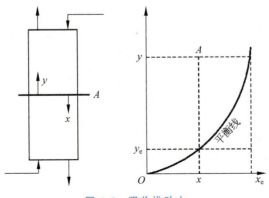

图 6.8 吸收推动力

同理,若气、液组成分别以 p、c 表示,且相平衡关系为 $p_e=Hc$,则以气相分压差表示的推动力为 $\Delta p=p-p_e$,以液相组成表示的推动力为 $\Delta c=c_e-c$。

【例 6.2】 在总压为 500 kPa、温度为 27℃下使含 CO_2 3.0%(体积分数)的气体与含 CO_2 370 g/m³ 的水接触,试判断是发生吸收还是解吸,并计算以 CO_2 的分压差表示的总传质推动力。已知操作条件下,亨利系数 $E=1.73\times10^5$ kPa,水溶液的密度可取 1 000 kg/m³,CO_2 的相对分子质量为 44。

解: 由题意可知,$c_A=\dfrac{0.37}{44}$ kmol/m³ $=8.409\times10^{-3}$ kmol/m³

对稀的水溶液,$c_M=(1\,000/18)$ kmol/m³ $=55.56$ kmol/m³

$$x_A=\frac{c_A}{c_M}=\frac{8.409\times10^{-3} \text{ kmol/m}^3}{55.56 \text{ kmol/m}^3}=1.513\times10^{-4}$$

则

$$p_{Ae}=Ex_A=1.73\times10^5 \text{ kPa}\times1.513\times10^{-4}=26.17 \text{ kPa}$$

而气相主体中 CO_2 的分压为

$$p_A=p\times3.0\%=500 \text{ kPa}\times3.0\%=15 \text{ kPa}$$

可见,$p_{Ae}>p_A$,故将发生解吸现象。

以 CO_2 的分压差表示的总传质推动力

$$\Delta p=p_{Ae}-p_A=26.19 \text{ kPa}-15 \text{ kPa}=11.19 \text{ kPa}$$

6.3 扩散和单相传质

在对任意化工过程进行分析时都需要解决两个基本问题:过程的极限和过程的速率。吸收过程的极限决定于相平衡,本节主要讨论吸收过程的速率问题。

吸收过程涉及两相间的物质传递,它包括以下三个步骤:

(1) 溶质由气相主体传递到两相界面,即气相内的物质传递;

(2) 溶质在相界面上的溶解,由气相转入液相,即界面上发生的溶解过程;

(3) 溶质自界面被传递至液相主体,即液相内的物质传递。

一般来说,上述第二步即界面上发生的溶解过程很容易进行,其阻力极小。因此,通常都认为界面上气、液两相的溶质浓度满足相平衡关系,即认为界面上总保持着两相的平衡。这样,总过程速率将由两个单相,也就是气相和液相内的传质速率所决定。

无论气相还是液相,物质传递的机理都包括以下两种。

(1) **分子扩散** 分子扩散类似于传热中的热传导,是分子微观运动的宏观统计结果。混合物中存在温度梯度、压强梯度、浓度梯度都会产生分子扩散。本章讨论吸收及常见的传质过程中因浓度梯度而造成的分子扩散速率。

(2) **对流传质** 在流动的流体中不仅有分子扩散,流体的宏观流动也将导致物质的传递,这种现象称为对流传质。对流传质与对流传热相类似,通常是指流体与某一界面(气液)之间的传质。

工业上进行的吸收过程多数为稳态吸收,因此分别讨论双组分物系的分子扩散和对流传质。

6.3.1 双组分混合物中的分子扩散

6.3.1.1 费克定律

分子扩散的实质是由于分子的无规则热运动而形成的物质传递现象。如图 6.9 所示为恒温恒压下的定态扩散,用一隔板将容器分为左右两室,分别充入 A 和 B 两种气体,但浓度不同。设在左室中 A 组分的浓度高于右室,而 B 组分的浓度低于右室。抽出隔板,由于气体分子的无规则热运动,左室中的 A、B 分子会进入右室,同时右室中的 A、B 分子也会进入左室。左、右两室交换的分子数虽然相等,但是由于左室中 A 的浓度高于右室,因而在同一时间内 A 分子进入右室多,返回左室少;同理,B 分子进入左室多而返回右室少,其结果必然是 A 物质自左向右传递,而 B 物质自右向左传递,亦即两物质各自沿着其浓度降低的方向传递。上述扩散将一直进行到整个容器中 A、B 两种物质各处的浓度均匀一致为止。此时,通过任意截面,物质 A、B 的净扩散通量为零,但扩散依旧在进行,只是左、右两个方向的扩散通量相等,即系统处于动态平衡。

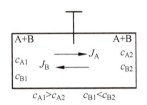

图 6.9 分子扩散现象

基于以上的分析,其统计规律可用宏观的方式表达如下:

$$J_A = -D_{AB}\frac{dc_A}{dz} \tag{6.24}$$

以及

$$J_B = -D_{BA}\frac{dc_B}{dz} \tag{6.25}$$

式中 J_A、J_B——单位时间内 A、B 扩散通过单位面积的物质的量,称为摩尔扩散速率(或摩尔扩散通量),$kmol/(m^2 \cdot s)$;

dc_A/dz、dc_B/dz——组分 A、B 在扩散方向 z 上的浓度梯度,浓度 c 的单位是 $kmol/m^3$;

D_{AB}——组分 A 在 A、B 双组分混合物中的扩散系数,m^2/s;

D_{BA}——组分 B 在 A、B 双组分混合物中的扩散系数,m^2/s。

式(6.24)、式(6.25)称为费克定律,其形式与牛顿黏性定律、傅里叶定律相类似。费克定律表明,只要混合物中存在浓度梯度,必产生物质的扩散流。

式(6.24)、式(6.25)是以浓度为基准,若以质量浓度为基准,则可以表达成以下形式:

$$j_A = -D_{AB}\frac{d\rho_A}{dz} \tag{6.26}$$

以及

$$j_B = -D_{BA}\frac{d\rho_B}{dz} \tag{6.27}$$

式中 j_A、j_B——单位时间内 A、B 扩散通过单位面积的质量,称为质量扩散速率(或质量扩散通量),$kg/(m^2 \cdot s)$;

$d\rho_A/dz$、$d\rho_B/dz$——组分 A、B 在扩散方向 z 上的浓度梯度,浓度 ρ 的单位是 kg/m^3。

在双组分混合物内,产生物质 A 的扩散流 J_A 的同时,必伴有方向相反的物质 B 的扩散流 J_B。对于双组分混合物,在总浓度(对气相也可以说是总压)各处相等(即 $c_M = c_A + c_B =$ 常数)的前提下,净的扩散流为零,下式成立:

$$\frac{dc_A}{dz} = -\frac{dc_B}{dz} \tag{6.28}$$

由此可得

$$D_{AB} = D_{BA} = D \tag{6.29}$$

式(6.29)表明,组分 A 在 B 中的扩散系数等于组分 B 在 A 中的扩散系数,于是将式(6.28)代入式(6.25)可得

$$J_A = -J_B \tag{6.30}$$

式(6.30)表明,组分 B 的扩散流 J_B 与组分 A 的扩散流 J_A 大小相等,方向相反。

6.3.1.2 分子扩散与主体流动

在定态传质过程中,设在气液界面的一侧有一厚度为 δ 的静止气膜(气层),气膜内总压各处相等,混合液总浓度为 c_M。组分 A 在界面处与在相距界面 δ 处的气相主体中的浓度分别为 c_{Ai} 和 c_A,如图 6.10 所示,组分 B 在此两处相应的浓度为

$$c_{Bi} = c_M - c_{Ai}; \quad c_B = c_M - c_A \tag{6.31}$$

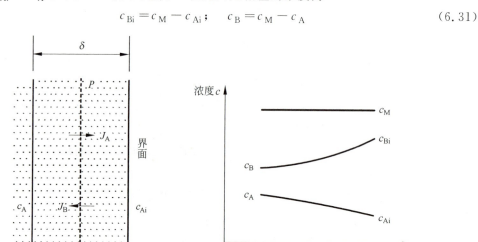

图 6.10 分子的扩散

因气相主体与界面间存在着浓度差,$c_A > c_{Ai}$,组分 A 将以 J_A 的速率由主体向界面扩散。作为定态过程,界面处没有物质累积,组分 A 必在界面以同样的速率溶解并传递到液相主体中去。同时,组分 B 以同样的速率 J_B 由界面向气相主体扩散。显然,只有当液相能以同一速率向界面提供组分 B 时,界面上的 c_{Bi} 才能保持定态,即通过断面 PQ 的净物质量为零,这种现象称为等分子反向扩散。由此可见,等分子反向扩散的前提是界面能以相同的速度向气相提供分子 B。

实际的传质过程中很少为严格意义上的等分子反向扩散过程。例如在气体吸收中,A

为被吸收组分，B 为惰性组分，液相不存在物质 B(纯溶剂)，就不可能向界面提供组分 B。因此吸收过程所发生的是组分 A 的单向扩散。

在上述吸收过程中，组分 A 被液体溶剂溶解吸收，而组分 B 不能在液体中溶解。于是组分 A 可以通过气液相界面进入液相，组分 B 不能进入液相。由于 A 分子不断通过相界面进入液相，在相界面处的气体一侧会留下"空穴"，根据流体的连续性原则，混合气会自动地向界面递补，就发生了 A、B 两种分子并行向界面递补的运动，这种递补运动就形成了混合物的主体流动。显然，组分 A 通过相界面的通量应该等于分子扩散形成的组分 A 的通量与由于主体流动所形成的 A 的通量之和。但由于组分 B 不被溶解，当组分 B 随主体运动到相界面后，又以分子扩散的形式返回气相主体中，如图 6.11 所示。

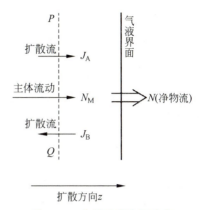

图 6.11　主体流动与扩散流

主体流动不同于扩散流。主体流动是宏观运动，它同时携带组分 A 与 B 流向界面。在定态条件下，主体流动所带组分 B 的量必恰好等于组分 B 的反向扩散，以使 c_{Bi} 保持定态。

由此可见，即使液相主体不能向界面提供组分 B，但由于主体流动的存在，组分 B 仍有反向扩散存在且 c_{Bi} 仍可保持恒定。因气相主体与界面间的微小压差便足以造成必要的主体流动，因此可认为气相各处的总压基本上是相等的，即 $J_A = -J_B$ 的前提依然存在。

以上说明了产生主体流动的原因。严格来说，只要不满足等分子反向扩散条件，就必然出现主体流动。

6.3.1.3　分子扩散的速率方程

组分 A 因分子扩散和主体流动而造成的传质速率(又称为扩散通量) N_A 可由物料衡算和费克定律导出。由上述可知，通过任一与气液界面平行的静止平面 PQ 一般存在着三个物流：两个扩散流，以及一个主体流动(如图 6.11 所示)。设通过静止考察平面 PQ 的净物流速率为 N，单位为 $kmol/(m^2 \cdot s)$，对平面 PQ 作总物料衡算可得

$$N = N_M + J_A + J_B \tag{6.32}$$

由式(6.32)可以看出，尽管主体流动与净物流的含义不同，但主体流动的速率必等于净物流速率。同样，在 PQ 处对组分 A 作物料衡算可得

$$N_A = J_A + N_M \frac{c_A}{c_M} = J_A + N \frac{c_A}{c_M} \tag{6.33}$$

式(6.33)表明，在扩散方向上组分 A 的传质速率 N_A 为扩散流 J_A 与主体流动在单位时间通过单位面积所携带的组分 A 的量 $N_M(c_A/c_M)$ 之和。

一般来说，对双组分物系，净物流速率 N 既包括组分 A 也包括组分 B，即

$$N = N_A + N_B$$

故

$$N_A = J_A + (N_A + N_B) \frac{c_A}{c_M} \tag{6.34}$$

由于主体流动是由分子扩散而引起的一种伴生流动,包括主体流动在内的组分 A 的传质速率 N_A 仍可理解为分子扩散造成的总的宏观结果,所以式(6.34)称为组分 A 的分子扩散速率方程。

6.3.1.4 分子扩散速率积分式

在上述分子扩散速率微分式中包含 N_A 和 N_B 两个未知数,只有在知道 N_A 和 N_B 之间的关系时,才能积分求解。下面讨论两种常见的分子扩散情况:等分子反向扩散(双向扩散)和单向扩散(一组分通过另一停滞组分的扩散)。

1. 等分子反向扩散

这种扩散情况多在两组分的摩尔汽化潜热相等的精馏操作中遇到。设由 A、B 两组分组成的二元混合物中,在扩散方向 z 上相距 δ 取两个平面,组分 A、B 在两平面处的浓度分别为 c_{A1} 和 c_{A2} 以及 c_{B1} 和 c_{B2},如图 6.12 所示。在等分子反向扩散时,没有净物流,$N=0$,或者 $N_A=-N_B$。由式(6.34)可得

$$N_A = J_A = -D \frac{dc_A}{dz}$$

由于是稳态扩散,组分 A 通过静止流体层内任一平面的传质速率为常数,分离变量并对上式积分可得

$$N_A = \frac{D}{\delta}(c_{A1} - c_{A2}) \qquad (6.35)$$

式(6.35)对气相和液相均适用,它表明在扩散方向上组分 A 的浓度分布为直线。

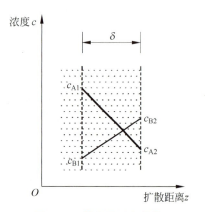

图 6.12 等分子反向扩散

当扩散系统处于低压时,气体可按理想气体混合物处理,则组分的浓度与分压的关系为

$$c_A = \frac{n_A}{V} = \frac{p_A}{RT} \qquad (6.36)$$

将式(6.36)代入式(6.35)得

$$N_A = \frac{D}{RT\delta}(p_{A1} - p_{A2}) \qquad (6.37)$$

式中 p_{A1} 和 p_{A2} 为组分 A 在上述两平面处的分压。式(6.35)和式(6.37)为 A、B 两组分作等分子反向稳态扩散时的传质速率表达式,依此式可算出组分 A 的传质速率。

2. 单向扩散(组分 A 通过停滞组分 B 的扩散)

设由 A、B 两组分组成的二元混合物中,组分 A 为扩散组分,组分 B 为不扩散组分(称为停滞组分),则组分 A 通过停滞组分 B 的扩散为单向扩散。该扩散过程多在吸收操作中遇到。在吸收过程中,组分 B 的净传质速率 $N_B=0$,式(6.34)可写成

$$N_A = J_A + N_A \frac{c_A}{c_M}$$

即

$$N_A\left(1-\frac{c_A}{c_M}\right)=-D\frac{dc_A}{dz}$$

同样,在定态条件下 N_A 为常数,将上式分离变量并积分可得

$$N_A=\frac{D}{\delta}\frac{c_M}{c_{Bm}}(c_{A1}-c_{A2}) \tag{6.38}$$

式中

$$c_{Bm}=\frac{c_{B2}-c_{B1}}{\ln\dfrac{c_{B2}}{c_{B1}}} \tag{6.39}$$

c_{Bm} 为静止流体层两侧组分 B 浓度的对数平均值。

式(6.38)对气相和液相均适用,它表明在扩散方向上组分 A 的浓度分布为一对数曲线。

气体扩散时,混合物总浓度 c_M 与总压 p 的关系为 $c_M=p/RT$,则式(6.38)可写成

$$N_A=\frac{D}{RT\delta}\left(\frac{p}{p_{Bm}}\right)(p_{A1}-p_{A2}) \tag{6.40}$$

p_{Bm} 为静止流体层两侧组分 B 分压的对数平均值。

比较式(6.35)与式(6.38)、式(6.37)与式(6.40)可知,在单向扩散时由于存在主体流动而使得 A 的传质速率 N_A 较等分子反向扩散时增大了 (c_M/c_{Bm}) 或 (p/p_{Bm}) 倍,此倍数称为漂流因子,其值恒大于1。当混合气体中组分 A 的浓度 c_A 很低时,$c_M\approx c_{Bm}$,因而 $p/p_{Bm}\approx 1$。

【例 6.3】 如本题附图所示,系统内是 NH_3 与 N_2 的气体混合物,系统温度为 298 K,总压力为 101.3 kPa,其中左侧容器内 NH_3 的分压为 $p_{1NH_3}=25$ kPa,右侧容器内 $p_{2NH_3}=5$ kPa,两容器之间的连通管长度为 0.2 m,扩散系数 $D_{NH_3\text{-}N_2}=2.3\times10^{-5}\ m^2/s$。试求:

(1) NH_3 通过连通管的传质速率 N_{NH_3};

(2) 连通管中距左侧容器 0.1 m 处 NH_3 的分压。

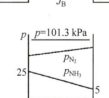

例 6.3 附图

解:(1) 依据式(6.37)可得:

$$N_{NH_3}=2.3\times10^{-5}\times\frac{25-5}{8.314\times298\times0.2}\ kmol/(m^2\cdot s)$$
$$=9.28\times10^{-7}\ kmol/(m^2\cdot s)$$

(2) 对于稳态传质过程,N_{NH_3} 为常量,将式(6.37)整理,得到距左侧容器 0.1m 处 NH_3 的分压为

$$p'_{NH_3}=p_{1NH_3}-\frac{N_{NH_3}RT\delta}{D_{NH_3\text{-}N_2}}$$
$$=25\ kPa-\frac{9.28\times10^{-7}\times8.314\times298\times0.1}{2.3\times10^{-5}}\ kPa$$
$$=15\ kPa$$

6.3.2 扩散系数

分子扩散系数简称扩散系数,它是物质的特性常数之一,是物质的一种传递性质,其值受温度、压力和混合物中组分含量的影响,同一组分在不同的混合物中其扩散系数也不相同。物质的扩散系数可由实验测得,或从有关资料中获得,某些计算扩散系数的半经验公式也可用来作大致的估计。

6.3.2.1 组分在气体中的扩散系数

对双组分气体混合物,组分的扩散系数在低压下与浓度无关,只是温度和压力的函数。附录 A 中列出了某些双组分气体混合物的扩散系数实验数据。因扩散系数是在一定条件下测得的,故在应用时应注意条件。气体的扩散系数,其值一般为 $1\times 10^{-5} \sim 1\times 10^{-4} \mathrm{m}^2/\mathrm{s}$。对双组分气体混合物,组分的扩散系数可用麦克斯韦-吉利兰经验式估算,即

$$D = \frac{4.3\times 10^{-5} T^{3/2} \left(\dfrac{1}{M_A}+\dfrac{1}{M_B}\right)^{1/2}}{p_0 (V_{m,A}^{1/3}+V_{m,B}^{1/3})^2} \tag{6.41}$$

式中 D——扩散系数,m^2/s;
M_A——A 组分的摩尔质量,g/mol;
M_B——B 组分的摩尔质量,g/mol;
p_0——系统总压力,kPa;
T——系统的热力学温度,K;
$V_{m,A}$——A 组分的摩尔体积,$\mathrm{cm}^3/\mathrm{mol}$;
$V_{m,B}$——B 组分的摩尔体积,$\mathrm{cm}^3/\mathrm{mol}$。

其中摩尔体积是指 1 mol 物质在正常沸点下呈液态时的体积。对于一些结构简单的气体,其摩尔体积可以直接由组成该物质元素的摩尔体积加和计算。

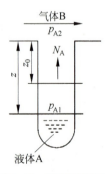

图 6.13 蒸发管法测定气体扩散系数

测定二元气体扩散系数的方法有许多种,常用的方法有蒸发管法、双容积法、液滴蒸发法等。下面介绍简便易行的蒸发管法,主要讨论用该方法测定气体扩散系数的原理。

图 6.13 所示为蒸发管法测定气体扩散系数的装置。在一垂直细管中盛以待测液体 A,液面距管口距离为 z_0,使气体 B 缓缓流过管口。细管置于恒温、恒压的系统内。于是液体 A 汽化并通过气层 B 进行扩散。组分 A 扩散至管口处,即被气体 B 带走,从而使得管口处的浓度很低,可认为在管口处 A 的分压为零。液面处 A 的分压 p_{A1} 为测定条件下组分 A 的饱和蒸气压。组分 A 的汽化使得扩散距离 z 不断随时间而增加,该过程为非定态过程。但由于液体 A 的汽化和扩散速率很慢,使得在很长时间内,液面下降的距离与整个扩散距离相比很小,于是可将该过程作为拟定态处理。

由于该过程为单向扩散,则组分 A 的扩散通量方程为

$$N_A = \frac{D}{RT\Delta z}\left(\frac{p}{p_{Bm}}\right)(p_{A1}-p_{A2}) \tag{6.42}$$

另一方面,组分 A 的扩散通量 N_A 亦可通过物料衡算得到。设在 $d\tau$ 时间内,液面下降 dz,汽化的组分 A 的量应等于扩散至管口的量,则

$$\frac{\rho_{AL} A dz}{M_A} = N_A A d\tau \tag{6.43}$$

式中 ρ_{AL}——组分 A 的密度,kg/m^3;

M_A——组分 A 的摩尔质量,g/mol;

A——圆管的横截面积,m^2。

联立式(6.42)和式(6.43)可得

$$N_A = \frac{D}{RT\Delta z} \frac{p}{p_{Bm}} (p_{A1} - p_{A2}) = \frac{\rho_{AL}}{M_A} \frac{dz}{d\tau} \tag{6.44}$$

设在 τ 时刻,扩散距离为 z,对式(6.44)分离变量并积分:

$$\frac{D}{RT} \frac{p}{p_{Bm}} (p_{A1} - p_{A2}) \int_0^\tau d\tau = \frac{\rho_{AL}}{M_A} \int_{z_0}^z z dz$$

得

$$\tau = \frac{\rho_{AL} RT}{DM_A} \frac{p_{Bm}}{p(p_{A1} - p_{A2})} \frac{z^2 - z_0^2}{2} \tag{6.45}$$

或

$$D = \frac{\rho_{AL} RT p_{Bm} (z^2 - z_0^2)}{2\tau p M_A (p_{A1} - p_{A2})} \tag{6.46}$$

测定时,可记录一系列时间间隔与 z 的对应关系,由式(6.46)即可计算出扩散系数 D。此法简便易行,精确度较高,可用于测定气体扩散系数。

6.3.2.2 组分在液体中的扩散系数

组分在液体中的扩散系数比在气体中小得多,这是由于液体分子比较密集。液体中溶质的扩散系数不仅和物系的种类、温度有关,还随溶质的浓度而变。一般来说,溶质在气体中扩散系数约为在液体中的 10^5 倍,但组分在液体中的浓度较在气体中的大。因此,组分在气相中的扩散速率约为在液相中的 100 倍。

液体中的扩散系数亦可通过实验测定或采用公式估算。由于液体的扩散理论及实验不如气体完善,估计液体中扩散系数的计算式也不如气体中的可靠。当扩散组分为低摩尔质量的非电解质时,在其稀溶液中的扩散系数可按下式估算:

$$D_{AB} = \frac{7.4 \times 10^{-12} (\alpha M_B)^{0.5} T}{\mu_B V_{bA}^{0.6}} \tag{6.47}$$

式中 D_{AB}——组分 A 在溶剂 B 中的扩散系数,m^2/s;

T——系统的热力学温度,K;

M_B——溶剂 B 的摩尔质量,g/mol;

μ_B——溶剂 B 的黏度,$mPa \cdot s$;

V_{bA}——组分 A 在正常沸点下的摩尔体积,可按纯液体在正常沸点下的密度算出,也可由表 6.1 所列的原子体积相加求出,当溶剂为水时,V_{bA} 取 75.6 cm^3/mol;

α——溶剂的缔合因子。某些溶剂的缔合因子为:水 $\alpha=2.6$;甲醇 $\alpha=1.9$;乙醇 $\alpha=1.5$;苯、乙醚等非缔合溶剂 $\alpha=1.0$。

表 6.1　几种物质的原子体积

元　素	原子体积/(cm³/mol)	元　素	原子体积/(cm³/mol)
碳	14.8	氧	7.4
氢	3.7	氧(在甲酯中)	9.1
溴	27.0	氧(在甲醚中)	9.9
碘	37.0	氧(在酸中)	12.0
氯(R—Cl)	21.6	氧(在高级酯、高级醚中)	11.0
氯(R—CHCl—R)	24.6	硫	25.6
氮(在伯胺中)	10.5	苯环	15
氮(在仲胺中)	12.0	萘环	30

式(6.47)的平均偏差对水溶液为 10%~15%，非水溶液约为 25%，建议使用的范围为 278~313 K，$V_{bA}<500 \text{ cm}^3/\text{mol}$。

由式(6.47)可知液体的扩散系数与温度、黏度的关系为

$$D = D_0 \frac{T}{T_0} \times \frac{\mu_0}{\mu} \tag{6.48}$$

式中，D_0、T_0 和 μ_0 表示标准状况(101.3 kPa，273 K)下的扩散系数、温度和黏度。

表 6.2 列出了几种物质在液体中的扩散系数。

表 6.2　几种物质在液体中的扩散系数

物系 A-B	温度/K	c_A /(kmol/m³)	D_{AB} /(10^{-5} cm²/s)	物系 A-B	温度/K	c_A /(kmol/m³)	D_{AB} /(10^{-5} cm²/s)
氯-水	289	0.12	1.26	氯化氢-水	273	9	2.7
氨-水	278	3.5	1.24	乙醇-水	273	2	1.8
二氧化碳-水	288	1.0	1.77		283	3.75	0.50
	283	0	1.46		283	0.05	0.83
	293	0	1.77	二氧化碳-乙醇	290	0	3.2

【例 6.4】　如本题附图所示，在一设备中通入浓度恒定的氨和氮气混合物，在该设备下部设有一个连通管，连通管中装有半透膜，该半透膜可以透过氨而不能透过氮气，其他条件如图所示。试求：

(1) 氨通过连通管的传质速率(扩散系数为 $D_{NH_3-N_2}=2.3\times 10^{-5} \text{ m}^2/\text{s}$)；

(2) 漂流因子。

解：(1) 由

$$p_{Bm} = \frac{p_{B2}-p_{B1}}{\ln \frac{p_{B2}}{p_{B1}}} = \frac{(101.3-5)-(101.3-25)}{\ln \frac{101.3-5}{101.3-25}} \text{ kPa} = 85.91 \text{ kPa}$$

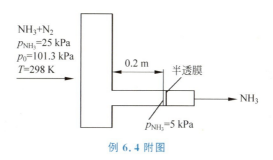

例 6.4 附图

可得

$$N_A = \frac{D}{RT\delta}\frac{p_0}{p_{Bm}}(p_{A1}-p_{A2}) = \frac{2.3\times10^{-5}}{8.314\times298\times0.2}\times\frac{101.3}{85.91}\times(25-5)\,\text{kmol/(m}^2\cdot\text{s)}$$
$$= 10.95\times10^{-7}\,\text{kmol/(m}^2\cdot\text{s)}$$

(2) 漂流因子

$$\frac{p_0}{p_{Bm}} = \frac{101.3\,\text{kPa}}{85.91\,\text{kPa}} = 1.18$$

6.3.3 对流传质

6.3.3.1 对流对传质的贡献

与对流传热相似,对流传质根据流体的流动发生的原因不同,可分为强制对流传质和自然对流传质两类。通常化工传质设备中的流体都是流动的,流动流体与相界面之间的物质传递称为对流传质。例如蒸馏、吸收、萃取等单元操作,流体均是在强制状态下流动,均属强制对流传质。强制对流传质包括强制层流传质和强制湍流传质两类。流体的流动加快了相内的物质传递。当流体以湍流状态流过固体表面时,在壁面附近形成湍流边界层。在湍流边界层中,与壁面垂直的方向上,分为层流内层、缓冲层和湍流核心层三部分。流体与壁面进行传质时,其传质机理差别很大。

1. 层流内层

此时可溶组分 A 在垂直流动方向上,只有分子的无规则热运动,故壁面与流体之间的质量传递是以分子扩散的形式进行的,但流动改变了横截面 MN 的浓度分布。以气相与界面的传质为例,组分 A 的浓度分布由静止气体的直线 1 变为曲线 2,见图 6.14(b)。

根据扩散速率式

$$N_A = -D\frac{\text{d}c_A}{\text{d}z} \tag{6.49}$$

由于界面浓度梯度 $\text{d}c_A/\text{d}z$ 变大,强化了传质。

2. 缓冲层

流体既有沿壁面方向的层流流动,又有一些漩涡运动,故该层内的质量传递既有分子扩散,也有涡流扩散,二者的作用同样重要,必须同时考虑它们的影响。

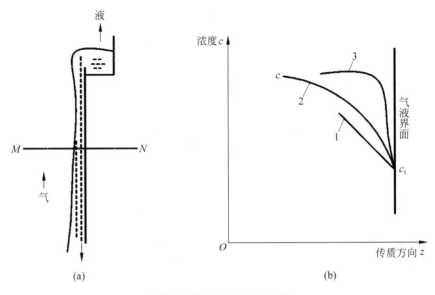

1—静止流体；2—层流；3—湍流。

图 6.14 MN 截面上可溶组分的浓度分布

3. 湍流核心层

流动核心湍化，横向的湍流脉动促进了横向的物质传递。虽然分子扩散和涡流扩散共存，但涡流扩散远远大于分子扩散，流体主体的浓度分布被均化，浓度分布如图 6.14(b) 中的曲线 3 所示，界面处的浓度梯度进一步变大。在主体与界面浓度差相等的情况下，传递速率得到进一步提高。

6.3.3.2 浓度边界层与对流传质速率

1. 浓度边界层

当流体流过固体表面时，若流体与固体壁面间存在浓度差，受壁面影响，在与壁面垂直方向上的流体内部将建立起浓度梯度，该浓度梯度自壁面向流体主体逐渐减小。通常将壁面附近具有较大浓度梯度的区域称为浓度边界层或传质边界层。

如图 6.15 所示，流体最初以均匀速度 u_0 和均匀浓度 c_{A0} 进入圆管内，因流体受壁面浓度的影响，浓度边界层厚度由进口的零值逐渐增厚，经过一段距离 L_D 后，在管中心汇合，汇合后浓度边界层厚度等于圆管的半径。从进口前缘至汇合点之间的距离 L_D 称为传质进口段长度，处于进口段内的传质称为进口段传质，处于进口段后的传质称为充分发展的传质。本章主要研究充分发展的传质。

2. 对流传质速率

对流传质现象很复杂，传质速率一般难以解析求解，主要依靠实验测定。仿照对流传热，可将流体与界面间的组分 A 的传质速率 N_A 写成类似于牛顿冷却定律的形式，即传质速率正比于界面浓度与流体主体浓度之差。但与对流传热不同的是气、液两相的浓度均可

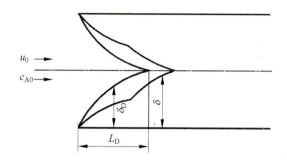

δ—流动边界层厚度;δ_D—传质边界层厚度。

图 6.15　流体流过管内的浓度边界层

用不同的单位表示,因此对流传质速率式可以写成多种形式。

气相和界面的传质速率式可写成

$$N_A = k_G(p - p_i) \tag{6.50}$$

或

$$N_A = k_y(y - y_i) \tag{6.51}$$

式中　p、p_i——溶质 A 在气相主体与界面处的分压,kPa;

　　　y、y_i——溶质 A 在气相主体与界面处的摩尔分数;

　　　k_G——以分压差表示推动力的气相传质系数,kmol/(m²·s·kPa);

　　　k_y——以摩尔分数差表示推动力的气相传质系数,kmol/(m²·s)。

液相和界面的传质速率式可写成

$$N_A = k_L(c_i - c) \tag{6.52}$$

或

$$N_A = k_x(x_i - x) \tag{6.53}$$

式中　c、c_i——溶质 A 在液相主体与界面的浓度,kmol/m³;

　　　x、x_i——溶质 A 在液相主体与界面处的摩尔分数;

　　　k_L——以浓度差表示推动力的液相传质系数,m/s;

　　　k_x——以摩尔分数差表示推动力的液相传质系数,kmol/(m²·s)。

比较以上表达式可得如下关系:

$$k_y = p k_G \tag{6.54}$$

$$k_x = c_M k_L \tag{6.55}$$

式中　p——系统总压;

　　　c_M——混合液总浓度。

以上处理方法是将一组主体浓度和界面浓度之差作为对流传质推动力,而将其他所有影响对流传质的因素均包括在气相(或液相)传质系数之中。实验的任务就是在各种具体条件下测定传质系数 k_G、k_L(或 k_y、k_x)的数值及流动条件对它的影响。

3. 传质系数的无量纲关联式

与对流传热系数确定方法一样,用量纲分析法归纳特征数关系式,用实验方法确定特征数之间的关联方程。

影响对流传质系数的因素可归纳为：流体密度 ρ，kg/m^3；流体黏度 μ，$Pa \cdot s$；流体流速 u，m/s；特征尺寸 d，m；扩散系数 D，m^2/s；对流传质系数 k（气相或液相均以浓度差为推动力），m/s。

待求函数为：$k = f(\rho、\mu、u、d、D)$。

利用量纲分析法得特征数关联关系如下：

$$Sh = f(Re、Sc) \tag{6.56}$$

式中　Sh——修伍德数，$Sh = \dfrac{kd}{D}$；

Sc——施密特数，$Sc = \dfrac{\mu}{\rho D}$；

Re——雷诺数，$Re = \dfrac{d\rho u}{\mu}$。

当气体或液体在降膜式吸收器内作湍流流动，$Re > 2\,100$，$Sc = 0.6 \sim 3\,000$ 时，实验获得如下关联式：

$$Sh = 0.023 Re^{0.83} Sc^{0.33} \tag{6.57}$$

其他情况下的传质关联式已有许多，使用时可参考相关资料。但是由于实际使用的传质设备型式多样，塔内流动情况复杂，两相的接触界面也往往难以确定，因此传质系数的一般特征关联式远不及传热完善和可靠。

6.3.4　对流传质理论

有关对流传质的工程处理方法，其出发点是依靠实验来解决传质速率问题，没有对对流传质过程作理论的探讨。为揭示对流传质系数的物理本质，从理论上说明各因素对其影响，有许多研究者提出多种假想传质模型，采用数学建模方法加以研究。不同的研究者试图根据各自对对流传质过程的理解，抓住主要因素而忽略细节，由此构成对流传质的简化物理图像。这种简化的物理图像称为物理模型，对其进行适当的数学描述，即得数学模型。再对简化的数学模型进行解析求解，得出传质系数的理论式。将得出的理论式和实验结果比较，便可检验其准确性和合理性。迄今为止，研究者们提出的对流传质模型中，最具代表性的是双膜模型、溶质渗透模型和表面更新模型。

6.3.4.1　双膜模型

双膜模型又称停滞膜模型。研究者将复杂的对流传质过程简化成如图 6.16 所示的物理图像。其基本内容如下：

（1）当气、液两相接触时，在气、液两相间存在着稳定的相界面，界面两侧各有一个很薄的静止膜，其厚度分别为 δ_G 和 δ_L。溶质 A 经过两膜层的传质方式为分子扩散，全部传质阻力集中于该两层静止膜中；

（2）在相界面处，气、液两相处于平衡态；

（3）在两个静止膜以外的气、液两相主体中，流体各处浓度均匀一致。

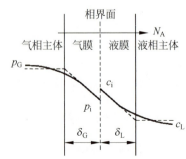

图 6.16　双膜模型示意图

依此模型，在相界面处和两相主体中均不存在传质阻力。因此，双膜理论又称为双阻力模型。于是从式(6.38)和式(6.40)不难看出，气、液两相各自的传质系数 k_G 和 k_L 分别为

$$k_G = \frac{D_G}{RT\delta_G} \frac{p}{p_{Bm}} \tag{6.58}$$

$$k_L = \frac{D_L}{\delta_L} \frac{c_M}{c_{Bm}} \tag{6.59}$$

式中　D_G、D_L——溶质组分在气膜和液膜中的扩散系数；

　　　p/p_{Bm}——气相扩散的漂流因子，也可写成 $1/y_{Bm}$ 或 $1/(1-y)_m$，$1/(1-y)_m$ 为惰性组分在气相主体和界面上的对数平均摩尔分数；

　　　c_M/c_{Bm}——液相扩散的漂流因子，也可写成 $1/x_{Bm}$ 或 $1/(1-x)_m$，$1/(1-x)_m$ 为液相惰性组分(溶剂)在液相主体和界面上的对数平均浓度。

式(6.58)、式(6.59)中均包含了待定的参数 δ_G 和 δ_L，即静止膜的厚度，也就是模型参数，而模型参数需要实验来测定。由此可见数学模型法是理论与实验相结合的方法或半经验半理论的方法。

如果该模型能有效地反映过程的实质，那么，有效厚度 δ_G 和 δ_L 应主要取决于流体的流动状况，而与溶质组分的扩散系数无关。但实际上以上两式表明，有效膜理论预示着传质系数与扩散系数 D 的一次方成正比，但所得实验结果却表明传质系数与 D 的 0.67 次方成正比。也就是说，传质系数不但和流动状况有关，还与扩散系数有关，它还不能反映传质的真实情况。但是双膜理论为传质模型奠定了初步基础，用该模型描述具有固定相界面的系统及速率不高的两流体间的传质过程，与实际情况大体相符，按此模型所确定的传质速率，至今仍是传质设备设计的主要依据。

6.3.4.2　溶质渗透模型

在许多实际的传质设备中，由于气、液两相在高度湍动状况下接触，此时不可能存在一个稳定的相界面，因而也不会存在两个稳定的静止膜层。研究者 Higbie 将液相中的对流传质过程作如下简化：液体在下流过程中每隔一定时间 τ_0 发生一次完全的混合，使液体的浓度均匀化。在 τ_0 时间内，液相中发生的不再是定态的扩散过程，而是非定态的扩散过程，液相内的浓度分布随时间的变化如图 6.17 所示。

在发生混合后的最初瞬间，只有界面处的浓度处于平衡浓度 c_i，而界面以外的流体单元中溶质的浓度与液相主体的浓度相等。此时界面处的浓度梯度最大，传质速率也最快。随着时间的推移，浓度分布趋于均化，传质速率下降，经过 τ_0 时间后，再发生另一次混合。传质系数应是在 τ_0 时间内的平均值。

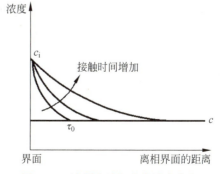

图 6.17　溶质在液相中的浓度分布

该设想的依据是在鼓泡塔、喷洒塔和填料塔这样的传质设备中液体的实际流动。液体自某个填料转移至下一个填料时必定会发生混合，不可能保持原有的浓度分布。

该模型引入了模型参数 τ_0，可称为溶质渗透时间，经数学描述并解析求解后得出平均传质系数的理论表达式为

$$k_L = \sqrt{\frac{D}{\pi \tau_0}} \quad (6.60)$$

式(6.60)表明 k_L 与扩散系数 D 的 0.5 次方成正比，与实验数据较为接近。这一结果更能准确地描述气液间的对流传质过程，但该模型的模型参数 τ_0 求算较为困难，使其应用受到了一定的限制。溶质渗透理论的主要贡献是放弃了定态扩散的观点，采用了非定态的解析方法，并指出了液体定期混合对传质的贡献。

6.3.4.3 表面更新模型

研究者 Danckwerts 对 Higbie 的溶质渗透模型进行研究和修正，形成了所谓的表面更新模型，又称为渗透-表面更新模型。

Danckwerts 将液相中的对流传质过程作了如下简化：流体在流动过程中表面不断被更新，即不断地有液体从主体转至界面从而暴露于气相中，这种界面的不断更新大大强化了传质过程。原来需要通过缓慢的扩散过程才能将界面的溶质送至液体深处，现在通过表面更新，深处的液体就有机会直接参与和气体的接触并发生溶质的交换。

该模型引入了模型参数 S，定义为单位时间内表面被更新的百分率，或称为更新频率。按此模型建立数学模型并解析求解后得出对流传质的理论式为

$$k_L = \sqrt{DS} \quad (6.61)$$

式(6.61)表明 k_L 与扩散系数的 0.5 次方成正比，与溶质渗透模型相同。

表面更新模型比溶质渗透模型更进一步，它没有规定固定不变的停留时间，溶质渗透模型的 τ_0 很难测定，而表面更新模型的参数 S 可通过一定的方法测得，它与流体力学条件及系统的几何形状有关。

显然，将这些理论用于过程设计仍未可行，但是这些理论研究有助于更深刻地揭示过程的物理实质——非定态扩散和表面更新，指明传质的强化途径。

总而言之，分子扩散和对流传质是流体中物质传递的两种形式。鉴于实际吸收设备中气、液两相均是流动的，两相间的传质均为对流传质，单相流体与界面之间的对流传质速率可用式(6.50)～式(6.53)表示，即传质速率与溶质组分的主体浓度和界面浓度之差成正比。比例系数即传质系数的单位与浓度的表示方法有关，传质系数的数值与物性、设备、操作条件有关，通常由实验测定。

6.4 相际传质

化工生产中不但涉及均相混合物内的质量传递，而且经常涉及非均相混合物系中相际间的传质过程。这些过程主要包括气相与液相间的传质，包括吸收和精馏；液相与液相间的传质，例如萃取；气相与固相间的传质，例如干燥、吸附等。本节主要讨论吸收过程的相际传质过程。

6.4.1 吸收相际传质速率

要确定完成指定的吸收任务所需的设备尺寸,或核算混合气体通过指定设备所能达到的吸收程度,都需要知道吸收速率。吸收速率指单位相际传质面积上在单位时间内所能吸收的溶质的量。吸收过程的速率也遵循"传递速率＝过程推动力/传递阻力"的一般关系式,其中的推动力指浓度差等,传递阻力(吸收阻力)的倒数即为吸收系数。

吸收传质的相际传质是由气相与界面的对流传质、界面上溶质组分的溶解、界面与液相的对流传质三种过程串联而成,如图6.18所示。传质速率虽然可按式(6.50)~式(6.53)计算,但是必须获得气、液两相的传质分系数 k_x、k_y 的实验值,同时求出界面浓度。一般而言界面浓度是难以测定的,为避开这一难题,可采用类似于间壁传热中的处理方法。在研究间壁传热速率时,为避开难以测定的壁面温度,引入了总传热速率、总传热系数、总传热推动力等,对吸收过程,同样可以采用两相主体组成的某种差值来表示总推动力,从而写出相应的总吸收速率方程。总传质速率方程中的吸收系数称为总吸收系数,以 K 表示,其倒数 $1/K$ 即为总吸收阻力。总阻力应为气膜阻力和液膜阻力之和。

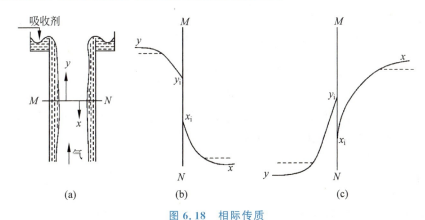

图6.18 相际传质

(a) 吸收(或解吸)塔; (b) 吸收时的含量分布; (c) 解吸时的含量分布

需要注意,气、液两相组成有不同的表示方法,因此,吸收过程的总推动力不能直接用两相组成的差值表示,即使两相组成的表示方法相同(例如均用摩尔分数表示),其差值也不能代表吸收过程的推动力。

吸收过程能够自发进行,是因为两相主体组成尚未达到平衡,一旦任何一相主体组成与另一相主体组成到达平衡,推动力便等于零,吸收达到动态平衡。

1. 以 $(y-y_e)$ 表示总推动力的相际传质速率方程

由前面已知,气相传质速率式(6.51)和液相传质速率式(6.53)为

$$N_A = k_y(y - y_i)$$

$$N_A = k_x(x_i - x)$$

界面上气体的溶解没有阻力,即界面上的气、液两相组成服从相平衡方程

$$y_i = f(x_i) \tag{6.62}$$

对于稀溶液,物系服从亨利定律

$$y_i = mx_i \tag{6.63}$$

或在计算范围内,平衡线可近似作直线处理,即

$$y_i = mx_i + a \tag{6.64}$$

图 6.19 表示气、液两相的实际含量(点 a)及界面含量(点 b)的相对位置。

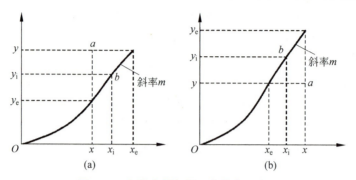

图 6.19　主体含量与界面含量的示意图

(a) 吸收；(b) 解吸

传质速率可写成推动力与阻力之比,对定态传质,式(6.51)和式(6.53)可改写成

$$N_A = \frac{y - y_i}{\dfrac{1}{k_y}} = \frac{x_i - x}{\dfrac{1}{k_x}} \tag{6.65}$$

该式的推动力和阻力不能直接加和。为消去界面含量,将式(6.65)的最右端分子分母均乘以 m,将推动力加和以及阻力加和即得

$$N_A = \frac{(y - y_i) + (x_i - x)m}{\dfrac{1}{k_y} + \dfrac{m}{k_x}} \tag{6.66}$$

如图 6.19 所示,平衡线斜率为 m,则 $m(x_i - x) = y_i - y_e$,则式(6.66)成为

$$N_A = \frac{y - y_e}{\dfrac{1}{k_y} + \dfrac{m}{k_x}} \tag{6.67}$$

于是相际传质速率方程可表示为

$$N_A = K_y(y - y_e) \tag{6.68}$$

式中

$$K_y = \frac{1}{\dfrac{1}{k_y} + \dfrac{m}{k_x}} \tag{6.69}$$

式(6.69)是以气相摩尔分数差 $(y - y_e)$ 为推动力的气相总传质系数,kmol/($m^2 \cdot s$)。$1/K_y$ 为吸收总阻力,即两膜阻力之和。

2. 以 $(x_e - x)$ 表示总推动力的相际传质速率方程

如前所述,用类似的方法可推出以 $(x_e - x)$ 表示总推动力的相际传质速率方程。

为消去界面含量,将式(6.65)的中间项分子分母均除以 m,将推动力以及阻力加和即得

$$N_A = \frac{(y-y_i)/m + (x_i - x)}{\dfrac{1}{mk_y} + \dfrac{1}{k_x}} = \frac{x_e - x}{\dfrac{1}{mk_y} + \dfrac{1}{k_x}} \quad (6.70)$$

于是相际传质速率方程也可表示为

$$N_A = K_x(x_e - x) \quad (6.71)$$

式中

$$K_x = \frac{1}{\dfrac{1}{mk_y} + \dfrac{1}{k_x}} \quad (6.72)$$

式(6.72)是以液相摩尔分数差$(x_e - x)$为推动力的液相总传质系数,$kmol/(m^2 \cdot s)$。$1/K_x$ 为吸收总阻力,即两膜阻力之和。

比较式(6.69)和式(6.72)可得

$$mK_y = K_x \quad (6.73)$$

6.4.2 传质速率方程的各种表达形式

基于不同的推动力,传质速率方程可用总传质系数或某一相的传质系数两种方法表示。各种传质速率方程是等效的。此外,气相和液相中溶质的浓度也可采用分压与物质的量浓度 c(浓度)表示,则速率式中的传质系数与推动力自然不同。表 6.3 列出了各种常用的速率方程。不同的推动力对应不同的传质系数,在应用时应特别注意。

表 6.3 吸收速率方程一览表

传质速率方程	推动力		传质系数		对应的平衡方程
	表达式	单位	符号	单位	
$N_A = k_y(y - y_i)$	$y - y_i$	—	k_y	$kmol/(m^2 \cdot s)$	$y = mx$ 或 $y = mx + a$
$N_A = K_y(y - y_e)$	$y - y_e$	—	K_y	$kmol/(m^2 \cdot s)$	
$N_A = k_x(x_i - x)$	$x_i - x$	—	k_x	$kmol/(m^2 \cdot s)$	
$N_A = K_x(x_e - x)$	$x_e - x$	—	K_x	$kmol/(m^2 \cdot s)$	
$N_A = k_G(p - p_i)$	$p - p_i$	kPa	k_G	$kmol/(m^2 \cdot s \cdot kPa)$	$p = Hc$ 或 $p = Hc + b$
$N_A = K_G(p - p_e)$	$p - p_e$	kPa	K_G	$kmol/(m^2 \cdot s \cdot kPa)$	
$N_A = k_L(c_i - c)$	$c_i - c$	$kmol/m^3$	k_L	$kmol/[m^2 \cdot s \cdot (kmol/m^3)]$	
$N_A = K_L(c_e - c)$	$c_e - c$	$kmol/m^3$	K_L	$kmol/[m^2 \cdot s \cdot (kmol/m^3)]$	

任何吸收系数的单位都是 $kmol/(m^2 \cdot s \cdot 单位推动力)$。当推动力以摩尔分数表示时,吸收系数的单位简化为 $kmol/(m^2 \cdot s)$,即与传质速率单位相同。

必须注意各种速率方程中的吸收系数与吸收推动力的正确搭配及其单位的一致性,吸收系数的倒数即表示吸收过程的阻力,阻力的表达形式也必须和推动力的表达形式相对应。

上述的吸收速率方程均以气液组成保持不变为前提,因此只适合用来描述定态操作时吸收塔内任一横截面上的速率关系,不能直接用来描述全塔的吸收速率。在塔内不同横截面上的气液组成各不相同,其吸收速率也就不同。

在使用吸收速率方程时,在所设计的整个组成范围内,平衡关系为直线,即平衡常数 m 和溶解度常数 H 应为常数,否则,即使气液膜传质系数为常数,总吸收系数仍随组成而变化。

各传质速率方程对应的传质系数之间的换算关系见表 6.4。

表 6.4 传质系数之间的换算关系

相平衡关系	总传质系数表达式	传质膜系数换算关系	总传质系数换算关系
$y=mx$ 或 $y=mx+a$	$K_y=1/(1/k_y+m/k_x)$ $K_x=1/(1/mk_y+1/k_x)$	$k_y=pk_G$	$K_y=pK_G$, $K_x=c_M K_L$
$p=Hc$ 或 $p=Hc+b$	$K_G=1/(1/k_G+H/k_L)$ $K_L=1/(1/Hk_G+1/k_L)$	$k_x=c_M k_L$	$K_x=mK_y$ $K_L=HK_G$

6.4.3 相际传质速率分析

由以上分析可知,相际传质速率可用不同的速率方程表示,但均取决于传质阻力(传质系数的倒数)和传质推动力。减少传质阻力(增大传质系数)和增大传质推动力均可以使传质速率成比例地增加。但不同的物系和不同的传质条件使得传质过程具有不同的相平衡关系和不同的传质系数,因而相际传质过程的阻力分布往往具有较大的差异,从而使传质速率的控制步骤出现差异。依据相界面两侧虚拟膜内的传质阻力大小,其传质阻力的控制步骤可以是单侧膜阻力控制过程或双侧膜阻力共同控制过程。如果某一侧的膜内传质阻力与另一侧的膜内传质阻力相比很小,以至于可以忽略不计,则过程的传质速率由传质阻力大的一侧控制,为单侧膜阻力控制过程。这种情况下,可以认为传质过程的总阻力与传质速率控制侧的膜内阻力相等。这样处理可以使过程计算简化。现以气、液两相传质过程为例进行分析。

1. 气膜阻力控制过程

式(6.69)可写成

$$\frac{1}{K_y}=\frac{1}{k_y}+\frac{m}{k_x} \tag{6.74}$$

即总传质阻力 $1/K_y$ 为气相传质阻力 $1/k_y$ 与液相传质阻力 m/k_x 之和。

当 $1/k_y \gg m/k_x$ 时,

$$K_y \approx k_y \tag{6.75}$$

此时传质阻力主要集中于气相,此类过程称为气相阻力控制。

由于气相对流传质系数与相平衡常数无关,所以即使相平衡关系为非线性函数,也可以将总传质系数视为常数,从而简化过程计算。易溶气体的吸收过程,由于相平衡常数很小,因此 $1/k_y \gg m/k_x$,一般可视为气膜阻力控制过程。如用水吸收 NH_3、HCl 等均为气膜阻力控制过程。

对于气膜控制,$K_y \approx k_y$,所以当增加气相流速时,k_y 的提高使得 K_y 增大,从而导致传质速率增大;而当增加液相流速时,由于其对气膜相传质系数影响不大,因而对传质速率影响不明显。可见对于气膜阻力控制过程,欲强化传质应设法提高气膜传质系数。

2. 液膜阻力控制过程

式(6.72)可写成

$$\frac{1}{K_x} = \frac{1}{mk_y} + \frac{1}{k_x} \tag{6.76}$$

即总传质阻力 $1/K_x$ 为气相传质阻力 $1/mk_y$ 与液相传质阻力 $1/k_x$ 之和。当 $1/k_x \gg 1/mk_y$ 时，

$$K_x \approx k_x \tag{6.77}$$

此时传质阻力主要集中于液相，此类过程称为液相阻力控制。

难溶气体的吸收系统，由于相平衡常数很大，使得 $1/k_x \gg 1/mk_y$，一般可视为液膜阻力控制过程。如用水吸收 O_2、CO_2 等均为液膜阻力控制过程。

对于液膜控制，$K_x \approx k_x$，所以当增加液相流速时，k_x 的提高使得 K_x 增大，从而导致传质速率增大；而当增加气相流速时，由于其对液膜相传质系数影响不大，因而对传质速率影响不明显。可见对于液膜阻力控制过程，欲强化传质应设法提高液膜传质系数。

3. 双膜阻力控制过程

实际吸收过程的阻力在气相和液相中各占一定比例。当气膜阻力和液膜阻力具有相同的数量级，则两者均不可忽略，称为双膜阻力控制。过程的传质速率由气、液两相的阻力共同决定。对双膜阻力控制过程，欲强化传质，则提高气膜或液膜传质系数，均能提高传质速率，但强化传质系数小的一侧的传质系数，效果更明显。

【例 6.5】 总压为 101.3 kPa、温度为 303 K 下用水吸收混合气中的氨，操作条件下的气液平衡关系为 $y = 1.20x$。已知气相传质系数 $k_y = 5.31 \times 10^{-4}$ kmol/(m^2·s)，液相传质系数 $k_x = 5.33 \times 10^{-3}$ kmol/(m^2·s)，并在塔的某一截面上测得氨的气相摩尔分数 $y = 0.04$，液相摩尔分数 $x = 0.015$。试求该截面上的传质速率及气液界面上两相的摩尔分数。

解：总传质系数

$$K_y = \frac{1}{\frac{1}{k_y} + \frac{m}{k_x}} = \frac{1}{\frac{1}{5.31 \times 10^{-4}} + \frac{1.20}{5.33 \times 10^{-3}}} \text{ kmol/(m}^2 \cdot \text{s)}$$

$$= 4.74 \times 10^{-4} \text{ kmol/(m}^2 \cdot \text{s)}$$

与实际液相组成平衡的气相组成为

$$y_e = mx = 1.20 \times 0.015 = 0.018$$

传质速率为

$$N_A = K_y(y - y_e) = 4.74 \times 10^{-4} \times (0.04 - 0.018) \text{ kmol/(m}^2 \cdot \text{s)}$$

$$= 1.04 \times 10^{-5} \text{ kmol/(m}^2 \cdot \text{s)}$$

联立求解以下两式：

$$k_y(y - y_i) = k_x(x_i - x)$$

$$y_i = mx_i$$

求出界面含量为

$$y_i = \frac{y + \dfrac{k_x}{k_y}x}{1 + \dfrac{k_x}{mk_y}} = \frac{0.04 + \dfrac{5.33 \times 10^{-3}}{5.31 \times 10^{-4}} \times 0.015}{1 + \dfrac{5.33 \times 10^{-3}}{1.20 \times 5.31 \times 10^{-4}}} = 0.020\ 3$$

$$x_i = y_i/m = 0.020\ 3/1.20 = 0.016\ 9$$

需要注意：界面含量 y_i 与气相主体含量 $y = 0.04$ 相差较大，而界面含量 x_i 与液相主体含量 $x = 0.015$ 比较接近。气相传质阻力占总阻力的分数为

$$\frac{\dfrac{1}{k_y}}{\dfrac{1}{K_y}} = \frac{\dfrac{1}{5.31 \times 10^{-4}}}{\dfrac{1}{4.74 \times 10^{-4}}} \times 100\% = 89.3\%$$

6.5　低浓度气体吸收

工业上为使气、液两相充分接触以实现物质间的相际传递，既可采用板式塔，也可采用填料塔。板式塔内气、液两相逐级接触，填料塔内气、液两相连续接触。本节结合连续接触式填料塔来分析和讨论物理吸收的计算过程。

工业上的吸收过程是在吸收塔内完成。按气、液两相在塔内流动的方向，可将吸收过程分为逆流吸收和并流吸收。在逆流吸收过程中，吸收剂从塔顶加入，靠重力向下流动，并在填料表面形成液膜；气体从塔底进入吸收塔，在压差的作用下向上流动，并在填料表面与液膜充分接触，在传质推动力的作用下进行质量传递。在并流吸收中，气、液两相均从塔顶加入吸收塔，完成质量传递后，分别从塔底排出。与传热相同，在同样的进、出条件下，气、液两相逆流吸收具有较大的传质推动力，而且并流吸收只能实现一次气液平衡，若没有特殊要求，吸收通常都采用逆流吸收。

6.5.1　低浓度气体吸收的特点

在逆流吸收过程中，由于溶质的宏观移动，吸收塔内气相从下往上流量不断减小，而液相从上往下流量逐渐增加。同时，由于溶质的溶解热影响，也会使气、液两相的温度沿塔高发生变化。这种流量和温度的变化会造成吸收塔内不同截面上传质系数和气液平衡关系的变化，使计算趋于复杂。

在系统溶质含量较低的情况下，由于气、液两相间传递的质量较少，气相和液相流量的变化不大，过程热效应不明显，此时可以将吸收塔内气相和液相流量作为常数处理，同时可认为塔内各处温度一致，从而使得吸收过程的计算大大简化，这样的吸收过程称为低浓度气体吸收。多数工业气体吸收操作都是将气体中少量溶质组分加以回收或除去。一般情况下，当气体混合物中溶质的含量低于10%（体积分数）时，即可按低浓度气体吸收过程处理。

综上所述，依据低浓度气体吸收的特点，在处理过程中，为使计算过程简化，可作如下假设处理而不至于引入显著误差。

(1) 吸收过程中，塔内气相摩尔流量 G 和液相摩尔流量 L 为常量。因被吸收的溶质量

很少,流经全塔的 G 和 L 变化不大,可近似为常数。

(2) **吸收过程是等温的**。因为吸收量少,由溶解热而引起的液体温度的升高并不显著,故可认为吸收是在等温下进行的。这样,对低浓度气体吸收往往可以不作热量衡算。

(3) **传质系数为常量**。因气、液两相在塔内的流量几乎不变,全塔的流动状况相同,故传质系数 k_x、k_y 在全塔为常数。

此外,在高浓度气体吸收过程中,如果溶质被吸收的量不大,则也具备低浓度气体吸收的特点,也可以按低浓度气体吸收的方法进行简化。本节所述的低浓度气体吸收应理解为一种简化处理,不再局限于低浓度范围。

本节利用相际传质理论讨论低浓度气体单组分吸收的有关计算问题。吸收过程的计算大体上可分为设计型计算和操作型计算。设计型计算通常是在已知气体的处理量、温度、操作压力和组成的条件下,算出欲达到分离要求所需的吸收剂用量和填料层高度(或所需的理论级数);而操作型计算是在已知气体的处理量、温度、压力、组成,吸收剂的流量、温度、组成,以及填料层高度的条件下,计算出气体的流量、温度、压力、组成。尽管这两种计算所依据的基本原理和相关的关系式并无不同,但这种分类对于分析问题和解决问题较为有利。

6.5.2 低浓度气体吸收过程的数学描述

描述吸收过程的基本方法是对过程作物料衡算、热量衡算及列出吸收的速率式。对于一个具体的吸收过程,往往可按具体情况作一些简化假定,以使过程的数学描述较为简便。

1. 物料衡算的微分表达式

微分接触式设备的数学描述须取微元塔段为控制体作物料衡算。图 6.20 为一定态操作的微分接触式吸收塔。取微元塔高 dh,两相传质面积为 $aAdh$,其中 A 为吸收塔横截面积,a 为单位体积内具有的有效吸收表面积,m^2/m^3。若所取微元处的局部传质速率为 N_A,则单位时间在此微元塔内溶质的传递量为 $N_A a A dh$。

图 6.20 中各符号的含义如下:

G——单位时间内通过吸收塔的混合气量,$kmol/(m^2 \cdot s)$;

L——单位时间内通过吸收塔的溶液(吸收剂)量,$kmol/(m^2 \cdot s)$;

y_1、y_2——进塔和出塔气体中溶质 A 组分的摩尔分数;

x_1、x_2——出塔和进塔液体中溶质 A 组分的摩尔分数。

对微元塔段 dh 作物料衡算,并忽略微元塔段两端面轴向的分子扩散,则对气相可得

$$G dy = N_A a dh \qquad (6.78)$$

对液相可得

$$L dx = N_A a dh \qquad (6.79)$$

对两相可得

$$L dx = G dy \qquad (6.80)$$

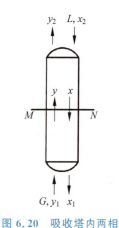

图 6.20 吸收塔内两相含量的变化

2. 全塔物料衡算

在稳态操作条件下,对单位时间内进出吸收塔的溶质 A 作物料衡算(即对物料衡算微分式(6.80)沿全塔积分),可得

$$G(y_1 - y_2) = L(x_1 - x_2) \tag{6.81}$$

式(6.81)即为全塔物料衡算式。其表明了逆流吸收塔中气、液两相流量 G、L 与塔底、塔顶两端的气、液两相组成 y_1、x_1 和 y_2、x_2 之间的关系。一般情况下,进塔混合气的组成与流量是由吸收任务规定的,而吸收剂的初始组成和流量往往是根据生产工艺要求确定的,故 G、y_1、L 及 x_2 均为已知,如果吸收任务同时规定了溶质回收率 η_A,则出塔气体的组成 y_2 为

$$y_2 = y_1(1 - \eta_A) \tag{6.82}$$

式中 η_A ——混合气中溶质 A 被吸收的百分率,称为吸收率或回收率。

由此,G、y_1、L、x_2 及 y_2 均为已知,通过全塔物料衡算,便可求得塔底吸收液的组成 x_1。

3. 吸收塔的操作线方程与操作线

在逆流操作的吸收塔内,气体自下而上,其组成由 y_1 逐渐降至 y_2;液体自上而下,其组成由 x_2 逐渐增至 x_1。在稳态操作的情况下,塔中各个横截面上的气液组成 y 与 x 的关系仍需要在塔内的任意横截面 MN 与塔的任一截面间对组分 A 作物料衡算。在任意截面与塔顶端面间对组分 A 作物料衡算,可得

$$G(y - y_2) = L(x - x_2)$$

或

$$y = \frac{L}{G}(x - x_2) + y_2 \tag{6.83}$$

同理,亦可在截面与塔底端面间对组分 A 作物料衡算,可得

$$G(y_1 - y) = L(x_1 - x)$$

或

$$y = y_1 - \frac{L}{G}(x_1 - x) \tag{6.84}$$

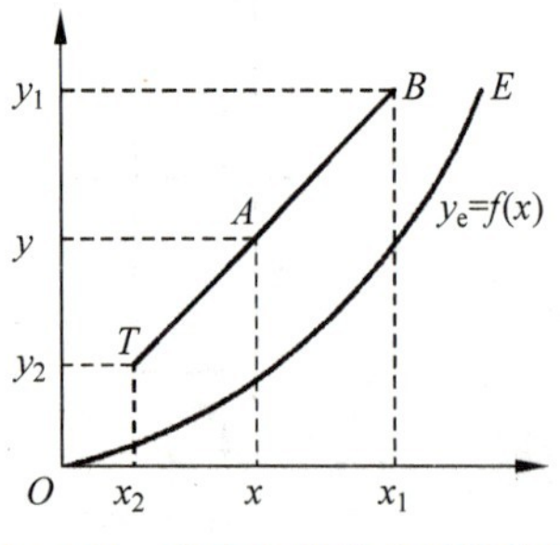

式(6.83)和式(6.84)皆可称为逆流吸收塔的操作线方程,它表明塔内任一横截面上的气相组成 y 与液相组成 x 之间呈线性关系,直线的斜率为 L/G,此直线通过点 $B(x_1, y_1)$ 和点 $T(x_2, y_2)$,如图 6.21 所示。直线 BT 即为逆流吸收塔的操作线。操作线上任一点 A 的坐标 (x, y) 代表塔内相应截面上液、气组成,端点 B 代表吸收塔底端,即塔底的组成,端点 T 代表吸收塔顶部,即塔顶的组成。在逆流吸收中,塔底具有最大的气液组成,称为"浓端";塔底具有最小的气液组成,称为"稀端"。

图 6.21 逆流吸收塔中的操作线

以上讨论是针对逆流操作而言。对于气、液并流的情况,吸收塔的操作线及操作线方程可采用同样的方法求得。吸收塔无论是逆流操作还是并流操作,其操作线方程及操

作线都由物料衡算求得,与吸收系统的相平衡关系、操作条件以及设备结构形式等均无任何关联。

4. 相际传质速率

相际传质速率表达式是反映微元塔段内所发生过程的性质和快慢的特征方程式,是吸收过程数学描述的重要组成部分。如前所述,相际传质速率 N_A 的表达式为

$$N_A = K_y(y - y_e)$$
$$N_A = K_x(x_e - x)$$

分别代入式(6.78)及式(6.79)可得

$$N_A = K_y a(y - y_e)\mathrm{d}h \tag{6.85}$$
$$N_A = K_x a(x_e - x)\mathrm{d}h \tag{6.86}$$

5. 传质速率积分式

根据低浓度吸收过程的特点,气、液两相流量 G 和 L 以及气、液两相传质系数 k_y 和 k_x 皆为常数。若在吸收塔操作规范内平衡线斜率变化不大,则可知总传质系数 K_y 和 K_x 亦沿塔高保持不变。分别将式(6.85)与式(6.86)沿塔高积分可得

$$H = \frac{G}{K_y a} \int_{y_2}^{y_1} \frac{\mathrm{d}y}{y - y_e} \tag{6.87}$$

$$H = \frac{L}{K_x a} \int_{x_2}^{x_1} \frac{\mathrm{d}x}{x_e - x} \tag{6.88}$$

式(6.87)和式(6.88)是低浓度气体吸收全塔传质速率方程或塔高计算的基本方程。

6.5.3 填料层高度的计算

从基本关系而言,填料层高度等于所需的填料体积除以填料塔的横截面积。塔截面积已由塔径确定,填料层体积则取决于完成规定任务所需的总传质面积和单位体积填料所能提供的气液有效接触面积。上述总传质面积应等于塔的吸收负荷(单位时间内的传质量,kmol/s)与塔内传质速率(单位时间内气液接触面积上的传质量,kmol/(m²·s))的比值。计算塔的吸收负荷要依据物料衡算式,计算传质速率要依据吸收速率方程式,而吸收速率方程式中的推动力总是实际组成与某种平衡组成的差值,因此需要知道相平衡关系。因此,填料层高度的计算将要涉及物料衡算、传质速率与相平衡三种关系的应用。

填料层高度的计算有传质单元数法和等板高度法,下面分别进行介绍。

6.5.3.1 传质单元数法

1. 传质单元高度与传质单元数

在式(6.87)中,若令

$$H_{OG} = \frac{G}{K_y a} \tag{6.89}$$

$$N_{OG} = \int_{y_2}^{y_1} \frac{dy}{y - y_e} \tag{6.90}$$

则式(6.87)可写成

$$H = H_{OG} N_{OG} \tag{6.91}$$

其中,N_{OG} 称为以$(y-y_e)$为推动力的传质单元数,为无量纲数。H_{OG} 具有长度量纲,单位为 m,称为传质单元高度。

同理,式(6.88)可写成

$$H = H_{OL} N_{OL} \tag{6.92}$$

其中

$$H_{OL} = \frac{L}{K_x a} \tag{6.93}$$

$$N_{OL} = \int_{x_2}^{x_1} \frac{dx}{x_e - x} \tag{6.94}$$

N_{OL} 称为以$(x_e - x)$为推动力的传质单元数,H_{OL} 为相应的传质单元高度。

将填料层高度写成 H_{OG} 和 N_{OG} 的乘积,只是变量的分离和合并,并无实质性的变化。但是这样的处理有明显的优点,传质单元数 N_{OG} 和 N_{OL} 中所含的变量只与物质的相平衡以及进、出口的含量条件有关,与设备的型式和设备中的操作条件(如流速)等无关。这样,在确定设备型式之前即可先计算 N_{OG}、N_{OL}。N_{OG}、N_{OL} 反映了分离任务的难易程度。若 N_{OG} 或 N_{OL} 的数值太大,则表明吸收剂性能太差,或者表明分离要求过高。

H_{OG} 及 H_{OL} 则与设备的型式、设备中的操作条件、物系的性质有关,表明了传质动力学性能及完成一个传质单元所需的塔高,是吸收设备效能高低的反映。通常传质系数 $K_y a$(或 $K_x a$)随流量 G(或 L)增加而增加,但是 $G/K_y a$(或 $L/K_x a$)则与流量关系较小。传质单元高度的数值及其变化量级不如传质系数大。常用吸收设备的传质单元高度为 $0.15 \sim 1.5$ m。具体的数值需由实验测定。大量的工程数据表明,一般情况下可认为气相总体积传质系数 $K_y a \propto G^{0.7}$,而气相传质单元高度 $H_{OG} = G/K_y a \propto G^{0.3}$。

另外,若将传质速率方程的其他表达形式进行积分,可得类似的塔高计算式,如表 6.5 所示。该表所列计算式对解吸塔同样适用,只是传质单元数中推动力与吸收正好相反。

表 6.5 传质单元高度与传质单元数

塔高计算式	传质单元高度	传质单元数	相互关系
$H = H_{OG} N_{OG}$	$H_{OG} = G/K_y a$	$N_{OG} = \int_{y_2}^{y_1} \frac{dy}{y - y_e}$	$H_{OG} = H_G + \frac{mG}{L} H_L$
$H = H_{OL} N_{OL}$	$H_{OL} = L/K_x a$	$N_{OL} = \int_{x_2}^{x_1} \frac{dx}{x_e - x}$	$H_{OL} = H_L + \frac{L}{mG} H_G$
$H = H_G N_G$	$H_G = G/k_y a$	$N_G = \int_{y_2}^{y_1} \frac{dy}{y - y_i}$	$H_{OG} \frac{L}{mG} = H_{OL}$
$H = H_L N_L$	$H_L = L/k_x a$	$N_L = \int_{x_2}^{x_1} \frac{dy}{x_i - x}$	$N_{OG} = \frac{L}{mG} N_{OL}$

2. 传质单元数的计算方法

1) 对数平均推动力法

若将式(6.87)与式(6.88)进行积分,则必须知道传质推动力$(y-y_e)$和(x_e-x)分别随气相摩尔分数y与液相摩尔分数x的变化规律。在吸收塔内,气、液两相沿塔高的变化受物料衡算式的约束。操作线方程前已述及,即式(6.83)和式(6.84)。

若将平衡线与操作线绘于同一图上,操作线上任一点A与平衡线间的垂直距离即为塔内某截面上以气相组成表示的吸收推动力$(y-y_e)$,与平衡线的水平距离则为该截面上以液相组成表示的吸收推动力(x_e-x)。因此,在吸收塔内推动力的变化规律是由操作线与平衡线共同决定的。

如果平衡线在吸收塔操作范围内可近似看成直线,操作线也是直线,则传质推动力$\Delta y=(y-y_e)$和y之间的关系必然为直线关系,同理$\Delta x=(x_e-x)$与x也呈线性关系,则推动力Δy或Δx相对于y或x的变化率皆为常数,而且可以用Δy或Δx的两端的值表示。即

$$\frac{\mathrm{d}y}{\mathrm{d}(\Delta y)}=\frac{y_1-y_2}{\Delta y_1-\Delta y_2}$$

可得

$$\mathrm{d}y=\frac{y_1-y_2}{\Delta y_1-\Delta y_2}\mathrm{d}(\Delta y) \tag{6.95}$$

式中$\Delta y_1=(y-y_e)_1$,$\Delta y_2=(y-y_e)_2$;下标1表示吸收塔底部气相入口,下标2表示吸收塔顶部气相出口。

于是得

$$N_{\mathrm{OG}}=\frac{y_1-y_2}{\Delta y_1-\Delta y_2}\int_{\Delta y_2}^{\Delta y_1}\frac{\mathrm{d}(\Delta y)}{\Delta y} \tag{6.96}$$

积分可得

$$N_{\mathrm{OG}}=\frac{y_1-y_2}{\Delta y_1-\Delta y_2}\ln\frac{\Delta y_1}{\Delta y_2} \tag{6.97}$$

若令

$$\Delta y_{\mathrm{m}}=\frac{\Delta y_1-\Delta y_2}{\ln\dfrac{\Delta y_1}{\Delta y_2}} \tag{6.98}$$

则有

$$N_{\mathrm{OG}}=\frac{y_1-y_2}{\Delta y_{\mathrm{m}}} \tag{6.99}$$

式(6.98)定义的Δy_{m}称为气相对数平均推动力。平均推动力的使用条件是吸收的操作线和平衡线为直线,并不要求平衡关系满足亨利定律。

同理,若用液相总浓度差表示过程的传质推动力,则有

$$N_{\mathrm{OL}}=\int_{x_2}^{x_1}\frac{\mathrm{d}x}{\Delta x}=\frac{x_1-x_2}{\Delta x_{\mathrm{m}}} \tag{6.100}$$

$$\Delta x_{\mathrm{m}} = \frac{\Delta x_1 - \Delta x_2}{\ln \dfrac{\Delta x_1}{\Delta x_2}} \tag{6.101}$$

式中 $\Delta x_1 = (x_e - x)_1 = x_{e1} - x_1$，$\Delta x_2 = (x_e - x)_2 = x_{e2} - x_2$；下标 1 表示吸收塔底部液相入口，下标 2 表示吸收塔顶部液相出口。

当 $\dfrac{1}{2} < \dfrac{\Delta y_1}{\Delta y_2} < 2$ 或 $\dfrac{1}{2} < \dfrac{\Delta x_1}{\Delta x_2} < 2$ 时，相应的对数平均推动力也可用算术平均值代替，不会带来较大的误差。

2) 吸收因子法

当平衡线为直线时，除平均推动力法之外，为计算传质单元数，可将相平衡关系 $y_e = mx$ 与操作线方程(6.83)代入下式：

$$N_{OG} = \int_{y_2}^{y_1} \frac{dy}{y - y_e} = \int_{y_2}^{y_1} \frac{dy}{y - m\left[x_2 + \dfrac{G}{L}(y - y_2)\right]}$$

$$= \int_{y_2}^{y_1} \frac{dy}{\left(1 - \dfrac{mG}{L}\right)y + \left(\dfrac{mG}{L}y_2 - mx_2\right)}$$

若令 $A = \dfrac{L}{mG}$，并将上式积分可得

$$\begin{cases} N_{OG} = \dfrac{1}{1 - \dfrac{1}{A}} \ln\left[\left(1 - \dfrac{1}{A}\right)\dfrac{y_1 - mx_2}{y_2 - mx_2} + \dfrac{1}{A}\right], & A \neq 1 \\ N_{OG} = \dfrac{y_1 - y_2}{y_2 - mx_2}, & A = 1 \end{cases} \tag{6.102}$$

上式中，A 称为吸收因子，$S = 1/A$ 称为解吸因子。A 的物理意义是该吸收过程中操作线斜率与平衡线斜率的比值；$\dfrac{y_1 - mx_2}{y_2 - mx_2}$ 代表吸收过程对溶质的吸收程度。该式清楚地说明了两者与传质单元数之间的关系。在已知过程的分离要求和吸收剂初始浓度的条件下，若给定吸收因子，则可以依据该式求得达到规定分离要求所需的传质单元数，进而可求得所需的填料层高度。依据式(6.102)可知，吸收因子是影响吸收过程经济性的重要参数。

式(6.102)包含 N_{OG}、S 及 $\dfrac{y_1 - mx_2}{y_2 - mx_2}$ 三个数群，可将其绘制成图 6.22。利用该关联图可以方便快捷地进行有关计算。当 S 值一定时，N_{OG} 与 $\dfrac{y_1 - mx_2}{y_2 - mx_2}$ 之间具有一一对应的关系。

为方便计算，在对数坐标上以 S 为参数按式(6.102)标绘出 $N_{OG} - \dfrac{y_1 - mx_2}{y_2 - mx_2}$ 的函数关系，得到如图 6.22 所示的一组曲线。若已知 G、L、y_1、y_2、x_2 及平衡线斜率 m，便可求出 S 及 $\dfrac{y_1 - mx_2}{y_2 - mx_2}$ 的值，进而可从图中读出 N_{OG} 的数值。

在图 6.22 中，横坐标 $\dfrac{y_1 - mx_2}{y_2 - mx_2}$ 值的大小，反映了溶质吸收率的高低。在气、液进塔组

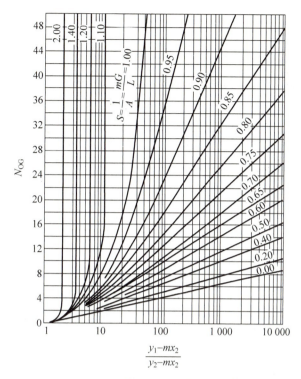

图 6.22 传质单元数 $\left(N_{OG}-S-\dfrac{y_1-mx_2}{y_2-mx_2}\right)$ 的关系图

成一定的情况下,要求的吸收率越高,y_2 便越小,横坐标的数值便越大,对应于同一个 S 值的 N_{OG} 值也就越大。

参数 S 反映吸收推动力的大小。在气、液进塔组成及溶质吸收率已知的条件下,横坐标的值已经确定,此时若增大 S 值则意味着减小液气比,其结果是使溶液出塔浓度提高而塔内吸收推动力变小,N_{OG} 值必然增大。反之,若参数 S 值减小,则 N_{OG} 值变小。

同理,若从 $N_{OL}=\int_{x_2}^{x_1}\dfrac{\mathrm{d}x}{x_e-x}$ 出发,同样可推导出

$$N_{OL}=\dfrac{1}{1-A}\ln\left[(1-A)\dfrac{y_1-mx_2}{y_1-mx_1}+A\right],\quad A\neq 1 \tag{6.103}$$

考虑平衡关系 $y_e=mx+b$ 及全塔物料衡算 $L(x_1-x_2)=G(y_1-y_2)$,式(6.102)和式(6.103)可表达为下列简单的形式,即

$$N_{OG}=\dfrac{1}{1-S}\ln\dfrac{y_1-mx_2}{y_2-mx_2}=\dfrac{1}{1-S}\ln\dfrac{\Delta y_1}{\Delta y_2} \tag{6.104}$$

$$N_{OL}=\dfrac{1}{1-A}\ln\dfrac{y_2-mx_2}{y_1-mx_1}=\dfrac{1}{1-A}\ln\dfrac{\Delta y_2}{\Delta y_1} \tag{6.105}$$

比较式(6.104)和式(6.105)可得

$$N_{OG}=AN_{OL} \tag{6.106}$$

3) 传质单元数的数值积分法

当平衡线 $y_e=f(x)$ 为曲线时,非但不能使用对数平均推动力,而且平衡线斜率处处不

等,总传质系数亦不再为常数。由式(6.78)可知,塔高可采用数值积分法按下式进行计算:

$$H = \int_{y_2}^{y_1} \frac{G\,\mathrm{d}y}{K_y a (y - y_e)} \tag{6.107}$$

通常在某些实验数据处理中,将 $\dfrac{G}{K_y a}$ 取作全塔的某一平均值而移出积分号外,这样便有必要在平衡线为曲线时计算 N_{OG} 的值。

积分式 $N_{OG} = \int_{y_2}^{y_1} \dfrac{\mathrm{d}y}{y - y_e}$ 的值等于图 6.23(a) 曲线下的阴影面积,可采用各种数值积分法求积。例如辛普森(Simpson)法。

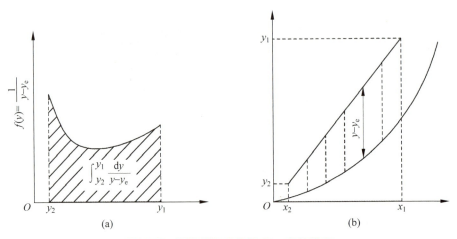

图 6.23 平衡线为曲线时 N_{OG} 的计算法

在 y_2 至 y_1 之间作偶数等分,如图 6.23(b)所示(定步长),对任一个 y 值算出对应的 $f(y) = \dfrac{1}{y - y_e}$,然后按下式积分:

$$\int_{y_0}^{y_n} f(y)\,\mathrm{d}y \approx \frac{\xi}{3}\{ f_0 + f_n + 2[f(y_2) + f(y_4) + \cdots +$$
$$f(y_{n-2})] + 4[f(y_1) + f(y_3) + \cdots + f(y_{n-1})] \} \tag{6.108}$$

式中步长 $\xi = \dfrac{y_n - y_0}{n}$。$n$ 可取任意偶数,n 取值越大,上述计算越准确。y_0 相当于出塔气相摩尔分数,y_n 相当于入塔气相摩尔分数。

4) 梯级图解法

若平衡关系在吸收过程所涉及的组成范围内为直线或弯曲度不大的曲线,采用梯级图解法估算总传质单元数比较简便。这种梯级图解法是根据传质单元数的物理意义引出的一种近似方法,其基本做法如下。

(1) 在图 6.24 所示的 x-y 坐标系中标绘吸收过程的操作线 TB 和平衡线 OE。

(2) 在 TB 线上所涉及浓度区间的操作线上选取若干点,并过各点作出表示过程总推动力的垂直线段 $\Delta y = y - y_e$,取各垂直线段的中点,并将这些中点用平滑曲线连接得到辅助线 MN。

(3) 自 T 点起,作水平线与辅助线 MN 相交于点 F,并延长至 F′,使得 FF′ = TF。自

F'作 x 轴的垂线交 BT 于点 A，则梯级 $TF'A$ 即为一个传质单元。

(4) 自 A 点用同样的方法作梯级，直至超过表示塔底浓度的 B 点为止，则从 T 到 B 所画得的阶梯数，即为所求的气相总传质单元数 N_{OG}。

以上所用的方法是一种近似的图解方法，它是在以下两点假设的基础上得到的，因而具有一定的近似性。

(1) 将每一梯级所在的浓度区间的操作线和平衡线视为直线；

(2) 在每一区间内，以过程的算术平均传质推动力代替对数平均推动力。

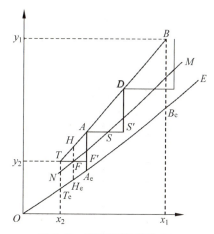

图 6.24　梯级图解法求 N_{OG}

在以上假设下，可以证明按以上方法所得的每个阶梯各代表一个传质单元。

在图 6.24 中任取一个阶梯 $TF'A$，过 T、F、F' 三点分别作 x 轴的垂线，得线段 TT_e、HH_e、AA_e，根据假设(1)，四边形 TT_eA_eA 为一梯形，故有 $HH_e=\dfrac{TT_e+AA_e}{2}$，由假设(2)可以认为 HH_e 即为该过程的平均传质推动力。又由于 $\triangle TFH \backsim \triangle TF'A$，且相似比为 $1/2$，所以有 $2HF=AF'=HH_e$，而 AF'、HH_e 则分别表示经过该梯级后气相浓度变化 (y_A-y_T) 以及该段内的平均传质推动力 $(y_H-y_{H_e})$。根据传质单元的定义可知，这样所得的阶梯数是该过程的传质单元数。

根据同样的原理，作平分操作线和平衡线水平间距的辅助线，则采用类似的方法可求得液相总传质单元数 N_{OL}。

6.5.3.2　等板高度法

等板高度法又称理论级模型法，是填料层高度的另一种计算方法。图 6.25(a)为逆流吸收理论级模型示意图。设填料层由 N 级组成，吸收剂从塔顶进入第 Ⅰ 级，逐级向下流动，最后从塔底第 N 级流出；原料气从塔底进入第 N 级，逐级向上流动，最后从塔顶第 Ⅰ 级排出。在每一级上，气、液两相密切接触，溶质组分由气相向液相传递。若离开某一级时，气、液两相达到平衡，则称该级为一个理论级，或称之为一层理论板。

设完成指定的分离任务所需的理论级数为 N_T，也就是需要 N_T 层理论板，则所需的填料层高度可按下式计算：

$$Z=N_T \cdot \text{HETP} \tag{6.109}$$

式中　N_T——理论级数或理论板数；

　　　HETP——等板高度，m。

所谓等板高度 HETP 是指分离效果与一个理论级（或一层理论板）的作用相当的填料层高度，又称当量高度。等板高度与分离物系的物性、操作条件及填料的结构参数有关，一般由实验测定或由经验公式计算，如表 6.6 所示。

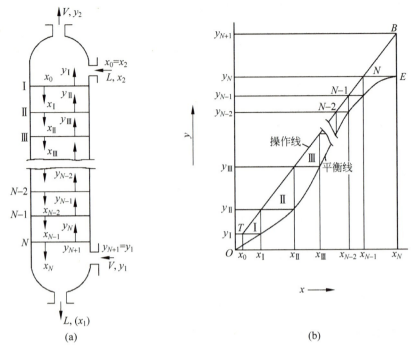

图 6.25 吸收塔的理论级数

表 6.6 一些填料的理论级当量高度 HETP(参考值)

填料类型	$D_g 25$ 鲍尔环	$D_g 25$ 阶梯短环	Mellapak 250Y	Mellapak 250X	BX 丝网填料	Montzpak A1-400
每米填料的理论级数 1/HETP	2.5	2.6	2.5	2	4.8	5
每理论级压降/Pa	197	170	110	90	50	50

由式(6.109)可知,等板高度 HETP 确定后,计算填料层高度的关键是确定完成分离任务所需要的理论级数。理论级数的确定有不同的方法,下面分别介绍。

1. 解析法求理论级数

对低浓度气体吸收,若相平衡关系符合亨利定律,则可以很方便地利用解析法求得过程的理论级数。如图 6.25(b)所示,在级Ⅱ上部至塔顶作关于溶质的物料衡算得

$$G(y_{\text{Ⅱ}} - y_2) = L(x_1 - x_2)$$

$$y_{\text{Ⅱ}} = \frac{L}{G}(x_1 - x_2) + y_2$$

由理论级的概念可知 $x_1 = y_1/m = y_2/m$,且 $A = \dfrac{L}{mG}$,则有

$$y_{\text{Ⅱ}} = (A+1)y_2 - Amx_2$$

同理,在级Ⅲ上部至塔顶进行同样的处理得

$$y_{\text{Ⅲ}} = (A^2 + A + 1)y_2 - (A^2 + A)mx_2$$

依次类推,直至第 $N+1$ 级有

$$y_{N+1} = (A^N + A^{N-1} + \cdots + A + 1)y_2 - (A^N + A^{N-1} + \cdots + A)mx_2 \quad (6.110)$$

因为 $y_{N+1} = y_1$,所以有

$$\frac{y_1 - y_2}{y_2 - mx_2} = \frac{A^{N+1} - A}{A^{N+1} - 1}, \quad A \neq 1 \quad (6.111)$$

式(6.111)称为克列姆赛尔(Kremser)方程,式中 N 即为需要的理论级数 N_T。通常为便于应用,常写成如下形式:

$$N_T = \frac{1}{\ln A}\ln\left[\left(1 - \frac{1}{A}\right)\frac{y_1 - mx_2}{y_2 - mx_2} + \frac{1}{A}\right], \quad A \neq 1 \quad (6.112)$$

当 $A = 1$ 时,可以直接从式(6.110)得

$$\frac{y_2 - mx_2}{y_1 - mx_2} = \frac{1}{N+1} \quad (6.113)$$

式(6.111)左端的 $\dfrac{y_1 - y_2}{y_2 - mx_2}$ 表示吸收塔内溶质的吸收率与理论最大吸收率(即在塔顶达到气液平衡时的吸收率)的比值,可称之为相对吸收率,以 η 表示(当进塔溶剂为纯溶剂时,$\eta = \dfrac{y_1 - y_2}{y_1}$,即等于溶质的吸收率 η_A)。

由此,式(6.111)又可写成如下形式:

$$\eta = \frac{A^{N+1} + A}{A^{N+1} - 1} \quad (6.111a)$$

以及

$$N = \frac{\ln\dfrac{A - \eta}{1 - \eta}}{\ln A} - 1 \quad (6.111b)$$

当操作线为直线、相平衡方程符合亨利定律时,吸收过程的理论级数 N_T 仅与分离程度 $\dfrac{y_1 - mx_2}{y_2 - mx_2}$ 及吸收因子有关,故工程上亦将此三者的关系绘制成关联图以便于应用,如图 6.26 所示。此图形与解析法求 N_{OG} 的图形相仿。

另外,克列姆赛尔方程可以写成更简明的形式。从式(6.112)可导出

$$A^N = \frac{\Delta y_1}{\Delta y_2} \quad 或 \quad A^N = \frac{\Delta x_1}{\Delta x_2} \quad (6.111c)$$

$$N = \frac{\ln\dfrac{\Delta y_1}{\Delta y_2}}{\ln A} \quad 或 \quad N = \frac{\ln\dfrac{\Delta x_1}{\Delta x_2}}{\ln A} \quad (6.111d)$$

求理论级数的解析法及其相应的算图可用于单组分计算,也可用于多组分吸收计算。

2. 图解法求理论级数

当相平衡关系为曲线时,不能采用解析法进行计算,此时可以利用图解法方便地求得理论级数,图解过程如图 6.27 所示。

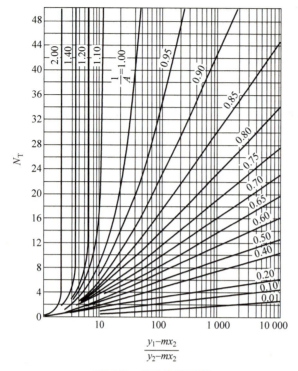

图 6.26　理论级关联图

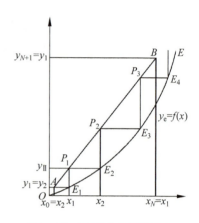

图 6.27　图解法求理论级数

步骤如下：

(1) 在 x-y 图上，分别作出吸收过程的操作线 AB 和平衡线 OE。

(2) 从 A 点起作水平线交平衡线于点 E_1，过 E_1 点作垂直线交操作线于 P_1，所得阶梯 AE_1P_1 即为一个理论级。从 P_1 点开始，在操作线和平衡线之间作梯级，直至液相组成 x_N 大于或等于 x_1 为止，此时所得的总阶梯数即为该吸收过程的理论级数。

6.5.4　吸收塔的设计型计算

吸收塔的计算问题可分为设计型和操作型，两类问题均可通过联立求解以下三式得到解决：

全塔物料衡算式

$$G(y_1 - y_2) = L(x_1 - x_2)$$

相平衡方程式

$$y = f(x) \tag{6.114}$$

吸收过程基本方程式

$$H = H_{OG} N_{OG} = \frac{G}{K_y a} \int_{y_2}^{y_1} \frac{dy}{y - y_e}$$

或

$$H = H_{OL} N_{OL} = \frac{L}{K_x a} \int_{x_2}^{x_1} \frac{dx}{x_e - x}$$

1. 设计型计算的命题

设计要求：计算达到指定的分离要求所需要的塔高。

给定条件：进口气体的溶质摩尔分数 y_1、气体的处理量即混合气的进塔流量 G、吸收剂与溶质组分的相平衡关系以及分离要求。

分离要求通常有两种表达方式：当吸收以除去气体中的有害物为目的时，一般直接规定吸收后气体中有害溶质的残余摩尔分数 y_2；当吸收以回收有用物质为目的时，通常规定溶质的回收率 η。

溶质回收率的定义为

$$\eta = \frac{\text{被吸收的溶质量}}{\text{气体进塔的溶质量}} = \frac{G_1 y_1 - G_2 y_2}{G_1 y_1} \tag{6.115}$$

式中 G_1、G_2 为气体进、出口流量，对于低浓度气体，$G_1 = G_2 = G$。则

$$\eta = 1 - \frac{y_2}{y_1} \tag{6.116}$$

或

$$y_2 = (1 - \eta) y_1 \tag{6.117}$$

为计算塔高 H，必须知道总传质系数 $K_y a$ 或 $K_x a$。而 H_{OG} 或 H_{OL} 涉及吸收塔的类型及其在操作条件下的传质性能。显然，根据上述已知条件，设计型计算题没有确定解，设计人员必须面对一系列条件的选择。

2. 设计条件的选择

1）流向选择

在微分接触式的吸收塔内，气、液两相可以逆流也可并流流动。取图 6.28 所示的塔段为控制体作物料衡算，可得并流时的操作线方程

$$y = y_1 - \frac{L}{G}(x - x_1) \tag{6.118}$$

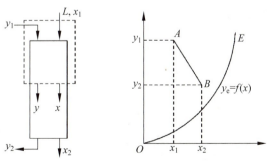

图 6.28 并流吸收塔中的操作线

操作线 AB 是斜率为 $-L/G$ 的直线。因此，只要在 $y_2 \sim y_1$ 范围内平衡线是直线，则平均推动力 Δy_m 仍可按式(6.98)计算。同理，只要在 $x_1 \sim x_2$ 范围内平衡线是直线，则平均推动力 Δx_m 仍可按式(6.101)计算。

比较并流和逆流的操作线可知，在两相进、出口摩尔分数相等的情况下，逆流时的对数

推动力必大于并流,故就吸收过程本身而言,逆流优于并流。但对吸收设备而言,逆流操作时液体下流受到上升气体的作用力,这种曳力过大时会妨碍液体顺利流下,因而限制了吸收塔允许的液体流量和气体流量,这是逆流最大的缺点。

为使过程具有最大的推动力,吸收一般采用逆流操作。在后面的吸收计算中,除特殊说明外均指逆流操作。在特殊情况下,譬如相平衡斜率极小时,逆流操作优势并不明显,可以考虑并流操作。

2) 吸收剂进口含量的选择及其最高允许含量

设计时若所选择的吸收剂进口溶质含量过高,吸收过程的推动力减小,所需吸收塔高度增加;若选择的进口含量过低,则对吸收剂的再生就提出了过高的要求,从而使再生设备和再生费用加大。因此,吸收剂进口溶质含量 x_2 的选择是一个经济上的优化问题,需要经过多方案的计算和比较方能确定。除了经济方面的考虑,还有技术上的限制,即存在一个技术上允许的最高进口含量,超过该含量便不可能达到规定的分离要求。

气、液两相逆流操作时,塔顶气相含量按设计要求规定为 y_2,与 y_2 相平衡的液相含量为 x_{2e}。显然,所选择的吸收剂进口含量 x_2 必须低于 x_{2e} 才有可能达到规定的分离要求,如图 6.29 所示。当所选择的吸收剂进口含量 x_2 等于 x_{2e} 时,吸收塔顶的推动力 Δy_m 为零,所需的塔高将为无穷高,这就是 x_2 的上限。

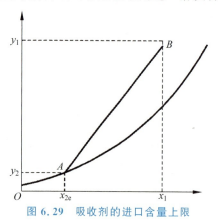

图 6.29 吸收剂的进口含量上限

总之,对于规定的分离要求,吸收剂进口含量在技术上存在一个上限,在经济上存在一个最适宜的数值。

3) 吸收剂用量的选择和最小液气比

为计算平均传质推动力或传质单元数,除需要知道分离要求 y_1、y_2 和 x_2 之外,还必须确定吸收剂出口含量 x_1 或液气比 L/G。如图 6.30(a)所示,吸收剂出口含量 x_1 与液气比 L/G 受全塔物料衡算约束,即

$$x_1 = x_2 + \frac{G}{L}(y_1 - y_2) \tag{6.119}$$

显然,吸收剂用量即液气比越大,出口含量 x_1 越小。

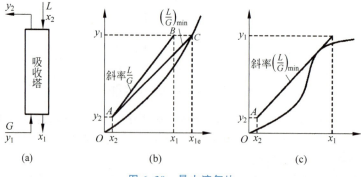

图 6.30 最小液气比

而液气比的选择同样是经济上的权衡优化问题。由图 6.30(b)可知,当 y_1、y_2、x_2 确定时,液气比 L/G 增大,出口含量 x_1 减小,过程的平均推动力相应增大,而传质单元数相应减少,从而使塔高降低。但是,吸收液的流量大而出口含量 x_1 低,必然使得吸收剂的再生费用增加。在这里同样需要多方案比较,从中选择最经济合适的液气比。同时,吸收剂的最小用量也存在技术上的限制。当 L/G 减小到如图 6.30(b)中的 $(L/G)_{min}$ 时,操作线与平衡线交于点 C,塔底的气、液两相含量达到平衡。此时,吸收推动力 Δy_1 为零,所需的塔高也将为无穷大,显然这是液气比的下限或 x_1 的上限。通常将 $(L/G)_{min}$ 称为最小液气比,相应的吸收剂用量为最小吸收剂用量 L_{min}。最小液气比可按物料衡算求得(也就是操作线斜率最小时):

$$\left(\frac{L}{G}\right)_{min} = \frac{y_1 - y_2}{x_{1e} - x_2} \tag{6.120}$$

必须明确,液气比的这一限制来自于规定的分离要求,并不是说吸收塔不能在更低的液气比下操作,液气比低于此最低值时,将达不到规定的分离要求。

需要注意,当平衡线的形状为图 6.30(c)所示,当液气比 L/G 减小到某一程度,塔顶两相的含量虽未达到平衡,但操作线已经与平衡线相切,切点处的吸收推动力为零,未达到分离要求,塔高无穷大。因此,此时的最小液气比,应决定于从图中 A 点所作的平衡线切线的斜率。总之,在液气比下降时,只要塔内某一截面处气、液两相趋于平衡,达到指定分离要求所需的塔高即为无穷大,此时的液气比就是最小液气比。

在设计时为避免作多方案计算,通常先求出最小液气比,然后乘以某一经验的倍数作为设计的液气比。通常取

$$\frac{L}{G} = (1.1 \sim 2.0)\left(\frac{L}{G}\right)_{min}$$

3. 吸收剂再循环

某些工业吸收过程将出塔液体的一部分返回塔顶与新鲜吸收剂相混,然后一并进入塔顶,如图 6.31(a)所示,这种流程称为吸收剂再循环。

设吸收剂再循环量 L_r 为新鲜吸收剂 L 的 θ 倍,对塔顶两股吸收剂混合点 M 作物料衡算可求得入塔吸收剂的摩尔分数 x_2' 为

$$x_2' = \frac{\theta x_1 + x_2}{1 + \theta} \tag{6.121}$$

很明显,吸收剂再循环使液相入塔摩尔分数 x_2' 大于新鲜吸收剂摩尔分数 x_2。若气体分离要求不变,即 y_2 不变,此时操作线在塔顶的位置将由 A 点移至 A' 点,如图 6.31(b)所示,从而降低了吸收推动力。因而在一般情况下,吸收剂再循环对吸收都是不利的。

4. 塔内返混的影响

吸收塔内气、液两相可因各种原因造成两相流体自下而上返回至上游,这种现象称为返混。返混也会对吸收塔的设计塔高带来影响。

设在塔的中部某处引出一部分吸收液使其返回塔的上部,如图 6.32(a)所示。在设计时,液气比及两相进出口含量已由设计条件所确定,发生液体的局部返混时的操作线由

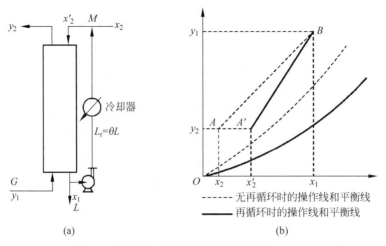

图 6.31 吸收剂再循环操作线

图 6.32(b) 的虚线移至实线。显然,由于局部推动力的下降必然使得完成同一分离任务所需要的塔高增加。同理,气相返混也会造成同样的结果。因此,传质设备的任何形式的返混都将破坏逆流操作条件,使传质推动力下降,对传质造成不利的影响。返混的量及范围越大,推动力的下降就越严重。返混通常与传质设备的结构有关,所以在设计时应将它的影响考虑在传质单元高度中。

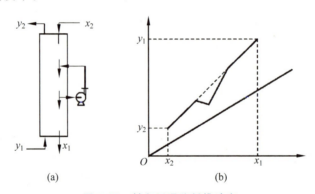

图 6.32 轴向返混降低推动力

【例 6.6】 在填料塔内用清水逆流吸收净化含 SO_2 的空气。空气入塔流量 0.04 kmol/s,其中含 3%(体积分数)的 SO_2,要求该塔 SO_2 回收率 98%。操作压力为常压,温度 25℃,此时的平衡关系为 $y_e = 34.9x$。总体积传质系数 $K_y a$ 取为 0.056 kmol/(m³·s),塔径为 1.6 m。若出塔水溶液中 SO_2 浓度为其饱和浓度的 75%,试求:(1)所需水量;(2)所需填料层高度;(3)当回收率提高 1%,即为 99% 时,所需填料层高度(清水用量不变)。

解:(1)计算用水量

由题意可知

$$y_2 = y_1(1-\eta) = 0.03 \times (1-0.98) = 0.0006$$

$$x_{1e} = \frac{y_1}{m} = \frac{0.03}{34.9} = 0.00086$$

$$x_1 = 0.75x_{1e} = 0.75 \times 0.000\,86 = 0.000\,645$$

由全塔物料衡算 $L'(x_1 - x_2) = G'(y_1 - y_2)$，可得

$$L' = \frac{y_1 - y_2}{x_1 - x_2} G' = \frac{0.03 - 0.000\,6}{0.000\,645 - 0} \times 0.04 \text{ kmol/s} = 1.823 \text{ kmol/s}$$

式中，G'、L' 分别为气相总摩尔流量和液相总摩尔流量，kmol/s。

（2）计算填料层高度

① H_{OG} 的计算

$$G = \frac{G'}{\Omega} = \frac{0.04}{0.785 \times 1.6^2} \text{ kmol/(m}^2 \cdot \text{s)} = 0.02 \text{ kmol/(m}^2 \cdot \text{s)}$$

式中，Ω 为塔的横截面积，m^2。

$$H_{OG} = \frac{G}{K_y a} = \frac{0.02}{0.056} \text{ m} = 0.357 \text{ m}$$

② 应用对数平均推动力法求传质单元数（也可以应用吸收因子法）

$$\Delta y_1 = y_1 - mx_1 = 0.03 - 34.9 \times 0.000\,645 = 0.007\,49$$

$$\Delta y_2 = y_2 - mx_2 = 0.000\,6 - 34.9 \times 0 = 0.000\,6$$

$$\Delta y_m = \frac{\Delta y_1 - \Delta y_2}{\ln \dfrac{\Delta y_1}{\Delta y_2}} = \frac{0.007\,49 - 0.000\,6}{\ln \dfrac{0.007\,49}{0.000\,6}} = 0.002\,73$$

$$N_{OG} = \frac{y_1 - y_2}{\Delta y_m} = \frac{0.03 - 0.000\,6}{0.002\,73} = 10.77$$

$$H = H_{OG} N_{OG} = 0.357 \times 10.77 \text{ m} = 3.84 \text{ m}$$

（3）当 SO_2 回收率提高到 99% 时，气液流量不变，传质单元高度为定值，此时有

$$y_2' = y_1(1 - \eta') = 0.03 \times (1 - 0.99) = 0.000\,3$$

$$x_1' = \frac{G'}{L'}(y_1 - y_2') = \frac{0.04}{1.823} \times (0.03 - 0.000\,3) = 0.000\,651$$

吸收因子不变，采用吸收因子法计算 N_{OG}：

$$A = \frac{L'}{mG'} = \frac{1.823}{34.9 \times 0.04} = 1.31$$

$$N_{OG} = \frac{1}{1 - \dfrac{1}{A}} \ln \left[\left(1 - \dfrac{1}{A}\right) \dfrac{y_1 - mx_2}{y_2' - mx_2} + \dfrac{1}{A} \right]$$

$$= \frac{1}{1 - \dfrac{1}{1.31}} \ln \left[\left(1 - \dfrac{1}{1.31}\right) \dfrac{0.03}{0.000\,3} + \dfrac{1}{1.31} \right] = 13.5$$

$$H = H_{OG} N_{OG} = 0.357 \times 13.5 \text{ m} = 4.82 \text{ m}$$

所需填料层高度的增加量为

$$\Delta H / H = \frac{4.82 - 3.85}{3.85} = 25.2\%$$

【例 6.7】 在绝压为 0.2 MPa 的填料吸收塔中进行逆流吸收操作。已知入口气体的摩尔流量为 100 kmol/h，溶质 A 的摩尔分数为 $y_1 = 0.08$，要求吸收塔的回收率为 95%。进入

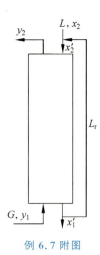

例 6.7 附图

系统的纯溶剂的摩尔流量为 100 kmol/h,溶质 A 的摩尔分数为 $x_2=0.01$,操作条件下的气液平衡关系为 $y_e=0.1x$。试求:(1)气相总传质单元数;(2)若系统回收率不变,将上述吸收过程按塔底溶液部分循环设计,如本题附图所示,循环溶液量 $L_r=40$ kmol/h,且进入系统的新鲜吸收剂量不变,试计算有循环时气相总传质单元数,将其与无循环时相比,可得出什么样的结论?

解:(1)题干所给为纯溶剂的流量 L_s,换算成吸收溶液流量为

$$L = \frac{L_s}{1-x_2} = \frac{100}{1-0.01} \text{ kmol/h} = 101.01 \text{ kmol/h}$$

$$\frac{1}{A} = \frac{mG}{L} = \frac{0.1 \times 100}{101.01} = 0.099$$

$$y_2 = y_1(1-\eta) = 0.08 \times (1-0.95) = 0.004$$

$$N_{OG} = \frac{1}{1-\frac{1}{A}} \ln\left[\left(1-\frac{1}{A}\right)\frac{y_1-mx_2}{y_2-mx_2}+\frac{1}{A}\right]$$

$$= \frac{1}{1-0.099}\ln\left[(1-0.099)\frac{0.08-0.1\times 0.01}{0.004-0.1\times 0.01}+0.099\right]$$

$$= 3.23$$

出塔液相组成

$$x_1 = \frac{y_1-y_2}{L/G}+x_2 = \frac{0.08-0.004}{101.01/100}+0.01 = 0.085\,2$$

(2)采用吸收剂再循环设计时,设实际入塔的吸收剂组成为 x_2',则由物料衡算可得

$$(L+L_r)x_2' = Lx_2+L_r x_1$$

$$x_2' = \frac{Lx_2+L_r x_1}{L+L_r} = \frac{101.01\times 0.01+40\times 0.085\,2}{101.01+40} = 0.031$$

用平均推动力法计算传质单元数,作全塔物料衡算:

$$L(x_1'-x_2) = G(y_1-y_2)$$

由于进塔的气液流量均不变,则有 $x_1'=x_1$,即

$$\Delta y_1 = y_1-mx_1 = 0.08-0.1\times 0.085\,2 = 0.071\,4$$

$$\Delta y_2 = y_2-mx_2' = 0.004-0.1\times 0.031 = 0.000\,9$$

$$\Delta y_m = \frac{\Delta y_1-\Delta y_2}{\ln\frac{\Delta y_1}{\Delta y_2}} = \frac{0.071\,4-0.000\,9}{\ln\frac{0.071\,4}{0.000\,9}} = 0.016\,1$$

$$N_{OG}' = \frac{y_1-y_2}{\Delta y_m} = \frac{0.08-0.004}{0.016\,1} = 4.71$$

可见,$N_{OG}'>N_{OG}$。

这是因为吸收剂再循环时操作线更加靠近平衡线,使传质推动力变小,故 N_{OG} 变大。

讨论:吸收剂部分再循环使入塔溶液的浓度增大,塔内的传质推动力下降,从而导致吸收塔的传质单元数 N_{OG} 增加,吸收效率下降,因此吸收剂一般不宜再循环使用。但若过程

有显著的热效应,则吸收剂再循环时可以降低塔内的操作温度,使 m 下降,从而有利于吸收操作。

6.5.5 吸收塔的操作型计算

1. 操作型计算的命题

在实际生产中,吸收塔的操作型计算问题是会经常遇到的。常见的吸收塔操作型问题有两种类型。

1) 第一种命题

给定条件:吸收塔的有效传质填料层高度及其他有关尺寸,气、液两相的流量、进口含量、平衡关系及流动方式,两相的总传质系数 $K_y a$ 或 $K_x a$。

计算目的:气、液两相的出口含量。

2) 第二种命题

给定条件:吸收塔的有效传质填料层高度及其他有关尺寸,气体的流量及进、出口含量,吸收液的进口含量,两相平衡关系及流动方式,两相的总传质系数 $K_y a$ 或 $K_x a$。

计算目的:吸收剂的用量及其出口含量。

2. 问题求解的方法

两种操作型命题均可联立求解式(6.81)、式(6.114)、式(6.87)或式(6.88)得以解决。在一般情况下,相平衡方程与吸收过程方程式均是非线性的,求解时需要试差求解或迭代。如果平衡线在操作范围内可近似看成直线,则对于第一种命题,可通过简单的数学处理将吸收过程的基本方程式线性化,然后采用消元法求出气、液两相的出口含量;对第二种命题,因无法将吸收过程基本方程式线性化,试差计算不可避免。

当平衡关系符合亨利定律、平衡线是通过原点的直线时,采用吸收因子法求解操作型问题更为方便。

6.5.6 吸收塔的操作和调节

吸收塔的气体入口条件是由前一工序决定的,不能随意改变。因此,吸收塔在操作时的调节手段只能是改变吸收剂的入口条件。吸收剂的入口条件包括流量 L、温度 t 和进口溶质含量 x_2 三个要素。

(1) 增大吸收剂用量,操作线斜率增大,平均推动力增大,操作线远离平衡线,出口气体含量 y_2 下降。

(2) 降低吸收剂温度,气体溶解度增大,平衡常数减小,平衡线下移,与操作线距离增大,平均推动力增大。

(3) 降低吸收剂入口含量,液相入口处推动力增大,全塔平均推动力亦随之增大。

总之,适当调节上述三个变量都可强化传质过程,从而提高传质效果。当吸收和再生联合操作时,吸收剂的入口条件将受到再生操作的制约。如果再生不良,吸收剂进塔含量将上升;如果再生后的吸收剂冷却不足,吸收剂的温度将升高。再生操作中可能出现的这些问题,都会给吸收操作带来不利影响。提高吸收剂的循环量可以增大吸收推动力,但也应考虑设备的再生能力。另外,用增大吸收剂循环量的方法来调节气体出口含量 y_2 也是有一定限度的。设有一足够高的吸收塔(即塔高无穷),操作时必在塔底或塔顶达到平衡(见图 6.33)。当气、液两相在塔底达到平衡时($L/G<m$),增大吸收剂用量可有效降低 y_2;当气、液两相在塔顶达到平衡时($L/G>m$),增大吸收剂用量就不能有效降低 y_2,此时,只有降低吸收剂入口含量或吸收剂入口温度才能使 y_2 下降。

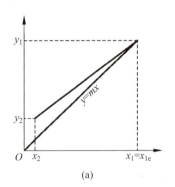
(a)

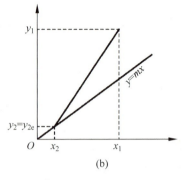
(b)

图 6.33 吸收操作调节

(a) $A = \dfrac{L}{mG} < 1$; (b) $A = \dfrac{L}{mG} > 1$

【**例 6.8**】 用一填料层高度为 3 m 的吸收塔来测定传质单元高度,已知相平衡关系为 $y_e = 0.25x$ 的易溶气体,气体流量 $G = 100$ kmol/(m² · h),进出口浓度分别为 $y_1 = 0.052$, $y_2 = 0.004$(均为摩尔分数);液体流量 $L = 100$ kmol/(m² · h),纯溶剂吸收。求传质单元高度。如操作条件发生下列变动,求填料层高度:(1)气体流速增加一倍,y_1、y_2、x_2 均保持不变;(2)液体流速增加一倍,y_1、y_2、x_2 均保持不变(假定气液量改变后,塔均能保持正常操作,且 $K_y a = AG^{0.7}L^{0.3}$)。

解: 因已知填料层高度,求出传质单元数即可求出传质单元高度。

依题意:$y_1 = 0.052$,$y_2 = 0.004$,$x_2 = 0$,由物料衡算可得

$$x_1 = \frac{G}{L}(y_1 - y_2) + x_2 = \frac{100}{100} \times (0.052 - 0.004) + 0 = 0.048$$

$$\Delta y_1 = y_1 - mx_1 = 0.052 - 0.25 \times 0.048 = 0.04$$

$$\Delta y_2 = y_2 - mx_2 = 0.004 - 0.25 \times 0 = 0.004$$

$$\Delta y_m = \frac{\Delta y_1 - \Delta y_2}{\ln \dfrac{\Delta y_1}{\Delta y_2}} = \frac{0.04 - 0.004}{\ln \dfrac{0.04}{0.004}} = 0.015\,6$$

$$N_{OG} = \frac{y_1 - y_2}{\Delta y_m} = \frac{0.052 - 0.004}{0.015\,6} = 3.08$$

$$H_{OG} = H/N_{OG} = 3/3.08 \text{ m} = 0.974 \text{ m}$$

(1) 气体流速增加一倍,因为 $K_y a = AG^{0.7}L^{0.3}$,则

$$\frac{(K_y a)'}{K_y a} = \left(\frac{G'}{G}\right)^{0.7} \left(\frac{L'}{L}\right)^{0.3}, \quad G' = 2G, L' = L$$

$$(K_y a)' = 2^{0.7} K_y a = 1.625 K_y a$$

$$H'_{OG}=\frac{G'}{(K_y a)'}=\frac{2G}{1.625K_y a}=1.23H_{OG}=1.23\times 0.974 \text{ m}=1.198 \text{ m}$$

$$x'_1=\frac{G'}{L}(y_1-y_2)+x_2=\frac{200}{100}\times(0.052-0.004)+0=0.096$$

$$\Delta y'_1=y_1-mx'_1=0.052-0.25\times 0.096=0.028$$

$$\Delta y'_2=y_2-mx_2=0.004$$

$$\Delta y_m=\frac{\Delta y'_1-\Delta y'_2}{\ln\frac{\Delta y'_1}{\Delta y'_2}}=\frac{0.028-0.004}{\ln\frac{0.028}{0.004}}=0.0123$$

$$N'_{OG}=\frac{y_1-y_2}{\Delta y'_m}=\frac{0.052-0.004}{0.0123}=3.9$$

$$H'=H'_{OG}N'_{OG}=1.198\times 3.9 \text{ m}=4.67 \text{ m}$$

即气体流速增大一倍,所需填料层高度为 4.67 m。

(2) 液体流速增大一倍,根据 $K_y a=AG^{0.7}L^{0.3}$,则

$$\frac{(K_y a)''}{K_y a}=\left(\frac{G''}{G}\right)^{0.7}\left(\frac{L''}{L}\right)^{0.3}, \quad G''=G, \quad L''=2L$$

$$(K_y a)''=2^{0.3}K_y a=1.23K_y a$$

$$H''_{OG}=\frac{G''}{(K_y a)''}=\frac{G}{1.23K_y a}=0.813H_{OG}=0.813\times 0.974 \text{ m}=0.792 \text{ m}$$

$$x''_1=\frac{G''}{L''}(y_1-y_2)+x_2=\frac{100}{200}\times(0.052-0.004)+0=0.024$$

$$\Delta y''_1=y_1-mx''_1=0.052-0.25\times 0.024=0.046$$

$$\Delta y''_2=y_2-mx_2=0.004$$

$$\Delta y''_m=\frac{\Delta y''_1-\Delta y''_2}{\ln\frac{\Delta y''_1}{\Delta y''_2}}=\frac{0.046-0.004}{\ln\frac{0.046}{0.004}}=0.0172$$

$$N''_{OG}=\frac{y_1-y_2}{\Delta y''_m}=\frac{0.052-0.004}{0.0172}=2.79$$

$$H''=H''_{OG}N''_{OG}=0.792\times 2.79 \text{ m}=2.21 \text{ m}$$

【例 6.9】 在一吸收塔内,用洗油吸收煤气中的苯,在一定操作温度下,气液平衡关系为 $y_e=0.125x$,煤气中苯的入口含量为 0.02(摩尔分数,下同)。洗油入口苯含量为 0.0075,要求出塔煤气中苯残留不大于 0.001,取实际液气比为最小液气比的 1.28 倍,煤气量为 1 000 kmol/h,$H_{OG}=0.2$ m,试求:(1)最小液气比;(2)溶剂用量及出塔溶剂中溶质的含量;(3)所需填料层高度;(4)已知传质过程为气膜控制,在操作中,溶剂用量增加了 20%,求此时出塔混合气中苯的含量 y'_2 以及吸收液浓度 x'_1。

解:(1) 已知 $y_1=0.02, y_2=0.001, x_2=0.0075, m=0.125, G=1 000$ kmol/h,则

$$\left(\frac{L}{G}\right)_{\min}=\frac{y_1-y_2}{x_{1e}-x_2}=\frac{0.02-0.001}{\frac{0.02}{0.125}-0.0075}=0.125$$

(2) $\dfrac{L}{G} = 1.28\left(\dfrac{L}{G}\right)_{\min} = 1.28 \times 0.125 = 0.16$

$$L = 0.16G = 0.16 \times 1\,000 \text{ kmol/h} = 160 \text{ kmol/h}$$

由全塔物料衡算可得

$$x_1 = \dfrac{y_1 - y_2}{L/G} + x_2 = \dfrac{0.02 - 0.001}{0.16} + 0.007\,5 = 0.126$$

(3) 对数平均推动力法求塔高

$$\Delta y_1 = y_1 - mx_1 = 0.02 - 0.125 \times 0.126 = 0.004\,25$$

$$\Delta y_2 = y_2 - mx_2 = 0.001 - 0.125 \times 0.007\,5 = 6.25 \times 10^{-5}$$

$$\Delta y_m = \dfrac{\Delta y_1 - \Delta y_2}{\ln \dfrac{\Delta y_1}{\Delta y_2}} = \dfrac{0.004\,25 - 6.25 \times 10^{-5}}{\ln \dfrac{0.004\,25}{6.25 \times 10^{-5}}} = 9.924 \times 10^{-4}$$

$$N_{OG} = \dfrac{y_1 - y_2}{\Delta y_m} = \dfrac{0.02 - 0.001}{9.924 \times 10^{-4}} = 19.15$$

$$H = H_{OG} N_{OG} = 0.2 \times 19.15 \text{ m} = 3.83 \text{ m}$$

(4) $L' = 1.2L = 192$ kmol/h

$$\dfrac{1}{A'} = \dfrac{mG}{L'} = \dfrac{0.125 \times 1\,000}{192} = 0.651$$

对于气膜控制,液体流量增加时,H_{OG} 不变,则在填料层高度不变时,N_{OG} 不变,由吸收因子法

$$N_{OG} = \dfrac{1}{1 - \dfrac{1}{A'}} \ln\left[\left(1 - \dfrac{1}{A'}\right)\dfrac{y_1 - mx_2}{y_2' - mx_2} + \dfrac{1}{A'}\right]$$

$$= \dfrac{1}{1 - 0.651} \ln\left[(1 - 0.651)\dfrac{0.02 - 0.125 \times 0.007\,5}{y_2' - 0.125 \times 0.007\,5} + 0.651\right] = 19.15$$

解得

$$y_2' = 9.46 \times 10^{-4}$$

出塔液相浓度为

$$x_1' = \dfrac{y_1 - y_2'}{L'/G} + x_2 = \dfrac{0.02 - 0.000\,946}{192/1\,000} + 0.007\,5 = 0.107$$

【例 6.10】 清水逆流吸收烟气中的 SO_2(其余组分为惰性组分),SO_2 的初始含量为 0.04(摩尔分数,下同),在操作条件下相平衡关系为 $y_e = 4x$,填料层无限高,试求吸收因子为 1.5 和 0.7 时出塔气体组成和液体组成。

解:(1) 填料层无限高,说明推动力为零。

当 $A = 1.5 > 1$ 时,随着填料层增高,操作线 ab 向平衡线靠拢,直至相交,平衡线与操作线将相交于塔顶,得操作线 $a'b'$,如本题附图(a)所示。

$$y_{2\min} = mx_2 = 0$$

$$A = \dfrac{L}{mG} = 1.5 \Rightarrow \dfrac{G}{L} = \dfrac{1}{mA} = \dfrac{1}{6}$$

$$x_{1\max} = x_2 + \frac{G(y_1 - y_{2\min})}{L} = \frac{0.04}{6} = 0.0067$$

(2) 当 $A=0.7<1$ 时,随着填料层增高,操作线 cd 向平衡线靠拢,直至相交,平衡线与操作线将相交于塔底,得操作线 $c'd'$,如本题附图(b)所示。

$$x_{1\max} = \frac{y_1}{m} = \frac{0.04}{4} = 0.01$$

$$A = \frac{L}{mG} = 0.7 \Rightarrow \frac{L}{G} = mA = 2.8$$

$$y_{2\min} = y_1 - \frac{L(x_{1\max} - x_2)}{G} = 0.04 - 2.8 \times 0.01 = 0.012$$

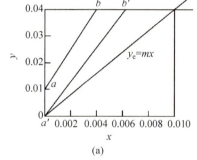
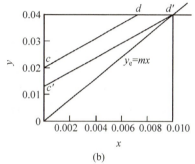

例 6.10 附图

6.6 解　吸

除了以制取液相产品为目的的操作,一般吸收过程均需对吸收剂进行回收,以便循环使用,降低吸收过程的操作成本。解吸操作就是对吸收剂进行回收处理,使溶解在吸收剂里的溶质组分释放出来,得到较纯的溶质组分,同时使吸收剂得以再生而循环使用。

常用的解吸方法有气提解吸法、减压解吸法以及升温解吸法。工业上有时将三种解吸方法联合使用,以便获得更好的解吸效果。

6.6.1　气提解吸法

如图 6.34 所示,气提解吸法(又称载气解吸法)是将需要再生的吸收剂通入解吸塔顶部,而将不含(或含微量)溶质的载气由塔底通入解吸塔,并使其与塔顶喷洒下的吸收液逆流接触而进行质量交换。由于载气中溶质的分压低于吸收液中溶质浓度对应的平衡气相分压,因此溶解在吸收剂中的溶质会向气相传递,使吸收剂再生。从这一过程看,气提解吸法实际上是气体吸收过程的逆过程。

1. 气提载气

工程上可以根据解吸工艺要求选用不同的载气,常用的载气有以下几种。

(1) 惰性气体。常用的惰性气体有空气、氮气和二氧化碳等气体,该法适用于脱除少量

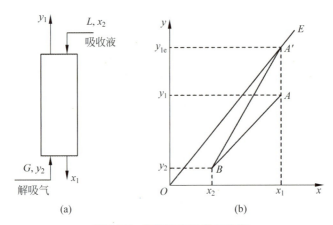

图 6.34 气提解吸过程示意图

溶质并以吸收剂再生为目的的操作,一般难以得到较纯净的溶质。

(2)水蒸气。一方面水蒸气起到通常意义上载气的作用,同时起到加热热源的作用,实际上是气提与升温并用的解吸操作,因而吸收剂的再生效果良好;另一方面,水蒸气易在塔顶实现冷凝,若溶质是不凝性气体或者溶质冷凝后与水形成完全不互溶的物系,则在塔顶可以获得较纯净的溶质组分。

由于水蒸气往往具有较高品位的大量热能且价格较贵,因此利用水蒸气作为载气时要注意系统能量的综合利用,以降低操作成本。

(3)吸收剂蒸气。利用吸收剂蒸气做载气,通常的做法是在解吸塔塔底设置一再沸器,使塔釜中解吸后的吸收剂汽化返回解吸塔作为解吸载气。实质上这种操作是仅有提馏段的精馏操作。

2. 气提解吸过程的分析与计算

解吸过程是吸收的逆过程,组分在相间的传递遵循与吸收相同的原理与规律,因此吸收过程中所用的分析和计算方法对于解吸过程同样适用。但两者的推动力方向相反,因此在 x-y 图上表示操作线时,吸收操作线总是处于平衡线上方,而解吸操作线总是处于平衡线下方。

通常情况下,气提解吸过程的计算是在已知溶剂处理量的条件下计算所需要的载气量、填料层高度以及过程的能量消耗。

1) 确定载气用量

与吸收过程确定吸收剂用量一样,解吸过程计算首先要确定过程的载气用量。所用的方法是利用全塔的物料衡算,先计算过程的最小气液比,然后根据最小气液比确定适宜的气液比和载气用量。以逆流为例,如图 6.35(a)所示。待解吸的吸收液流量为 L,解吸前后的溶质摩尔分数为 x_1 和 x_2,解吸气(载气)流入塔的摩尔质量分数为 y_2(一般为零),已作规定。取图中虚线为控制体作溶质的物料衡算可知,解吸操作线方程与吸收操作线方程完全相同,但解吸操作线位于平衡线下方,如图 6.35(b)所示。

当解吸气用量 G 减少,出口气体 y_1 必增大,操作线的 A 点向平衡线靠拢,其极限位置为 C 点。此时解吸气出口摩尔分数 y_1 与吸收剂进口摩尔分数 x_1 成平衡,解吸操作线斜率

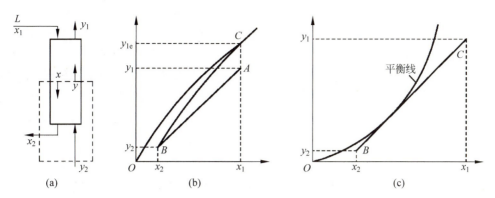

图 6.35 解吸的操作线与最小气液比

L/G 最大而气液比 G/L 为最小,即

$$\left(\frac{G}{L}\right)_{\min} = \frac{x_1 - x_2}{y_{1e} - y_2} \tag{6.122}$$

当平衡线成下凹形状,如图 6.35(c)所示,可从 B 点作平衡线的切线,以决定最小气液比 $\left(\dfrac{G}{L}\right)_{\min}$ 的数值。实际解吸气用量可取最小解吸气的 1.2~2 倍,即

$$G = (1.2 \sim 2.0) G_{\min} \tag{6.123}$$

2) 传质单元高度的计算

传质单元高度的计算与吸收过程相同。传质单元数的计算方法与吸收过程的计算方法也相同,但要注意二者的传质推动力的方向相反。

当平衡关系符合亨利定律且操作线为直线时,由液相传质单元数的定义

$$N_{OL} = \int_{x_2}^{x_1} \frac{dx}{x - x_e}$$

得

$$N_{OL} = \frac{1}{1-A} \ln\left[(1-A)\frac{x_2 - y_1/m}{x_1 - y_1/m} + A\right], \quad A \neq 1 \tag{6.124}$$

$$N_{OL} = \frac{x_2 - x_1}{x_1 - y_1/m}, \quad A = 1 \tag{6.125}$$

解吸过程所需的理论板数可按下式计算:

$$N_T = \frac{1}{\ln\frac{1}{A}} \ln\left[(1-A)\frac{x_2 - y_1/m}{x_1 - y_1/m} + A\right] \tag{6.126}$$

比较式(6.124)和式(6.126),可得传质单元数与理论板两者之间的关系为

$$\frac{N_T}{N_{OL}} = \frac{A-1}{\ln A} \tag{6.127}$$

对解吸操作,解吸因子 $1/A$ 的范围是 $1.2 < 1/A < 2.0$,一般情况下可取 $1/A = 1.4$。

【例 6.11】 如本题附图所示的吸收和解吸联合操作,在吸收塔内用洗油吸收煤气中所含的苯蒸气,相平衡关系为 $y_e = 0.125x$,吸收过程温度低,可视为气膜控制。吸收塔底排出

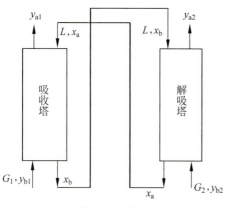

例 6.11 附图

液送入解吸塔顶用过热蒸汽解吸,其平衡关系为 $y_e = 3.16x$,解吸过程温度较高,可视为液膜控制,解吸塔底排出液再返回吸收塔使用。已知进入吸收塔的溶质的摩尔分数(下同)为 0.02,吸收塔操作液气比为 0.16;解吸塔操作气液比为 0.365,此时吸收塔入口液体浓度为 0.005,吸收塔出口气体浓度为 0.001。试问:若将过热蒸汽量增加 20%(解吸塔仍能正常操作),其他操作条件不变,则吸收塔和解吸塔气、液出口浓度有何变化?

解: 原工况下 $y_{b1} = 0.02$,$y_{b2} = 0$,$x_a = 0.005$,$y_{a1} = 0.001$;吸收塔液气比 $L/G_1 = 0.16$,解吸塔气液比 $G_2/L = 0.365$。

由吸收塔全塔物料衡算可得

$$x_b = x_a + (G_1/L)(y_{b1} - y_{a1}) = 0.005 + \frac{0.02 - 0.001}{0.16} = 0.1238$$

由解吸塔全塔物料衡算可得

$$y_{a2} = y_{b2} + (L/G_2)(x_b - x_a) = 0 + \frac{0.1238 - 0.005}{0.365} = 0.3255$$

吸收塔解吸因子

$$S_1 = \frac{m_1 G_1}{L} = \frac{0.125}{0.16} = 0.781$$

吸收塔气相总传质单元数为

$$(N_{OG})_1 = \frac{1}{1 - S_1} \ln\left[(1 - S_1)\frac{y_{b1} - m_1 x_a}{y_{a1} - m_1 x_a} + S_1\right]$$

$$= \frac{1}{1 - 0.781} \ln\left[(1 - 0.781)\frac{0.02 - 0.125 \times 0.005}{0.001 - 0.125 \times 0.005} + 0.781\right] = 11.38$$

解吸塔吸收因子

$$A_2 = \frac{L}{m_2 G_2} = \frac{1}{3.16 \times 0.365} = 0.867$$

解吸塔液相总传质单元数为

$$(N_{OL})_2 = \frac{1}{1 - A_2} \ln\left[(1 - A_2)\frac{x_b - y_{b2}/m_2}{x_a - y_{b2}/m_2} + A_2\right]$$

$$= \frac{1}{1 - 0.867} \ln\left[(1 - 0.867)\frac{0.1238 - 0}{0.005 - 0} + 0.867\right] = 10.72$$

新工况下,对吸收塔,因为 L、G_1、m_1 不变,所以 $K_y a$、H_{OG}、N_{OG}、S 均不变,从而 $\dfrac{y_{b1} - m_1 x_a}{y_{a1} - m_1 x_a}$ 不变,即

$$\frac{y_{b1} - m_1 x'_a}{y'_{a1} - m_1 x'_a} = \frac{y_{b1} - m_1 x_a}{y_{a1} - m_1 x_a}$$

所以
$$\frac{0.02-0.125x'_a}{y'_{a1}-0.125x'_a}=\frac{0.02-0.125\times0.005}{0.001-0.125\times0.005}$$

化简后得
$$y'_{a1}-0.1226x'_a=0.000387 \tag{1}$$

且
$$L(x'_b-x'_a)=G_1(y_{b1}-y'_{a1})$$
$$0.16(x'_b-x'_a)=0.02-y'_{a1} \tag{2}$$

对解吸塔,由于为液膜控制,$K_xa\approx k_xa\propto L^{0.7}$,因为 L 不变,所以 K_xa 不变。$H_{OL}=\frac{L}{K_xa}$,所以 H_{OL} 不变。$N_{OL}=\frac{H}{H_{OL}}$,H、H_{OL} 不变,所以 N_{OL} 不变,即
$$(N_{OL})'_2=(N_{OL})_2=10.72$$

而
$$A'_2=\frac{L}{m_2G'_2}=\frac{L}{1.2m_2G_2}=\frac{A_2}{1.2}=\frac{0.867}{1.2}=0.723$$
$$10.72=\frac{1}{1-0.723}\ln\left[(1-0.723)\frac{x'_b}{x'_a}+0.723\right]$$
$$x'_b=67.718x'_a \tag{3}$$

由解吸塔物料衡算解得
$$G'_2(y'_{a2}-y_{b2})=L(x'_b-x'_a)$$
$$1.2\times0.365y'_{a2}=x'_b-x'_a \tag{4}$$

联立式(1)~式(4)解得
$$x'_a=0.0018, \quad x'_b=0.1219, \quad y'_{a1}=0.0006, \quad y'_{a2}=0.2742$$

分析:与原工况相比,由于解吸用过热蒸汽量增加,解吸塔的 A_2 减小,有利于解吸,使得解吸效果变好,吸收塔的吸收率也相应提高。所以,吸收-解吸是一个整体,解吸操作的任何变动,都将使吸收操作发生相应的变化;反之亦然。利用这一定性结论进行吸收与解吸联合操作系统的操作型问题的定性分析很方便。例如针对本题,若吸收塔入塔煤气流量增加(其他操作条件不变),则吸收塔的解吸因子 S_1 由于 G_1 的增加而变大,使得吸收效果变坏,解吸塔的解吸率也相应下降,因而 y_{a1}、x_a、x_b、y_{a2} 均增大。

6.6.2 其他解吸方法

1. 减压解吸法(闪蒸)

吸收剂的减压再生是最简单的吸收剂再生方法之一。在吸收塔内,吸收了大量溶质后的吸收剂进入再生塔减压,使得融入吸收剂中的溶质得以解吸。该方法适用于加压吸收且吸收后的后续工段处于常压或较低压力的条件。

2. 升温解吸法

加热再生也是吸收剂再生最常用的方法。吸收了大量溶质后的吸收剂进入再生塔内并

加热使其升温，溶入吸收剂中的溶质得以解吸。由于解吸温度必须高于吸收温度，因此该方法最适用于较低温度下进行的吸收过程。否则，若吸收温度较高，则解吸温度必须更高，从而就需要消耗更高品位的能量。对于加热解吸过程一般是采用水蒸气作为加热介质，加热方法可依据具体情况采用直接蒸汽加热或间接蒸汽加热。

在实际工程中，应根据工艺过程的实际情况选择合适的解吸方法，既要达到规定的解吸要求，又要考虑到过程的经济合理性。

6.7 高浓度气体吸收

若所处理的气体中，溶质的浓度高于 10%，而且吸收量又较大，则在吸收过程中，气、液两相的流量和操作条件将沿塔高发生较大的变化，不符合低浓度气体吸收过程中的基本假设，此时应按高浓度气体吸收过程来处理。

6.7.1 高浓度气体吸收的特点

一般来说，高浓度气体吸收具有如下一些基本特点。

(1) 气、液两相的摩尔流量 G、L 沿塔高有明显变化。在高浓度吸收过程中，由于溶质从气相转移到液相的量较大，使得气、液两相的摩尔流量沿塔高在不同塔截面上均有较大的变化，不能再视为常数。但是在吸收过程中，惰性气体的摩尔流量沿塔高基本不变；若不考虑吸收剂的汽化，纯吸收剂的摩尔流量亦为常数。此时，对全塔作物料衡算可得（下标 B 表示惰性组分，下标 S 表示吸收剂）

$$G_{\mathrm{B}}\left(\frac{y_1}{1-y_1}-\frac{y_2}{1-y_2}\right)=L_{\mathrm{S}}\left(\frac{x_1}{1-x_1}-\frac{x_2}{1-x_2}\right) \tag{6.128}$$

对塔的上半部分作物料衡算，如图 6.36(a)所示，得

$$G_{\mathrm{B}}\left(\frac{y}{1-y}-\frac{y_2}{1-y_2}\right)=L_{\mathrm{S}}\left(\frac{x}{1-x}-\frac{x_2}{1-x_2}\right) \tag{6.129}$$

式(6.129)即为高浓度气体吸收过程的操作线，显然，在 x-y 坐标图上，此操作线为一曲线，如图 6.36(b)中的 AB 线所示。图中曲线 AC 为最小液气比 $\left(\dfrac{L_{\mathrm{S}}}{G_{\mathrm{B}}}\right)_{\min}$ 时的操作线。此时，$x_1=x_{1\mathrm{e}}$，将其代入式(6.128)可求得 $\left(\dfrac{L_{\mathrm{S}}}{G_{\mathrm{B}}}\right)_{\min}$ 的数值。实际液气比可取为 $\left(\dfrac{L_{\mathrm{S}}}{G_{\mathrm{B}}}\right)_{\min}$ 的某一倍数。

(2) 吸收过程伴随有显著的热效应。对于物理吸收，当溶质与吸收剂形成理想溶液时，吸收热即为溶质的汽化潜热；当溶质与吸收剂形成非理想溶液时，吸收热等于溶质的汽化潜热与溶质和吸收剂的混合热之和。对于有化学反应的吸收过程，吸收热还包括化学反应热。

对于高浓度气体吸收，由于溶质被吸收的量较大，产生的总热量也较多。若吸收过程的液气比较小或吸收塔的散热效果较差，将会使吸收温度明显升高，这时气体吸收为非等温吸收。但若溶质的溶解热不大，吸收的液气比较大或吸收塔的散热效果较好，此时的吸收仍可视为等温吸收。

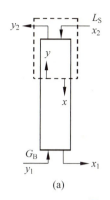
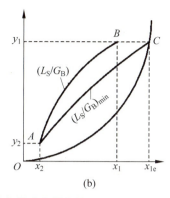

图 6.36 高浓度气体吸收操作线

(3) 吸收系数沿塔高不再是常数。吸收系数受气速和漂流因子的影响,由塔底至塔顶逐渐减小,不能再视为常数。

按前文所述的有效膜理论,气相传质系数 k_y 可表示为

$$k_y = \frac{D_G p}{RT\delta_G} \times \frac{1}{(1-y)_m} = k_y' \frac{1}{(1-y)_m}$$

式中 k_y' 为等分子反向扩散的传质系数,其值与 y 无关。低浓度气体吸收实验所得的传质系数即为 k_y',当用于高浓度气体吸收时,应考虑漂流因子 $\frac{1}{(1-y)_m}$ 的影响。

同理,液相传质系数 k_x 也与 x 有关。但在很多过程中,高浓度气体吸收时溶液中的溶质含量并不一定很高,k_x 可近似看作与 x 无关。

此外,k_y、k_x 均受到流动状况(包括气、液量流量)的影响,因而在全塔不再为常数。

6.7.2 高浓度气体吸收过程的数学描述

高浓度气体吸收的数学描述原则上应以微元塔高为控制体,列出物料衡算和热量衡算即表征过程速率的传质速率方程和传热速率方程。

1. 物料衡算微分方程

取如图 6.37 所示的微元塔高 dh 为控制体。对气相中的可溶组分作物料衡算可得

$$d(Gy) = N_A a\, dh \quad (6.130)$$

同理,对液相中的可溶组分作物料衡算可得

$$d(Lx) = N_A a\, dh \quad (6.131)$$

由此可知

$$d(Gy) = d(Lx) \quad (6.132)$$

2. 相际传质速率方程

对高浓度气体,传质系数 k_y、k_x 不是常数,平衡线斜率 m 也随塔高变化,故总传质系数 K_y、K_x 不但不是

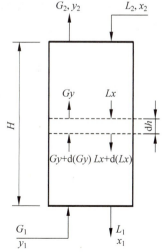

图 6.37 流经微元塔段两相流量与含量的变化

常数，而且比单相的传质系数更难确定。因此，在高浓度气体吸收过程中，相际传质速率方程多用传质分系数表示，即

$$N_A = k_y(y - y_i) = k'_y \frac{1}{(1-y)_m}(y - y_i) \tag{6.133}$$

或

$$N_A = k_x(x_i - x) = k'_x \frac{1}{(1-x)_m}(x_i - x) \tag{6.134}$$

在高浓度气体吸收过程中，液相含量往往并不高，故液相的漂流因子 $\frac{1}{(1-x)_m}$ 常可忽略。将式(6.133)代入式(6.130)可得

$$dh = \frac{d(Gy)}{k_y a(y - y_i)} = -\frac{(1-y)_m d(Gy)}{k'_y a(y - y_i)} \tag{6.135}$$

用传质分系数计算传质速率必须知道界面含量。界面含量可通过试差联立求解以下两式得出：

相平衡方程

$$y_i = f(x_i)$$

传质速率方程

$$N_A = k_y a(y - y_i) = k_x a(x_i - x)$$

或

$$\frac{k'_y a}{(1-y)_m}(y - y_i) = k_x a(x_i - x)$$

6.7.3 等温（绝热）高浓度气体吸收的计算

对于高浓度气体吸收过程，若吸收设备散热性能良好，能够及时地将吸收过程产生的热量移出，则仍可近似按等温吸收过程处理。但是由于吸收过程气相中溶质的变化较大，一般情况下其相平衡关系通常为曲线。此时，简化处理的方法是：忽略气体升温和热损失，则吸收过程所释放的热量全部用于液体升温，并将吸收塔分成若干微小单元，对每一单元利用溶质的物料衡算式和液相的热量衡算式联立求解，得出液相溶质组成 x 与液相温度之间的对应关系，再根据各温度下的相平衡关系，求得对应的气相平衡组成 y_e。将在不同单元上用以上方法求出的液相组成 x 和气相组成 y 在 x-y 图上标绘，得到非等温吸收过程的实际相平衡曲线，如图 6.38 所示。

1. 相平衡曲线

现将吸收塔中液相摩尔分数 x 的变化范围分成若干段，每段的变化为 Δx（$\Delta x = x_1 - x_2 = x_2 - x_3 = \cdots$），如图 6.38(a)所示。根据热量守恒，任意塔段 n 的热量衡算可近似写成

$$C_{mL}(t_n - t_{n-1}) = \phi(x_n - x_{n-1})$$

或

$$t_n = t_{n-1} + \frac{\phi}{C_{mL}} \Delta x \tag{6.136}$$

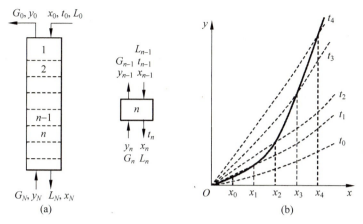

图 6.38 等温吸收平衡线的做法

式中 t_n、t_{n-1}——离开和进入该段的液相温度；

ϕ——溶质的微分溶解热，可取 $x_{n-1} \sim x_n$ 的平均值；

C_{mL}——溶液的平均摩尔热容。

当塔顶的液相摩尔分数 x_0 和温度 t_0 为已知，利用式(6.136)可逐段算出不同节点处的液相温度，从而求得吸收塔中的液相摩尔分数 x 与温度 t 的对应关系。然后，根据每一组对应的 x 和 t 值，从手册中找出与之平衡的气相摩尔分数 y，即可确定塔内两相的实际平衡关系。若溶质在不同温度下的溶解度曲线已知，从与温度所对应的液相组成 x 引垂线与之相交，各交点的纵坐标即是平衡组成 y，连接这些交点所得到的曲线即为实际的相平衡曲线，如图 6.38(b)所示。

2. 填料层高度的计算

1) 计算通式

取塔内任一填料层高度 dz 作组分 A 的衡算，单位时间在此微分段内由气相传递到液相的组分 A 的物质的量(mol)为

$$dG_A = -d(G'y) = -d(L'x) \tag{6.137}$$

式中 G'——气相总摩尔流量，kmol/s；

L'——液相总摩尔流量，kmol/s。

因为 $G' = \dfrac{G}{1-y}$，则有

$$dG_A = -d(G'y) = -G d\left(\dfrac{y}{1-y}\right) = G \dfrac{-dy}{(1-y)^2} = G' \dfrac{-dy}{1-y} \tag{6.138}$$

同理

$$dG_A = L' \dfrac{-dx}{1-x} \tag{6.139}$$

由吸收速率方程式可知

$$N_A = k_y(y - y_i) = k_x(x_i - x) \tag{6.140}$$

所以

$$dG_A = N_A dA = k_y(y - y_i)a\Omega dh = k_x a(x_i - x)a\Omega dh \tag{6.141}$$

式中　dA——填料的有效传质面积，m^2；
　　　Ω——塔的横截面积，m^2。

将式(6.138)及式(6.139)代入式(6.141)可得

$$G'\frac{-dy}{1-y}=k_y(y-y_i)a\Omega dh \tag{6.142}$$

$$L'\frac{-dx}{1-x}=k_x(x_i-x)a\Omega dh \tag{6.143}$$

将以上两式分离变量并积分得

$$H=\int_0^H dh=\int_{y_1}^{y_2}\frac{-G'dy}{k_ya\Omega(1-y)(y-y_i)}=\int_{y_2}^{y_1}\frac{G'dy}{k_ya\Omega(1-y)(y-y_i)} \tag{6.144}$$

同理

$$H=\int_0^H dh=\int_{x_2}^{x_1}\frac{L'dx}{k_xa\Omega(1-x)(x_i-x)} \tag{6.145}$$

根据吸收过程的具体条件，选用其中之一进行图解积分或数值积分，即可求得所需填料层高度。

2) 填料层高度的近似计算

将 $d(Gy)=d\left(G_B\dfrac{y}{1-y}\right)=G_B\dfrac{dy}{(1-y)^2}=G\dfrac{dy}{1-y}$ 代入式(6.135)中并写成积分形式可得

$$dh=-\frac{(1-y)_m d(Gy)}{k'_y a(y-y_i)}=-\frac{G(1-y)_m dy}{k'_y a(y-y_i)(1-y)}$$

$$H=\int_{y_2}^{y_1}\frac{G(1-y)_m dy}{k'_y a(y-y_i)(1-y)} \tag{6.146}$$

数群 $\dfrac{G}{k'_y a}$ 沿塔高变化不大，可取塔顶、塔底的平均值作为常数从积分号内移出。于是，上式可写成

$$H=H_G N_G \tag{6.147}$$

其中

$$H_G=\frac{G}{k'_y a} \tag{6.148}$$

$$N_G=\int_{y_2}^{y_1}\frac{(1-y)_m}{(1-y)(y-y_i)}dy \tag{6.149}$$

H_G 和 N_G 分别称为气相传质单元高度和气相传质单元数。在气相含量不十分高的情况下，$(1-y)_m$ 可用算术平均值 $\dfrac{1}{2}[(1-y)+(1-y_i)]$ 代替。此时，式(6.149)可写成两项之和：

$$N_G=\int_{y_2}^{y_1}\frac{dy}{(y-y_i)}+\frac{1}{2}\ln\frac{1-y_2}{1-y_1} \tag{6.150}$$

式中第二项表示气体含量较高时，漂流因子的影响；第一项为低浓度吸收时的传质单元数，可采用数值积分法得到。

当气相含量更低时，例如溶质的摩尔分数小于 0.1 时，$\dfrac{1-y_2}{1-y_1}\approx 1$，于是式(6.150)就简

化为

$$N_G = \int_{y_2}^{y_1} \frac{dy}{(y - y_i)} \tag{6.150a}$$

式(6.150a)即为低浓度吸收时传质单元数的表达式,此时填料层高度的计算转化为低浓度吸收时的情况。

6.8 多组分气体吸收

在吸收过程中,气体混合物中有两个或两个以上的组分被吸收剂吸收则称为多组分吸收过程。工业上遇到的吸收过程,严格来说均为多组分吸收,只是在实际过程中,有些组分的吸收量极小,可忽略不计,而将其视为单组分吸收过程。

与单组分吸收一样,多组分吸收同样要分为低浓度气体吸收和高浓度气体吸收。当气相中被吸收组分浓度之和低于10%时,可视为低浓度气体吸收过程;反之则视为高浓度气体吸收过程。对于多组分气体吸收过程,原则上与单组分气体吸收过程具有相同的计算方法,但是由于组分间的相互影响更趋复杂,因而表现出其特殊性。

6.8.1 多组分吸收的特点

多组分吸收,由于组分间相互影响,相平衡关系较为复杂,同时,传质系数也难以确定。但当气体混合物中溶质的浓度较低、各组分的相平衡关系均服从亨利定律时,仍然可用简单的形式表示出气液相间的相平衡关系。

在多组分吸收过程中,每一组分都有自己的相平衡曲线,因而对于 n 组分吸收来说则具有 n 个相平衡,即

$$y_i = m x_i \tag{6.151}$$

式中 i——组分数,$i=1,2,\cdots,n$。

由于各组分进、出塔的组成通常并不相同,因此也具有与组分数相同的操作线方程。除此以外,各组分具有相同的液气比,因而各组分操作线方程的斜率相同,即

$$y_i = \frac{L}{G}(x_i - x_{i2}) + y_{i2} \tag{6.152}$$

同样可以将平衡线与操作线标绘于直角坐标系中,如图 6.39 所示,图中共有 A、B、C 三个组分。

6.8.2 多组分吸收的计算

在进行多组分吸收过程计算时,首先需要根据工艺要求确定一个"关键组分",即在吸收操作中必须首先保证其吸收率达到预定指标的组分。然后根据关键组分确定最小液气比和操作液气比,进而计算吸收所需的理论级数。最后由理论级数核算其他组分的吸收率和出塔组成等。

如图 6.39 所示,需要处理的气体混合物共有三个组分 A、B、C,则具有三个相平衡线和三条操作线。从图示的情况看,在相同的液相浓度下,A 组分的气相平衡组成最大,为轻组

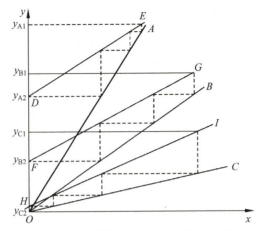

图 6.39　多组分的相平衡曲线与操作线

分；C 组分的气相平衡组成最小，为重组分。若选取 B 组分为关键组分，则依据 B 组分的吸收要求确定适宜液气比，并作出 B 组分的操作线。于是可以利用图解法确定所需的理论级数或传质单元数。图中所示的情况需要三个理论级数即可以达到规定的吸收要求。

其余组分则可以按照同样的液气比作出操作线，并用试差法确定其出塔浓度和吸收率。

6.9　化学吸收

6.9.1　化学吸收的特点

化学吸收是指溶质被吸收剂吸收后能与吸收剂中的活性组分发生明显化学反应的吸收过程。化学吸收是传质和化学反应同时进行的过程，溶质在液相中以物理溶解态和化学态两种形式存在，溶质的气相平衡分压仅与液相中的溶质的物理溶解态有关。因而化学吸收具有以下特点：

(1) 化学反应提高了吸收的选择性；

(2) 反应减小了液相传质阻力，加快了吸收速率，从而减小了设备容积；

(3) 反应增加了溶质在液相中的溶解度，减少了吸收用量；

(4) 反应降低了溶质在气相中的平衡分压，可较彻底地除去气相中很少量的有害气体。

其吸收过程是：①气相中的溶质组分向气液界面传递；②溶质在界面上溶解；③溶质从界面向液相传递，并与液相中的活性组分发生化学反应。溶质从气相主体到相界面的传递机理与物理吸收完全相同，而液相侧的质量传递过程则依化学反应情况的不同而不同。溶质从相界面向液相传递的过程中将与液相中的活性组分发生化学反应，因此溶质在液相中的浓度分布不仅与其自身的扩散速率和反应速率有关，而且与液相中活性组分的反向扩散速率有关。

化学吸收在工业上应用很广泛。既用于气体的分离或净化，如在合成氨工艺中用 K_2CO_3 水溶液吸收工艺气中的 CO_2；也用于直接生产化工产品，如用水吸收氮的氧化物制造硝酸等。对于以分离或净化气体为目的的化学吸收，使用的化学反应需满足的条件为：

①具有可逆性;②具有较高的反应速率。

6.9.2 化学反应的数学描述

1. 化学反应对相平衡的影响

如某气相混合物有溶质 A 及惰性组分,用溶剂 S 对溶质进行化学吸收,反应方程为
$$A + S \rightleftharpoons P$$
则有
$$K_e = \frac{c_P}{c_A c_S} \tag{6.153}$$

$$c = c_A + c_P \tag{6.154}$$

式中 K_e——反应平衡常数;

c_A——物理溶解态溶质 A 在液相中的浓度,$kmol/m^3$;

c_S——溶剂 S 在液相中的浓度,$kmol/m^3$;

c_P——反应产物 P 在液相中的浓度,$kmol/m^3$;

c——物理溶解态和化合态溶质 A 在液相中的总浓度,$kmol/m^3$。

将 $c_P = c - c_A$ 代入式(6.153)可得

$$c_A = \frac{c}{1 + K_e c_S} \tag{6.155}$$

当可溶组分 A 与纯溶剂的物理相平衡关系服从亨利定律时,有
$$p_A = H c_A$$
或
$$p_A = \frac{H}{1 + K_e c_S} c \tag{6.156}$$

式(6.156)表示气相平衡分压 p_A 与液相中组分 A 的总浓度 c 之间的关系。该式表明,反应平衡常数 K_e 越大,气相平衡分压 p_A 越低。当化学反应为不可逆时,A 组分的气相平衡分压为零,传质过程为气膜控制。

2. 反应加快吸收速率

在化学吸收中,溶质在液相的质量传递和化学反应是同时进行的。描述化学吸收过程的机理模型有:双膜模型、溶质渗透模型和表面更新模型等,然而各模型在描述化学吸收过程时各有欠缺,工程应用中,习惯于采用双膜模型。

图 6.40 为按双膜理论表示相同界面浓度 c_{Ai} 条件下物理吸收与化学吸收两种情况 A 组分在液相中的浓度分布示意图。该图表明:

(1) 反应使液相主体中溶解态 A 组分的浓度 c_{AL} 大为降低,从而使传质推动力 $(c_{Ai} - c_{AL})$ 或 $(y - y_e)$ 增

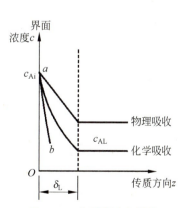

图 6.40 物理吸收与化学吸收的浓度分布

大。对慢反应,c_{AL}降低的程度与液相体积大小有关。多数工业吸收因反应较快或液相体积较大,c_{AL}趋于零。

(2) 当反应较快时,溶质 A 在液膜内已部分地反应并消耗掉。A 组分的浓度 c_A 在液膜中的分布不再为一直线。

化学吸收速率即 A 进入液相的速率 R_A[单位为 $kmol/(m^2 \cdot s)$]为

$$R_A = -D_A \frac{dc_A}{dz}\bigg|_{z=0} \tag{6.157}$$

图 6.40 也表示不同情况下液面处斜率$(dc_A/dz)|_{z=0}$的相对大小。

当反应速率更快时,反应在液膜厚度 δ_L 内完成,甚至在厚度小于 δ_L 的液膜内完成。此时 A 的扩散距离最小,吸收速率增加。

3. 增强因子

研究表明,化学吸收速率 R_A 并非与$(c_{Ai}-c_{AL})$成正比,即并非以$(c_{Ai}-c_{AL})$为推动力,因而难以定义化学吸收的液相传质分系数。在工程上可以用增强因子 β 表达化学反应的存在对液相传质系数的强化作用。增强因子的定义如下:

$$\beta = \frac{化学吸收速率}{c_{AL}=0\ 时的物理吸收速率} = \frac{R_A}{k_L(c_{Ai}-0)} = \frac{R_A}{k_L c_{Ai}} \tag{6.158}$$

由于化学反应的存在增加了吸收速率,一般情况下增强因子大于 1,且随化学反应速率的增大而增大,对于极慢的化学反应,增强因子近似为 1。

6.9.3 化学吸收传质高度的计算方法

化学吸收速率 R_A 的大小与反应和传质等因素有关,其中包含界面浓度 c_{Ai} 或 x_i。

根据传质设备填料层高度的计算方法,用化学吸收速率 R_A 代替物理吸收速率 N_A,则写成

$$H = \int_{y_2}^{y_1} \frac{d(Gy)}{R_A a} \tag{6.159}$$

对于低浓度气体吸收,则有

$$H = G \int_{y_2}^{y_1} \frac{dy}{R_A a} \tag{6.160}$$

对于高浓度气体吸收,则有

$$H = G_B \int_{y_2}^{y_1} \frac{dy}{(1-y)^2 R_A a} \tag{6.161}$$

对于溶质 A 的传质速率方程,则有

$$R_A a = k_y a(y - y_i) = \beta k_x a x_i \tag{6.162}$$

当相平衡关系服从亨利定律时,有

$$k_y a(y - y_i) = \frac{\beta}{m} k_x a x_i \tag{6.163}$$

联立式(6.162)和式(6.163),得

$$R_A a = K_y a y \tag{6.164}$$

其中

$$\frac{1}{K_y} = \frac{1}{k_y} + \frac{m}{\beta}\frac{1}{k_x} \tag{6.165}$$

不同物系的总体积传质系数 $K_y a$ 值由实验确定,从而可从式(6.164)求得化学吸收速率 R_A。

当 $K_y a$ 在全塔范围内为常数,化学反应为瞬间反应,通常可将溶质在液相各处浓度视为 0,则将式(6.164)代入式(6.160)可得

$$H = \frac{G}{K_y a}\ln\frac{y_1}{y_2} \tag{6.166}$$

同理可得

$$\frac{1}{K_G} = \frac{1}{k_G} + \frac{H}{\beta}\frac{1}{k_L} \tag{6.167}$$

$$H = \frac{G}{pK_G a}\ln\frac{y_1}{y_2} \tag{6.168}$$

式中 p——操作压力,Pa。

6.10 吸收系数

吸收速率方程中的吸收系数与传热速率方程中的传热系数相当。因此,吸收系数对于吸收计算正如传热系数对于传热计算一样,具有十分重要的意义。传质过程的影响因素较传热过程复杂得多,传质系数不仅与物性、设备类型、填料的形状和规格有关,还与流体在塔内的流动状况、操作条件等密切相关,目前尚无通用的计算公式和方法。通常在进行吸收设备计算时,获取吸收系数的途径有:①实验测定;②选用适当的准数关联式进行计算;③选用适当的经验公式进行计算。

6.10.1 吸收系数的实验测定

实验测定是获得吸收系数的有效途径。在实验设备上或在条件相似的生产装置上测得的总吸收系数,用于设计计算具有一定的可靠性。吸收系数的测定通常在已知设备内径和填料层高度的填料塔内进行。在定态操作状况下测得进出口处气液流量以及组成,根据物料衡算式及相平衡关系算出溶质吸收量 G_A 及平均推动力 Δy_m。根据具体的设备尺寸算出填料层体积 V,可按下式计算总体积吸收系数 $K_y a$,即

$$K_y a = \frac{G(y_1 - y_2)}{\Omega H \Delta y_m} = \frac{G_A}{V \Delta y_m} \tag{6.169}$$

式中 G_A——单位时间内塔内的溶质吸收量,kmol/s;

Δy_m——塔内的气相平均推动力,无单位;

V——填料层的体积,m^3。

测定可针对全塔进行,也可针对任意塔段进行,测定值代表所测范围内的总体积吸收系数的平均值。

测定气膜或液膜吸收系数时,总是设法在另一相阻力可被忽略时可以推算的条件下进

行实验。譬如可采用如下方法求得用水吸收低浓度氨气时的气膜体积吸收系数 $k_G a$：

$$\frac{1}{k_G a} = \frac{1}{K_G a} - \frac{H}{k_L a}$$

其中的液膜体积吸收系数 $k_L a$ 可根据相同条件下用水吸收氧气时的液膜体积吸收系数来推算，即

$$(k_L a)_{NH_3} = (k_L a)_{O_2} \left(\frac{D'_{NH_3}}{D'_{O_2}}\right)^{0.5}$$

因为氧气在水中的溶解度很小，故当用水吸收氧气时，气膜阻力可以被忽略，所测得的 $K_L a$ 即等于 $k_L a$。

6.10.2 吸收系数的特征关联式

填料塔的直径由其水力学决定，而填料塔的高度与填料层内的传质速率有关。因此，填料塔内的传质速率是一个极为复杂的问题。若将较为广泛的物系、设备及操作条件下所取得的实验数据，整理出若干个量纲为一的数群之间的关联式，以此来描述各种影响因素与吸收系数之间的关系，则这种特征数关联式具有较好的概括性，使用范围广。关于填料塔的传质速率的通用关联式很多，但计算结果相差较大，很难作为设计计算的依据。

恩田（Onda）等关联了大量液相和气相传质系数，提出液、气两相传质系数的经验关联式分别如下。

1. 液相传质系数

$$k_L = 0.005\,1 \left(\frac{G_L}{a_W \mu_L}\right)^{\frac{2}{3}} \left(\frac{\mu_L}{\rho_L D_L}\right)^{-\frac{1}{2}} \left(\frac{\mu_L g}{\rho_L}\right)^{-\frac{1}{3}} (a d_p)^{0.4} \qquad (6.170)$$

式中　k_L——液相传质系数，m/s；
　　　G_L——液体通过空塔截面的质量流速，kg/(m²·s)；
　　　a_W——单位体积填料层的润湿面积，m²/m³；
　　　a——单位体积填料层的总表面积即填料的比表面积，m²/m³；
　　　μ_L——液体的黏度，Pa·s；
　　　ρ_L——液体的密度，kg/m³；
　　　D_L——溶质在液相中的扩散系数，m²/s；
　　　d_p——填料的名义尺寸，m；
　　　g——重力加速度，9.81 m/s²。

2. 气相传质系数

$$k_G = C \left(\frac{G_V}{a \mu_G}\right)^{0.7} \left(\frac{\mu_G}{\rho_G D_G}\right)^{\frac{1}{3}} \left(\frac{a D_G}{RT}\right) (a d_p)^{-2} \qquad (6.171)$$

式中　k_G——气相传质系数，kmol/(m²·s·kPa)；
　　　C——系数，大于 15 mm 的环形和鞍形填料为 5.23，小于 15 mm 的填料为 2.0；
　　　G_V——气相的质量流速，kg/(m²·s)；

μ_G——气体的黏度,Pa·s;
ρ_G——气体的密度,kg/m³;
D_G——溶质在气相中的扩散系数,m²/s;
R——气体常数,8.314 kJ/(kmol·K);
T——气体温度,K。

恩田提出的式(6.170)及式(6.171)是以下式计算的润湿表面积为基准整理的。因此,将算出的 k_L、k_G 乘以下式算出的 a_W 即得体积传质系数 $k_L a$ 和 $k_G a$,从而可进一步计算传质单元高度或填料层高度:

$$\frac{a_W}{a} = 1 - \exp\left[-1.45\left(\frac{\sigma_c}{\sigma}\right)^{0.75}\left(\frac{G_L}{a\mu_L}\right)^{0.1}\left(\frac{G_L^2 a}{\rho_L^2 g}\right)^{-0.05}\left(\frac{G_L^2}{\rho_L \sigma a}\right)^{0.2}\right] \quad (6.172)$$

式中 σ——表面张力,N/m;
σ_c——填料材质的临界表面张力,即能在该种填料上散开的最大表面张力,其值如表 6.7 所示。

表 6.7 填料材质的临界表面张力 mN/m

材质	σ_c	材质	σ_c
碳	56	聚氯乙烯	40
陶瓷	61	钢	75
玻璃	73	涂石蜡的表面	20
聚乙烯	33		

6.10.3 吸收系数的经验公式

吸收系数的经验公式是由特定系统及特定条件下的实验数据关联得出的,由于受到实验条件的限制,其适用范围较窄,只有在规定条件下使用才能得到可靠的计算结果。

例如水吸收氨,属于易溶气体吸收,此种吸收的阻力主要集中在气膜,但液膜阻力依然占有一定的比例。计算气膜体积吸收系数的经验公式为

$$k_G a = 6.07 \times 10^{-4} G^{0.9} L^{0.39}$$

式中 $k_G a$——气膜体积吸收系数,kmol/(m³·h·kPa);
G——气相空塔质量速度,kg/(m³·h);
L——液相空塔质量速度,kg/(m³·h)。

其适用条件是直径为 1.5 mm 的陶瓷环形填料。

▶▶▶ 本章主要符号说明 ◀◀◀

A——吸收因子,$A = L/mG$
a——填料的比表面积,m²/m³
c——溶质的物质的量浓度(简称浓度),kmol/m³
C_{mL}——溶液的平均摩尔热容,kJ/(kmol·K)
c_M——混合液总的物质的量浓度(简称总浓度),kmol/m³
D——扩散系数,m²/s
E——亨利系数,kPa
G——气体流量,kmol/(m²·s)
H——溶解度常数,kPa·m³/kmol;填料层高度,m
H_{OG}、H_{OL}——传质单元高度,m
J——扩散速率,kmol/(m²·s)

K_x——以 Δx 为推动力的总传质系数,kmol/(m²·s)

K_y——以 Δy 为推动力的总传质系数,kmol/(m²·s)

k——一级或拟一级反应速率常数,m/s

k_G——以 $(p-p_i)$ 为推动力的气相传质系数,kmol/(m²·s·kPa)

k_L——以 (c_i-c) 为推动力的液相传质系数,m/s

L——液体流量,kmol/(m²·s)

m——相平衡常数

N_T——理论级数

N_A——传质速率,kmol/(m²·s)

N_{OG}——以 $(y-y_e)$ 为推动力的气相总传质单元数

N_{OL}——以 (x_e-x) 为推动力的液相总传质单元数

p_e——溶质在气相的平衡分压,kPa

R——气体通用常数,kN·m/(kmol·K)

R_A——化学吸收速率,kmol/(m²·s)

T——热力学温度,K

u——流体速度,m/s

V——填料层体积,m³

x——溶质在溶液中的摩尔分数

y——溶质在混合气中的摩尔分数

Δy_m——对数平均推动力

α——溶剂的缔合因子

β——增强因子

δ——膜厚度,m;边界层厚度,m;扩散距离,m

η——回收率

μ——流体黏度,Pa·s

ρ——流体密度,kg/m³

τ——时间,s

ϕ——微分溶解热,kJ/kmol

本章能力目标

通过本章的学习,应能应用基本原理处理吸收过程出现的复杂工程问题,理解简化处理的条件,以及应用不同的传质速率方程应注意的平衡关系和计算采用的基准。同时还应具备以下能力:①根据不同的生产要求,选择合适的塔设备以及设备的构件,选择合适的计算基准,即混合气体做基准还是惰性气体做基准,了解采用两种计算基准的误差来源;②根据既定的生产任务,确定合适的操作参数,初步完成塔设备的工艺设计、附属构件的选型以及塔设备的合理性校核;③针对影响吸收过程的主要因素,作出定性分析,给出分离结果的变化趋势,提出合理化建议。

学习提示

1. 低浓度气体吸收是吸收过程中常见的一种情况,基于假定条件,低浓度气体吸收计算时可用混合气总量为基准进行物料衡算和有效传质高度的计算;对于难溶气体吸收过程,由于溶解平衡限制,可采用低浓度气体吸收处理;在求解填料层高度时,采用不同的计算基准会带来误差,对低浓度气体吸收过程是允许的。

2. 在理解和应用传质速率方程时应注意,任何传质系数的单位都是 kmol/(m²·s·单位推动力)。必须注意各种速率方程中的吸收系数与吸收推动力的正确搭配及其单位的一致性,吸收系数的倒数即表示吸收过程的阻力,阻力的表达形式也必须和推动力的表达形式相对应。吸收速率方程均以气液组成保持不变为前提,因此只适用于描述定态操作时吸收塔内任一横截面上的速率关系,不能直接用来描述全塔的吸收速率。塔内不同横截面上的气液组成各不相同,其吸收速率也就不同。在使用吸收速率方程时,在整个设计的组成范围内,平衡关系为直线,即相平衡常数 m 和溶解度常数 H 应为常数,否则,即使气液膜传质系数为常数,总吸收系数仍随组成而变化。

3. 吸收过程也存在阻力,吸收质溶解过程不存在阻力,阻力存在于气液接触面两侧的虚拟膜中,而膜层厚度受多种因素影响,包括流体性质、流动类型、填料层种类,因此传质系数的研究远比传热过程复杂。也可以采用无因次分析法进行分析,这里套用传热的类似结果,给出了影响传质系数的表达式。在对吸收过程进行定性分析时,要抓住吸收过程中的不变量:设计型题型分析时,分离要求以及吸收剂种类是恒定的;操作型题型分析时,处理物系、处理量和设备是恒定的。在分析过程中,要理论分析和图解相结合,给出合理结论。

4. 吸收处理的是气体均相混合物,处理量的给出方式可以是质量流量、体积流量或摩尔流量,在应用时要注意换算成摩尔流量;从总传质系数符号和单位以及平衡方程的表达方式可以判断采用的计算基准。

> 讨论题

1. 用停滞膜模型解释为什么加强流体的湍动有利于对流传质?
2. 扩散流 J_A、净物流 N、主体流动 N_M、传质速率 N_A 相互之间有什么联系与区别?
3. 漂流因子的含义是什么?等分子反向扩散时有无漂流因子?为什么?
4. 在吸收过程中,是否只有传质没有传热?如果有传热现象,为什么不考虑?
5. 从单相传质速率方程得出相际传质速率方程时,能否直接用推动力相加除以阻力相加?求解总传质系数的过程与求解总传热系数的过程有何不同?
6. 吸收为什么要在低温高压下进行?
7. 对于难溶气体吸收过程,可否应用低浓度气体的计算过程?为什么?
8. 建立操作线方程的依据是什么?
9. 解释吸收因子 A 的含义;当 $A>1$ 和 $A<1$ 时,吸收的极限浓度如何求解?
10. 吸收剂的进塔条件有哪三个要素?操作调节这三要素,分别对吸收结果有何影响?
11. 一吸收塔用液体溶剂吸收混合气中的溶质 A。已知 A 在两相中的平衡关系为 $y=x$,气液相的入塔浓度分别为 $y_1=0.1$,$x_2=0.01$(均为摩尔分数)。(1)当吸收率为 0.8 时,求最小液气比 $(L/G)_{min}$。(2)A 的最大吸收率可达多少?此时液体出口的最大浓度为多少?(讨论时可选择各种操作条件,如 $L/G>m$,$L/G=m$;$L/G<m$ 等不同的液气比)(3)如果采用另一种溶剂,其平衡关系为 $y=0.5x$,此时最大吸收率如何变化?(4)如果液体入口浓度 x_2 从 0.01 增加到 0.15,此时将发生什么现象?在 y-x 图上表示出平衡线与操作线的相互关系。(5)若该塔有 10 块塔板,总板效率为 50%,当吸收率为 0.8 时,求操作液气比 L/G;若将吸收率提高至 85%,可采取什么措施?提高至 90% 又如何?
12. 用填料吸收塔分别处理以下几种气体与空气的混合物,每种气体的初始浓度均为 0.01(摩尔分数),要求吸收率为 0.95。每种气体混合物的气体流量 $G=0.024 \text{ kmol}/(m^2 \cdot s)$,用纯溶剂进行吸收,操作液气比为最小液气比的 1.2 倍,体系为常压,操作温度为 20℃。已知气相传质分系数的准数方程式为 $Sh=5.23Re_G^{0.7}Sc_G^{0.23}$,原始数据见下表。

讨论题 12 附表

被吸收组分	亨利系数 E/kPa	气相传质单元高度 H_G/m	液相传质单元高度 H_L/m
NH_3	0.9	0.8	0.15
Br_2	59.3	0.42	0.76
CO_2	1420	0.15	0.8

(1)分析几种气体被吸收时,哪种体系是气膜控制,哪种体系是液膜控制,为什么?

(2)计算各种气体被吸收时所需的塔高。(3)当 NH_3 和空气的混合物进气量增加 10% 时,在塔高不变的情况下求 NH_3 的吸收率。(4)塔高不变,温度由 20℃ 变为 40℃,NH_3 的吸收率变为多少?已知 NH_3 的亨利系数随温度的变化率为 0.03。

思考题

1. 吸收的目的和基本依据是什么?吸收的主要操作费用有哪些?

2. 选择吸收剂的主要依据是什么?什么是吸收剂的选择性?

3. 亨利系数 E、m、H 三者的关系如何?它们各自与温度、操作总压有何关系?

4. 在吸收过程中,何为气膜控制和液膜控制?它们的特点分别是什么?如何提高不同控制过程的吸收速率?

5. 低浓度气体吸收有哪些特点?

6. 吸收基于的假定条件是什么?

7. 计算气相总传质单元数 N_{OG} 有几种方法?对数平均推动力法和吸收因子法求 N_{OG} 的条件分别是什么?

8. 吸收剂出口最大浓度与最小液气比是如何受到技术上的限制的?技术限制主要指哪两个制约条件?

9. 根据本题附图所列四种双塔吸收流程,在 x-y 图上绘出与各流程相应的平衡线与操作线,并标出各进、出口组成的符号以及各操作线的端点坐标(假设两塔液气比相同)。

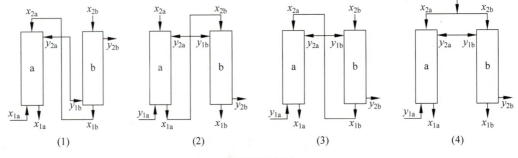

思考题 9 附图

习 题

一、填空题

1. 吸收速度取决于_____,因此,要提高气、液两流体相对运动速率,可以通过_____来增大吸收速率。

2. 由于吸收过程气相中的溶质分压总是_____液相中溶质的平衡分压,所以吸收操作线总是在平衡线的_____。增加吸收剂用量,操作线的斜率_____,则操作线向_____平衡线的方向偏移,吸收过程推动力($y-y_e$)_____。

3. 用清水吸收空气与 A 的混合气中的溶质 A,物系的相平衡常数 $m=2$,入塔气体的摩

尔分数 $y=0.06$，要求出塔气体的摩尔分数 $y_2=0.006$，则最小液气比为_____。

4. 在气体流量、气相进出口组成和液相进口组成不变时，若减少吸收剂用量，则传质推动力将_____，操作线将_____平衡线。

5. 某气体用水吸收时，在一定浓度范围内，其气液平衡线和操作线均为直线，其平衡线的斜率可用_____常数表示，而操作线的斜率可用_____表示。

6. 对一定操作条件下的填料吸收塔，如将填料层增高一些，则塔的 H_{OG} 将_____，N_{OG} 将_____。（增加，减少，不变）

7. 吸收剂用量增加，操作线斜率_____，吸收推动力_____。（增大，减小，不变）

8. 计算吸收塔的填料层高度，必须运用如下三个方面的知识关联计算：_____、_____、_____。

9. 某气体用三种不同的吸收剂进行吸收操作，液气比相同，吸收因子的大小关系为 $A_1>A_2>A_3$，则气体溶解度的大小关系为_____。

10. 实验室用水吸收氨测定填料塔的传质系数 K_ya，该系统为_____控制，随气体流量的增加，传质系数 K_ya _____。

11. 某低浓度气体吸收过程，已知气膜和液膜体积传质系数分别为：$K_ya=0.0002$ kmol/($m^3 \cdot s$)，$K_xa=0.4$ kmol/($m^3 \cdot s$)。则该吸收过程为_____；该气体为_____溶气体。

12. 填料塔是连续接触式气液传质设备，塔内_____为分散相，_____为连续相。为保证操作过程中两相的良好接触，填料吸收塔的顶部要有良好的_____装置。

13. 假定吸收系统的相平衡常数 $m=0$，填料高度及其他条件不变，若增加气体流量，吸收率将_____。

14. 易溶气体溶液上方的分压_____，难溶气体溶液上方的分压_____，只要组分在气相中的分压_____液相中该组分的平衡分压，吸收就会继续进行。

15. 当吸收质在液相中的溶解度较大时，吸收过程主要受_____控制，此时，总传质系数 K_y 近似等于_____。

16. 在吸收塔某处，气相主体摩尔分数 $y=0.025$，液相主体摩尔分数 $x=0.01$，气相传质分系数 $k_y=2$ kmol/($m^2 \cdot h$)，气相总传质系数 $K_y=1.5$ kmol/($m^2 \cdot h$)，则该处气液界面上气相摩尔分数 y_i 应为_____，平衡关系 $y=0.5x$。

17. 对于脱吸操作，其溶质在液体中的实际浓度_____气相平衡的浓度。（大于，小于，等于）

18. 某填料塔用水吸收空气中的氨气，当液体流量和进塔气体的浓度不变时，增大混合气体的流量，此时仍能进行正常操作，则尾气中氨气的浓度_____。

19. 在原有的填料塔分离基础上，仅增加填料层高度，H_{OG} _____，N_{OG} _____，出塔液体组成 x_1 _____。（变大，变小，不变）

20. 在一逆流吸收塔中，填料层高度无穷大，当操作液气比 $L/G>m$ 时，气液两相在_____达到平衡；当操作液气比 $L/G<m$ 时，气液两相在_____达到平衡；当操作液气比 $L/G=m$ 时，气液两相在_____达到平衡。

二、分析及计算题

1. 在 25℃、101.3 kPa 下，用水吸收空气中的氨。气相主体含氨 10%（摩尔分数，下同)。由于水中氨的浓度很低,其平衡分压可取为零。若氨在气相中的扩散阻力相当于 2 mm 厚的停滞气层,求吸收的传质速率 N_A。若吸收在 35℃ 进行,其余不变,则结果如何? 已知 25℃ 时的扩散系数 $D=2.28\times10^{-5}$ m^2/s。

2. 在 0℃、101.3 kPa 下,Cl_2 在空气中进行稳态分子扩散。若已知相距 50 mm 的两截面上 Cl_2 的分压分别为 26.66 kPa 和 6.666 kPa,试计算以下两种情况下 Cl_2 通过单位横截面积传递的摩尔流量:(1)Cl_2 与空气作等分子反向扩散;(2)Cl_2 通过静止的空气作单相扩散。

3. 如习题 3 附图所示,在一容器中通入浓度恒定的 A、B 组分气体混合物,其中 A 可溶于容器下部的水中,而 B 则完全不溶。假设气相主体中 A 组分的分压为 28 kPa,水表面 A 组分的分压为 10 kPa,其他条件如图所示,试求:(1)A 组分的传质速率;(2)漂流因子。

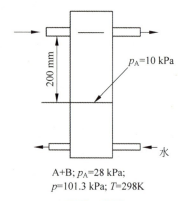

习题 3 附图

4. 在常压、25℃ 下,气相溶质 A 的分压为 5.47 kPa 的混合气体与溶质 A 浓度为 0.003 kmol/m^3 的水溶液接触,求溶质 A 在两相间的转移方向。若将总压增至 5 atm,气相溶质的摩尔分数保持原来的数值,则 A 的传质方向又如何?已知:工作条件下,体系符合亨利定律,亨利系数 $E=1.52\times10^5$ kPa。

5. 在常压、20℃ 下测得氨在水中的平衡数据为:氨的摩尔分数为 0.03 的稀氨水上方的平衡分压为 1.666 Pa,此时相平衡关系服从亨利定律。氨水密度可取为 1 000 kg/m^3,试求亨利系数 E、溶解度常数 H 及相平衡常数 m。若氨水上方的总压强变为 2.026×10^5 Pa,试求 E、H、m 以及气相中氨的平衡分压和氨的摩尔分数。又若氨水的浓度和总压不变,而温度升高到 50℃,已知此时氨水上方氨的平衡分压为 5.838 kPa,则 E、H、m 又如何变化?

6. 填料吸收塔某截面的气、液两相组成分别为 $y=0.05, x=0.01$(皆为摩尔分数)。已知气、液两相的体积传质系数 $k_ya=k_xa=0.026$ kmol/(m^3·s),在一定温度下气、液平衡关系 $y_e=2.0x$,试求:(1)该断面的两相传质总推动力、传质总阻力、传质速率及推动力在气、液两相的分配;(2)若降低吸收剂温度,使平衡关系变为 $y_e=0.4x$,假设两相含量及传质系数保持不变,求传质总推动力、传质总阻力、传质速率及推动力分配的变化。

7. 在填料吸收塔中,用清水吸收含有溶质 A 的气体混合物,两相逆流操作。进塔混合气中溶质 A 含量为 5%(体积分数),在操作条件下相平衡关系为 $y_e=3.0x$,试分别计算液气比为 4 和 2 时的出塔气体的极限组成和液体出口组成。

8. 推导证明题:

(1) 对低含量气体吸收或解吸,由 $\dfrac{1}{K_y}=\dfrac{1}{k_y}+\dfrac{m}{k_x}$ 出发,试证:$N_{OG}=AN_{OL}$;

(2) 对低含量气体逆流吸收,试证:$N_{OG}=\dfrac{1}{1-\dfrac{mG}{L}}\ln\dfrac{\Delta y_1}{\Delta y_2}$。

9. 在逆流操作的填料塔中,用清水吸收焦炉气中的氨,氨的质量浓度为 8 g/m^3(标准状况下),混合气处理量为 4 500 m^3/h(标准状况下)。氨的回收率为 95%,吸收剂用量为最小用量的 1.5 倍。操作压强为 101.3 kPa,温度为 30℃,气液平衡关系可表示为 $y_e=1.2x$。

气相总体积传质系数为 $K_y a = 0.06$ kmol/(m³·h)，空塔气速为 1.2 m/s，试求：(1) 用水量 L, kg/h；(2) 塔径和塔高, m。

10. 某吸收塔用 $\phi 25$ mm × 25 mm 的瓷环做填料，充填高度为 5 m，塔径为 1 m，用清水逆流吸收流量为 2 250 m³/h 的混合气体。混合气体中含有丙酮体积分数为 5%，塔顶逸出废气含丙酮体积分数降为 0.26%，塔底液体中每千克水带有 60 g 丙酮。操作在 101.3 kPa、25℃下进行，物系的平衡关系为 $y_e = 2x$。试求：(1) 该塔传质单元高度及总体积传质系数；(2) 每小时回收的丙酮量。

11. 在直径为 1 m 的填料吸收塔内，用清水作为溶剂，入塔混合气流量为 100 kmol/h，其中溶质含量为 6%（体积分数），要求溶质回收率为 95%，取实际液气比为最小液气比的 1.5 倍，已知在操作条件下的平衡关系为 $y_e = 2.0x$，总体积传质系数 $K_y a = 200$ kmol/(m³·h)，试求：(1) 出塔液体组成；(2) 所需填料层高；(3) 若其他条件（如 G、L、y_1、x_2 等）不变，将填料层在原有基础上加高 2 m，吸收率可增加到多少？注：本题可视为低浓度气体的吸收、逆流操作。

12. 在填料塔内用清水逆流吸收空气中的丙酮蒸气，丙酮初始含量为 3%（体积分数），若在该塔中将其吸收掉 98%，混合气入塔流量 $G = 0.02$ kmol/(m²·s)，操作压力 101.3 kPa，温度 293 K，此时平衡关系可用 $y_e = 1.75x$ 表示，总体积传质系数 $K_G a = 1.58 \times 10^{-4}$ kmol/(m³·s·kPa)，若出塔水溶液的丙酮浓度为平衡浓度的 70%，求所需水量和填料层高。

13. 有一填料吸收塔，填料层高 5 m，塔径 1 m，处理丙酮的空气混合气，其中空气的流量为 92 kmol/h，入塔气摩尔分数 $y_1 = 0.05$，操作条件为 101.3 kPa、25℃，用清水逆流吸收，出塔水摩尔分数 $x_1 = 0.019\ 4$，出塔气摩尔分数 $y_2 = 0.002\ 6$，平衡关系 $y_e = 2.0x$。试求：(1) $K_y a$, kmol/(m³·h)；(2) 目前情况下每小时可回收多少丙酮？(3) 若把填料层增加 3 m，每小时可回收多少丙酮？

14. 在一逆流操作的填料吸收塔中用清水吸收空气中某组分 A，已知操作条件下平衡关系为 $y_e = 2.2x$，入塔气体中 A 的含量为 6%（体积分数），吸收率为 96%，取吸收剂用量为最小用量的 1.2 倍。试求：(1) 出塔水溶液的浓度；(2) 若气相总传质单元高度为 0.8 m，现有一填料层高为 8 m 的塔，问是否能用？

15. 在逆流填料吸收塔中，用清水吸收含氨 4%（体积分数）的空气-氨混合气中的氨。已知混合气量为 3 600 m³/h（标准状况下），气体空塔气速为 1.5 m/s（标准状况下），填料层高 8 m，水的用量比最小用量多 50%，吸收率达到 98%，操作条件下的平衡关系为 $y_e = 1.2x$。试求：(1) 液相总传质单元数，$K_x a$, kmol/(m³·h)；(2) 若入塔水溶液中含有 0.002（摩尔分数）的氨，问该塔能否维持 98% 的吸收率？

16. 一吸收解吸流程如本题附图所示。已知条件：吸收塔塔内平均温度 25℃，平均压强 106.4 kPa，进气量 1 100 m³/h，进气中苯含量 0.02（摩尔分数，下同），苯的回收率 95%，实际液气比为最小液气比的 2 倍，入塔贫吸收油苯含量 0.005；解吸塔塔内平均温度 120℃，平均压强 101.3 kPa，实际气液比为最小气液比的 2 倍。试求吸收剂用量及解吸蒸气用量。已知苯的蒸气压：25℃时 12 kPa；120℃时 320 kPa。

17. 某厂吸收塔的填料层高 5 m，用水洗去尾气中的有害组分，在此情况下气液相各组成的摩尔分数如本题附图（塔 A）所示，已知在操作范围平衡关系为 $y_e = 0.8x$。现由于法定排放气浓度规定出塔气体组成必须小于 0.004(摩尔分数,下同),试计算:(1)原塔气相总传质单元高度;(2)原塔操作液气比为最小液气比的多少倍?(3)若再加一个塔径和填料与原塔相同的第二塔(塔 B),构成气相串联的二塔操作,塔 B 的用水量与塔 A 相同,则塔 B 的填料层至少应多高?(4)若将原塔加高,则其填料层总高至少应为多高才能满足排放要求?

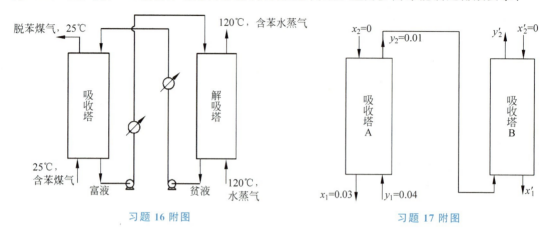

习题 16 附图   习题 17 附图

18. 一吸收塔,填料层高 5 m,用清水从含氨 5%(摩尔分数,下同)的空气中回收氨,回收率为 95%,已知气相流量 $G=0.3$ kmol/(m²·s),液相流量 $L=0.75$ kmol/(m²·s)。通过实验发现气相传质分系数 $k_G \propto G^{0.7}$,且为气膜控制,操作范围内相平衡关系为 $y_e = 1.3x$。试计算操作条件作以下变动时,回收率如何变化?(1)气相及液相流量皆增加 1 倍;(2)仅将气相流量增加 1 倍;(3)仅将液相流量增加 1 倍。

19. 一逆流填料吸收塔,塔截面积为 1 m²,用清水吸收某气体混合物中的组分 A,要求吸收率为 89%。气体量为 4 500 m³/h(标准状况下),含 A4%(摩尔分数),在 101.3 kPa、25℃下操作,此时平衡关系为 $y_e = 2.2x$。总体积传质系数的经验公式为:$K_G a = 0.017 G^{0.7} L^{0.3}$ kmol/(m³·h·kPa),式中 G、L 的单位皆为 kmol/(m²·h)。试求:(1)当实际液气比为最小液气比的 1.5 倍时,填料层高度为多少?(2)若不改变填料层高度,当吸收剂用量减少 10%时,吸收率为多少?

20. 某逆流操作的填料吸收塔,气体处理量为 200 kmol/(m²·h),组成为 0.6(摩尔分数,下同),要求回收率为 92%。现有两股组成不同的吸收剂,第一股组成为 0.005,从塔顶淋下,此段液气比为 0.5;第二股组成为 0.017,在塔中部某处加入,两股吸收剂流量相等,皆为 100 kmol/(m²·h)。已知操作条件下的平衡关系满足亨利定律,相平衡常数 $m=0.3$,全塔 $H_{OG}=2$ m。试求:(1)塔底液相组成;(2)第二股吸收剂加入的最佳位置;(3)如将两股合为一股从塔顶加入,分别用定量计算和定性分析方法说明何者所需填料层较高,并画出两种方案的操作线示意图。

21. 一填料吸收塔,用三羟基乙胺的水溶液逆流吸收煤气中的 H_2S。原工况下进气塔中含 H_2S 1.6%(摩尔分数,下同),进塔吸收剂中不含 H_2S,操作液气比为最小液气比的 1.4 倍,吸收率为 98%,现由于生产工艺的改变,入塔气浓度降为 1.1%,进塔气量提高了 18%,而吸收剂用量、入塔浓度及其他操作条件均不变,已知操作条件下平衡关系可用 $y_e = mx$ 表示,$K_y a \propto G^{0.7}$。试求:(1)新工况下该塔的吸收率;(2)若维持回收率仍为 98%,则新工况下填料层高度将改变多少?

22. 在常压逆流操作的吸收塔中用清水吸收空气中的氨,入塔气中含氨 5%(体积分数),吸收率为 95%,吸收因子 $A=2$,亨利系数 $E=76$ kPa。试求:(1)气相总传质单元数;(2)当填料层无限高时,氨的极限回收率为多少?(3)若气液进塔组成不变,液气比改为 0.7,当填料层无限高时,氨气的极限回收率为多少?

23. 用填料塔解吸某二氧化碳的碳酸丙烯酯吸收液,进、出塔液相组成分别为 $x_1=0.00849$,$x_2=0.00283$。解吸所用载气为 35℃ 下的空气($y_2=0.0005$),操作条件为 35℃、101.3 kPa,此时平衡关系为 $y_e=106.03x$。若操作气液比为最小气液比的 1.4 倍,试求:(1)载气出塔时二氧化碳的组成 y_1;(2)液相总传质单元数。

24. 在一逆流操作的填料塔内,用清水吸收氨气-空气混合气体中的氨,已知混合气体流量为 640 m³/h(标准状况下),其中氨气含量为 5%(体积分数),吸收率为 95%,塔内径(直径)为 0.8 m,清水用量为 1.0 m³/h,操作条件下的平衡关系为 $y=1.2x$,气相总体积传质系数 $K_y a$ 为 0.0275 kmol/(m³·s)。该操作条件下水的密度为 998.2 kg/m³。试求:(1)吸收液的出口浓度 x_1;(2)气相总传质单元数 N_{OG} 及填料层高度 H;(3)气体流量增加 20%,维持操作压强、吸收剂用量以及气、液进口组成不变,溶质的回收率有何变化?(已知吸收过程为气膜控制,$K_y a$ 近似与惰性气体摩尔流量的 0.8 次方成正比。)

25. 在一逆流操作的填料塔内,用水吸收氨气-空气混合气体中的氨,已知水中氨含量为 0.02%(摩尔分数),混合气体流量为 710 m³/h(标准状况下),其中氨气含量为 5%(体积分数),吸收率为 95%,液气比为最小液气比的 1.8 倍,塔内径(直径)为 0.8 m,操作条件下的平衡关系为 $y_e=1.2x$,气相总体积传质系数 $K_y a$ 为 0.0275 kmol/(m³·s)。试求:(1)吸收液的出口浓度 x_1;(2)气相总传质单元数 N_{OG} 及填料层高度 H;(3)当解吸不良使吸收剂入塔含量增高至 0.04%(摩尔分数)时,溶质的回收率下降至多少?

26. 吸收定性分析题:

(1)用填料吸收塔处理低浓度气体混合物,试分析下述条件下(其余操作条件不变),出口气液相组成 y_2、x_1 的变化:①入口液量减少;②进口液体中溶质浓度增高;③操作温度升高;④操作压力增高。

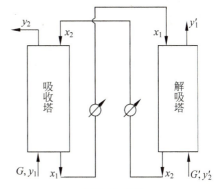

习题 26 附图

(2)在一填料塔中用清水吸收空气-氨混合气中的低浓度氨。若清水量适量加大,其余操作条件不变,则出口气、液两相中氨的浓度将如何变化?

(3)在一填料塔中用水蒸气解吸洗油中的苯。若气、液均在低浓度区,试分析下述操作条件下(其余操作条件不变),出口气、液相组成 y_2、x_1 的变化趋势。①水蒸气量增大;②洗油量增大;③洗油中苯的含量 x_2 增加。

(4)本题附图所示为双塔吸收低浓度气体流程。试分析在下述操作条件下(其余操作条件不变),出口气、液两相组成 y_2、x_1 的变化趋势:①气体处理量增大;②气体入口 y_1 增大;③吸收剂量 L 增大;④吸收剂浓度 x_2 增大。

27. 某吸收操作过程由吸收塔和解吸塔组成,见本题附图(a)。在某工况下该系统的操作线如本题附图(b)所示。若保持吸收塔和解吸塔的入塔气体流量及含量 G、y_1、G'、y_2' 及操作温度不变,增大吸收剂用量,试定性地绘出系统操作线并讨论对吸收效果的影响。

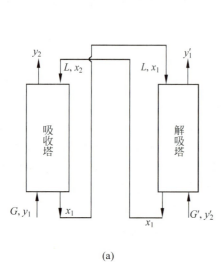

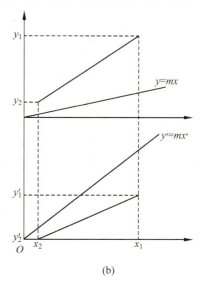

(a)   (b)

习题 27 附图

28. 已知气体逆流吸收体系的相平衡关系为 $y_e = mx$,气、液流量分别为 G、L,气液进口浓度分别为 y_1、x_2,气液出口浓度分别为 y_2、x_1,吸收因子 $A = \dfrac{L}{mG}$,气相总传质单元数 N_{OG} 的表达式为:$N_{OG} = \dfrac{1}{1-\dfrac{1}{A}} \ln\left[\left(1-\dfrac{1}{A}\right)\dfrac{y_1-mx_2}{y_2-mx_2}+\dfrac{1}{A}\right]$,写出其推导的简要过程。

第 6 章习题答案

第7章

蒸 馏

本章重点

1. 掌握蒸馏分离液体混合物的基本原理、工业蒸馏过程、精馏操作经济性;

2. 掌握两组分混合溶液的气液相平衡(泡点方程、露点方程、气液相组成-温度关系图、气液相组成关系图、相对挥发度、理想物系相平衡方程);

3. 掌握精馏过程原理、回流比与能耗关系、精馏过程数学描述(物料衡算方法、热量衡算方法)、进料状态参数、筛板塔传质过程的理论板和板效率、精馏段与提馏段操作线方程、q 线方程;

4. 掌握两组分精馏设计型(塔板数)计算(逐板计算、梯级作图法、最优加料位置确定方法、回流比选择、全回流与最少理论板数、最小回流比与无穷多理论板数、加料热状态选择);

5. 掌握两组分精馏操作型计算(回流比对精馏结果影响、采出率对精馏结果影响、进料组成变化对精馏结果影响、灵敏板等);

6. 了解间歇精馏的特点和应用,了解恒沸精馏、萃取精馏的基本概念,了解多组分精馏的概念、流程方案选择等。

7.1 概 述

1. 蒸馏在工业生产中的应用

在化工生产过程中,常常需要将原料、中间产物或粗产物进行分离,以获得符合工艺要求的化工产品或中间产品。化工上常见的分离过程包括蒸馏、吸收、萃取、干燥及结晶等,其中蒸馏是分离液体混合物的典型单元操作,应用最为广泛。例如石油炼制工业应用蒸馏方法将原油裂解后的混合物分离,可得到汽油、煤油、柴油及重油等不同沸程的产品;石油化工工业以石油炼制获得的石脑油和轻柴油等为原料,通过热裂解获得乙烯、丙烯和丁二烯等重要化工原料,并以此为原料合成其他化工原料和产品,形成了当今的乙烯工业;将混合芳烃蒸馏可得到苯、甲苯及二甲苯等;将液态空气蒸馏可得到纯态的液氧和液氮等。此外,蒸馏方法还在食品加工及医药生产等工业领域中得到了广泛的应用。

蒸馏是分离均相液体混合物的一种方法。蒸馏分离的依据是,根据溶液中各组分挥发度(或沸点)的差异,使各组分得以分离。其中较易挥发的称为易挥发组分 A(或轻组分);较难挥发的称为难挥发组分 B(或重组分)。例如在容器中将苯和甲苯的溶液加热使之部分汽化,形成气、液两相。当气、液两相趋于平衡时,由于苯的挥发性能比甲苯强(即苯的沸点较甲苯低),气相中苯的含量必然较原来溶液高,将蒸气引出并冷凝后,即可得到含苯较高的液体。而残留在容器中的液体,苯的含量比原来溶液的低,也即甲苯的含量比原来溶液的高。这样,溶液就得到了初步的分离。若多次进行上述分离过程,即可获得较纯的苯和甲苯。

由此可见,采用蒸馏方法分离混合物的必要条件,一是通过加热或冷却冷凝方法使混合物形成气、液两相共存的体系,为相际传质提供必要条件;二是混合物中各组分之间的挥发能力要存在足够大的差异,以保证蒸馏过程的传质推动力。否则,不宜采用蒸馏方法进行分离。

由于蒸馏技术比较成熟,易于实现不同物系及不同程度的分离,完成以上分离所需的设备、能源及过程控制方法也较容易获得。因此,在选择混合物分离方法时,一般优先考虑蒸馏方法。当蒸馏方法不太适宜时,再选择其他的分离方法。

2. 蒸馏分离的特点

蒸馏是目前应用最广的一类均相液体混合物分离方法,其具有如下特点。

(1) 通过蒸馏分离可以直接获得所需要的产品,而吸收、萃取等分离方法,由于有外加的溶剂,需进一步使所提取的组分与外加组分再行分离,因而蒸馏操作流程通常较为简单。

(2) 蒸馏分离的适用范围广,它不仅可以分离液体混合物,而且可用于气态或固态混合物的分离。例如,可将空气加压液化,再用精馏方法获得氧、氮等产品;再如,脂肪酸的混合物,可用加热使其熔化,并在减压下建立气、液两相系统,用蒸馏方法进行分离。

(3) 蒸馏过程适用于各种浓度混合物的分离,而吸收、萃取等操作,只有当被提取组分浓度较低时才比较经济。

(4) 蒸馏操作是通过对混合液加热建立气、液两相体系的,所得到的气相还需要再冷凝液化。因此,蒸馏操作耗能较大。蒸馏过程中的节能是个值得重视的问题。

3. 蒸馏过程的分类

工业上,蒸馏操作可按以下方法分类。

(1) 按蒸馏操作方式分类:可分为简单蒸馏、平衡蒸馏(闪蒸)、精馏和特殊精馏等。简单蒸馏和平衡蒸馏为单级蒸馏过程,常用于混合物中各组分的挥发度相差较大、对分离要求又不高的场合;精馏为多级蒸馏过程,适用于难分离物系或对分离要求较高的场合;特殊精馏适用于某些普通精馏难以分离或无法分离的物系。工业生产中以精馏的应用最为广泛。

(2) 按蒸馏操作流程分类:可分为间歇蒸馏和连续蒸馏。间歇蒸馏具有操作灵活、适应性强等优点,主要应用于小规模、多品种或某些有特殊要求的场合;连续蒸馏具有生产能力大、产品质量稳定、操作方便等优点,主要应用于生产规模大、产品质量要求高等场合。间歇蒸馏为非稳态操作,连续蒸馏为稳态操作。

(3) 按物系中组分的数目分类:可分为两组分蒸馏和多组分蒸馏。工业生产中,绝大多数为多组分蒸馏,但两组分蒸馏的原理及计算原则同样适用于多组分蒸馏,只是在处理多组分蒸馏过程时更为复杂,因此常以两组分蒸馏为基础。

(4) 按操作压力分类:可分为加压、常压和减压蒸馏。对常压下为气态(如空气、石油气)或常压下泡点为室温的混合物,常采用加压蒸馏;对常压下泡点为室温至150℃左右的混合液,一般采用常压蒸馏;对常压下泡点较高或热敏性混合物(高温下易发生分解、聚合等变质现象),宜采用减压蒸馏,以降低操作温度。操作压力的选取通常还与蒸馏装置的上、下工序相关联,或受节能方案的影响。

本章以两组分物系连续精馏为基础,建立精馏过程的基本概念和基本原理,提出描述精馏过程的基础模型,并选择适宜的求解方法,完成精馏过程的设计计算和对精馏操作过程的初步分析。此外,本章还介绍多组分精馏的特点和基本计算方法,以及复杂塔和特殊精馏的特点,为其在化工生产上的应用奠定基础。

7.2 蒸馏过程的气液相平衡

蒸馏操作是气、液两相间的传质过程,气、液两相达到平衡状态是传质过程的极限。因此,气液平衡关系是分析精馏原理、解决精馏计算的基础。

7.2.1 二元理想物系的气液平衡

所谓理想物系是指液相和气相应符合以下条件。
(1) 液相为理想溶液,遵循拉乌尔定律。
(2) 气相为理想气体,遵循道尔顿分压定律。当总压不太高(一般不高于 10^4 kPa)时气相可视为理想气体。

理想物系的相平衡是相平衡关系中最简单的模型。严格地讲,理想溶液并不存在,但对于化学结构相似、性质极相近的组分组成的物系,如苯-甲苯、甲醇-乙醇、常压及150℃以下的各种轻烃的混合物,可近似按理想物系处理。

1. 气液平衡相图

用相图来表达气液平衡关系较为直观,尤其对两组分蒸馏的气液平衡关系的表达更为方便,影响蒸馏的因素可在相图上直接反映出来。蒸馏中常用的相图为恒压下的温度-组成图及气相-液相组成图。

1) 温度-组成图(t-x-y 图)

在恒定的总压下,溶液的平衡温度随组成而变,将平衡温度与液(气)相的组成关系标绘成曲线图,该曲线图即为温度-组成图或称 t-x-y 图。

图 7.1 所示为总压 101.3 kPa 下,苯-甲苯混合液的温度-组成图。图中以 x(或 y)为横坐标,以 t 为纵坐标,上方的曲线为 t-y 线,表示混合物的平衡温度 t 与气相组成 y 之间的关系,称为饱和蒸气线或露点线;下方的曲线为 t-x 线,表示混合物的平衡温度 t 与液相组成 x 之间的关系,称为饱和液体线或泡点线。上述的两条曲线将 t-x-y 图分成三个区域。饱和液体线以下的区域代表未沸腾的液体,称为液相区;饱和蒸气线上方的区域代表过热蒸气,称为过热蒸气区;两曲线包围的区域表示气、液两相同时存在,称为气液共存区。

在恒定的压力下,若将温度为 t_1、组成为 x_1(图中点 F)的混合液加热,当温度升高到 t_2(点 G)时,溶液开始沸腾,此时产生第一个气泡,该温度即为泡点温度 t_B;继续升温到 t_3(点 H)时,气、液两相共存,其气相组成为 y、液相组成为 x,两相互成平衡;同样,若将温度为 t_5、组成为 y_5(点 J)的过热蒸气冷却,当温度降到 t_4(点 I)时,过热蒸气开始冷凝,此时产生

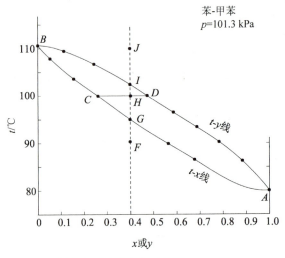

图 7.1　苯-甲苯混合液的 t-x-y 图

第一个液滴,该温度即为露点温度 t_D;继续降温到 t_3(点 H)时,气、液两相共存。

由图 7.1 可见,气、液两相呈平衡时,气、液两相的温度相同,但气相组成(易挥发组分)大于液相组成;若气、液两相组成相同,则露点温度总是大于泡点温度。

2)气-液相组成图(x-y 图)

气-液相组成图直观地表达了在一定压力下,处于平衡状态的气、液两相组成的关系,在蒸馏计算中应用最为普遍。

图 7.2 所示为总压 101.3 kPa,苯-甲苯混合物系的 x-y 图。图中以 x 为横坐标,y 为纵坐标,图中的曲线代表液相组成和与之平衡的气相组成间的关系,称为平衡曲线。若已知液相组成 x_1,可由平衡曲线得出与之平衡的气相组成 y_1,反之亦然;图中的直线为对角线($x=y$),该线作为参考线供计算时使用。对于理想物系,气相组成 y 恒大于液相组成 x,故平衡线位于对角线上方,平衡线偏离对角线越远,表示该溶液越容易分离。

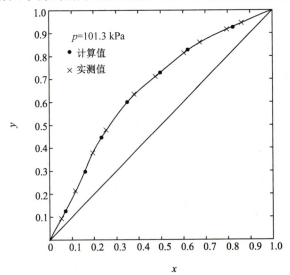

图 7.2　苯-甲苯混合液的 x-y 图

应予指出,x-y 曲线是在恒定压力下测得的,但实验表明,总压变化范围为 20%～30%,x-y 曲线变动不超过 2%。因此,在总压变化不大时,外压对 x-y 曲线的影响可忽略。x-y 图还可通过 t-x-y 图作出。常见两组分物系常压下的平衡数据可从理化手册中查得。

2. 气液平衡的关系式

前已述及,用相图来表达气液平衡关系较为直观,但在定量计算中采用气液平衡关系式更为方便。理想体系的气液平衡关系可采用不同方法进行描述,现分别介绍。

1) 拉乌尔定律

实验表明,当理想溶液的气、液两相平衡时,溶液上方组分的分压与溶液中该组分的摩尔分数成正比,即

$$p_A = p_A^0 x_A \tag{7.1}$$

$$p_B = p_B^0 x_B = p_B^0 (1 - x_A) \tag{7.2}$$

式中 x——溶液中组分的摩尔分数;

p——溶液上方组分的平衡分压,Pa;

p^0——同温度下纯组分的饱和蒸气压,Pa;

下标 A 表示易挥发组分,下标 B 表示难挥发组分。

式(7.1)所示的关系称为拉乌尔定律。纯组分的饱和蒸气压是温度的函数,通常可用安托因方程计算,也可直接从理化手册中查得。

为了简单起见,常略去上式表示相组成的下标,习惯上以 x 和 y 分别表示易挥发组分在液相和气相中的摩尔分数,以 $(1-x)$ 和 $(1-y)$ 分别表示难挥发组分在液相和气相中的摩尔分数。

溶液上方的总压 p 等于各组分的分压之和,即

$$p = p_A + p_B \tag{7.3}$$

或

$$p = p_A^0 x_A + p_B^0 (1 - x_A)$$

整理上式得到

$$x_A = \frac{p - p_B^0}{p_A^0 - p_B^0} \tag{7.4}$$

式(7.4)表示气液平衡时液相组成与平衡温度之间的关系,称为泡点方程。根据此式可计算一定压力下,某液体混合物的泡点温度。

2) 以平衡常数表示的气液平衡方程

对拉乌尔定律进行分析,即可得出以平衡常数表示的气液平衡方程。

设平衡的气相遵循道尔顿分压定律,即

$$y_A = \frac{p_A}{p} = \frac{p_A^0}{p} x_A \tag{7.5}$$

代入式(7.4),可得

$$y_A = \frac{p_A^0}{p} \frac{p - p_B^0}{p_A^0 - p_B^0} \tag{7.6}$$

式(7.6)表示气液平衡时气相组成与平衡温度之间的关系,称为露点方程。根据此式可计算一定压力下,某蒸气混合物的露点温度。

令

$$k_A = \frac{p_A^0}{p}$$

则

$$y_A = k_A x_A \tag{7.7}$$

式(7.7)即为以平衡常数表示的气液平衡方程,k_A称为气液相平衡常数,简称平衡常数。

3) 以相对挥发度表示的气液平衡方程

前已述及,蒸馏的基本依据是混合液中各组分挥发度的差异。纯组分的挥发度是指液体在一定温度下的饱和蒸气压。而溶液中各组分的挥发度可用它在蒸气中的分压和与之平衡的液相中的摩尔分数之比来表示,即

$$\nu_A = \frac{p_A}{x_A} \tag{7.8}$$

$$\nu_B = \frac{p_B}{x_B} \tag{7.9}$$

式中 ν_A、ν_B——溶液中 A、B 两组分的挥发度。

对于理想溶液,因符合拉乌尔定律,则有

$$\nu_A = p_A^0$$

$$\nu_B = p_B^0$$

挥发度表示某组分挥发能力的大小,随温度而变,在使用上不太方便,故引出相对挥发度的概念。习惯上将易挥发组分的挥发度与难挥发组分的挥发度之比称为相对挥发度,以 α 表示:

$$\alpha = \frac{\nu_A}{\nu_B} = \frac{p_A/x_A}{p_B/x_B} \tag{7.10}$$

对于理想物系,气相遵循道尔顿分压定律,则上式可改写为

$$\alpha = \frac{py_A/x_A}{py_B/x_B} = \frac{y_A x_B}{y_B x_A} \tag{7.11}$$

通常将式(7.11)称为相对挥发度的定义式。对理想溶液,则有

$$\alpha = \frac{p_A^0}{p_B^0} \tag{7.12}$$

由于 p_A^0 与 p_B^0 随温度沿着相同方向变化,因而两者的比值变化不大,即相对挥发度对温度的变化不敏感。所以在一定温度范围内,相对挥发度 α 可取作常数或取操作温度范围内的平均值。以相对挥发度表示体系的气液平衡关系,可使平衡关系表达式得以简化,使用更为方便。

对于两组分溶液,当总压不高时,由式(7.11)可得

$$\frac{y_A}{y_B} = \alpha \frac{x_A}{x_B} \quad 或 \quad \frac{y_A}{1-y_A} = \alpha \frac{x_A}{1-x_A}$$

略去下标,经整理可得

$$y = \frac{\alpha x}{1+(\alpha-1)x} \tag{7.13}$$

式(7.13)即为以相对挥发度表示的气液平衡方程。在蒸馏的分析和计算中,常用式(7.13)来表示气液平衡关系。

根据相对挥发度 α 值的大小可判断某混合液是否能用一般蒸馏方法分离及分离的难易程度。若 $\alpha > 1$,表示组分 A 较 B 容易挥发,α 值偏离 1 的程度越大,挥发度差异越大,分离越容易。若 $\alpha = 1$,由式(7.13)可知 $y = x$,此时不能用普通蒸馏方法加以分离,需要采用特殊精馏或其他分离方法。

液体的正常沸点(蒸气压等于 101.325 kPa 时的温度)较低,表明在同一温度下其蒸气压较高,故理想溶液两组分挥发的难易也可以用其沸点的高低来表示,沸点差越大,则相对挥发度也越大。

7.2.2 二元非理想物系的气液平衡

实际生产中所遇到的大多数物系为非理想物系。非理想物系可能有如下三种情况:
(1) 液相为非理想溶液,气相为理想气体;
(2) 液相为理想溶液,气相为非理想气体;
(3) 液相为非理想溶液,气相为非理想气体。

精馏过程一般在较低的压力下进行,此时气相通常可视为理想气体,故多数非理想物系可视为第一种情况。本节着重介绍第一种情况的气液平衡关系,后两种情况的气液平衡关系可参考化工热力学教材或相关专著。

1. 气液平衡相图

生产中处理的混合液与理想溶液的偏差程度各不相同,例如乙醇-水、苯-乙醇等物系是具有很大正偏差的例子,表现为溶液在某一组成时其两组分的饱和蒸气压之和出现最大值,与此对应的溶液泡点比两纯组分的沸点都低,为具有最低恒沸点的溶液。图 7.3 为乙醇-水物系的 p-x 图、t-x-y 图及 x-y 图,图中点 M 代表气、液两相组成相等,常压下恒沸组成为 0.894,最低恒沸点为 78.15 ℃,在该点溶液的相对挥发度 $\alpha = 1$。与之相反,氯仿-丙酮溶液和硝酸-水物系为具有很大负偏差的例子,图 7.4 为硝酸-水混合液的 p-x 图、t-x-y 图和 x-y 图,图中点 N 代表气、液两相组成相等,常压下其最高恒沸点为 121.9 ℃,对应的恒沸组成为 0.383,在该点溶液的相对挥发度 $\alpha = 1$。

2. 气液平衡方程

对于非理想溶液,其平衡分压可表示为

$$p_A = p_A^0 x_A \gamma_A \tag{7.14}$$

$$p_B = p_B^0 x_B \gamma_B \tag{7.15}$$

式中,γ 为组分的活度系数,各组分的活度系数值和其组成有关,确定此类非理想溶液相平衡关系的关键是确定其活度系数,一般可通过实验数据求取或用热力学公式计算。

当总压不太高、气相为理想气体时,其平衡气相组成为

$$y_A = \frac{p_A^0 x_A \gamma_A}{p}$$

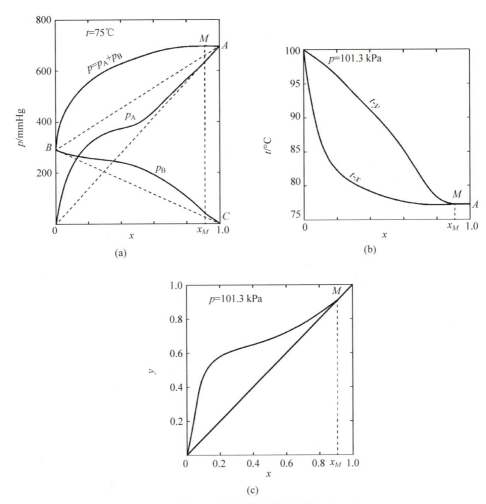

图 7.3 乙醇-水物系的相图

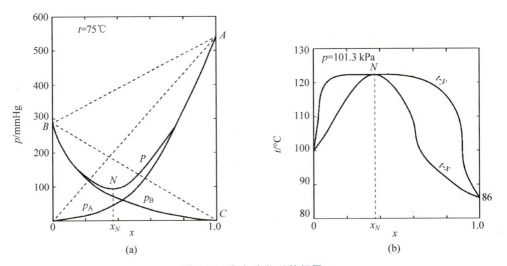

图 7.4 硝酸-水物系的相图

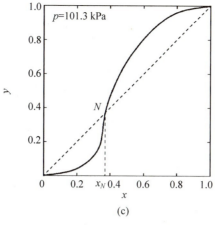

图 7.4(续)

令

$$k_A = \frac{p_A^0 \gamma_A}{p} \tag{7.16}$$

则

$$y_A = k_A x_A$$

应予指出,采用平衡常数表示气液平衡方程时,理想物系与非理想物系的气液平衡方程的形式完全相同,但平衡常数的表达式不同。

【例 7.1】 求常压(101.3 kPa)、100℃时,苯-甲苯物系的气液平衡组成。已知该体系可近似按理想体系处理。苯和甲苯的安托因常数见附表。

例 7.1 附表

物质	A	B	C
苯	15.900	2 788.51	−52.36
甲苯	16.014	3 096.52	−53.67

解:由安托因方程

$$\lg p^0 = A - \frac{B}{C+T}$$

可分别计算苯和甲苯在给定条件下的饱和蒸汽压:

$$\lg p_A^0 = 15.900 - \frac{2\,788.51}{373.15 - 52.36}$$

$$\lg p_B^0 = 16.014 - \frac{3\,096.52}{373.15 - 53.67}$$

即

$$p_A^0 = 180.1 \text{ kPa}$$

$$p_B^0 = 74.26 \text{ kPa}$$

则

$$x_A = \frac{p - p_B^0}{p_A^0 - p_B^0} = \frac{101.3 - 74.26}{180.1 - 74.26} = 0.26$$

其平衡的液相组成为

$$y_A = \frac{p_A^0}{p}x_A = \frac{180.1}{101.3} \times 0.26 = 0.46$$

【例 7.2】 苯-甲苯的饱和蒸气压数据见附表 1,试计算在总压 101.3 kPa 下苯-甲苯的混合液的气液平衡数据和平均相对挥发度,该溶液可视为理想溶液。

例 7.2 附表 1

温度/℃	80.1	85.0	90.0	95.0	100.0	105.0	110.6
p_A^0/kPa	101.3	116.9	135.5	155.7	179.2	204.2	240.0
p_B^0/kPa	40.0	46.0	54.0	63.3	74.3	86.0	101.3

解:以 100 ℃下的数据为例,计算过程如下。

$$x_A = \frac{p - p_B^0}{p_A^0 - p_B^0} = \frac{101.3 - 74.3}{179.2 - 74.3} = 0.2574$$

$$y_A = \frac{p_A^0}{p}x_A = \frac{179.2}{101.3} \times 0.2574 = 0.4553$$

$$\alpha = \frac{p_A^0}{p_B^0} = \frac{179.2}{74.3} = 2.412$$

其他温度下的计算结果列于附表 2。

例 7.2 附表 2

温度/℃	80.1	85.0	90.0	95.0	100.0	105.0	110.6
x	1.0000	0.7804	0.5807	0.4116	0.2574	0.1297	0
y	1.0000	0.9003	0.7766	0.6324	0.4553	0.2614	0
α	2.533	2.541	2.509	2.460	2.412	2.374	2.368

平均相对挥发度为

$$\alpha_m = \frac{1}{7}(2.533 + 2.541 + 2.509 + 2.460 + 2.412 + 2.374 + 2.368) = 2.457$$

分析:求解本题的关键是熟练应用气液平衡关系,理解平均相对挥发度的概念。

7.3 单级蒸馏过程和精馏原理

对组分挥发度相差较大和分离要求不太高的场合(如原料液的组分分割或多组分初步分离),可采用平衡蒸馏或简单蒸馏。

7.3.1 平衡蒸馏

1. 平衡蒸馏装置与流程

平衡蒸馏又称闪急蒸馏,简称闪蒸,是一种连续、稳态的单级蒸馏操作,通过平衡蒸馏可实现混合液的初步分离。有时也常利用闪蒸关系进行计算,以判断物流相态。

平衡蒸馏的装置与流程如图 7.5 所示。被分离的混合液先经加热器加热,使之温度高于分离器压力下料液的泡点,然后通过减压阀使其压力降低至规定值后进入分离器,过热的液体混合物在分离器中部分汽化,将平衡的气、液两相分别从分离器的顶部、底部引出,即实现了混合液的初步分离。分离器也常称为闪蒸塔。

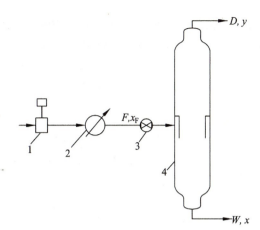

1—泵;2—加热器(炉);3—减压阀;
4—分离器(闪蒸塔)。

图 7.5 平衡蒸馏装置

2. 平衡蒸馏过程计算

平衡蒸馏计算所应用的基本关系是物料衡算、热量衡算及气液平衡关系。以两组分的平衡蒸馏为例分述如下。

1) 物料衡算

对图 7.5 所示的平衡蒸馏装置作物料衡算,得

总物料衡算

$$F = D + W \tag{7.17}$$

易挥发组分衡算

$$Fx_F = Dy + Wx \tag{7.18}$$

式中 F、D、W——原料液、气相和液相产品流量,kmol/h 或 kmol/s;

x_F、y、x——原料液、气相和液相产品中易挥发组分的摩尔分数。

若各流股的组成已知,则可解得气相产品的流量为

$$D = F \frac{x_F - x}{y - x} \tag{7.19}$$

设 $q = W/F$,则

$$1 - q = D/F$$

式中,q 称为原料液的液化率,$1-q$ 则称为原料液的汽化率。将以上关系代入式(7.19)并整理,可得

$$y = \frac{q}{q-1}x - \frac{x_F}{q-1} \tag{7.20}$$

式(7.20)表示平衡蒸馏中气、液两相组成的关系。若 q 为定值,则该式为直线方程。在 x-y 图上,其代表通过点 (x_F, x_F)、斜率为 $q/(q-1)$ 的直线。

2) 热量衡算

$$Q = Fc_p(T - t_F) \tag{7.21}$$

式中 Q——加热器的热负荷,kJ/h 或 kW;

F——原料液流量,kmol/h 或 kmol/s;

c_p——原料液的平均比定压热容,kJ/(kmol·℃);

T——通过加料器后料液的温度,℃;

t_F——原料液的温度,℃。

原料液经节流阀进入分离器后,物料汽化所需的潜热由原料液本身的显热提供,因此过程完成后系统的温度下降。对图7.5所示的减压阀和分离器作热量衡算,忽略热损失,则

$$Fc_p(T-t_e)=(1-q)Fr \tag{7.22}$$

式中 t_e——分离器中的平衡温度,℃;

r——平均摩尔汽化潜热,kJ/kmol。

原料液离开加热器的温度为

$$T=t_e+(1-q)\frac{r}{c_p} \tag{7.23}$$

3) 气液平衡关系

平衡蒸馏中,气、液两相处于平衡状态,即两相温度相等,组成互为平衡。若为理想物系,则有

$$y=\frac{\alpha x}{1+(\alpha-1)x}$$

应用上述三类基本关系,即可计算平衡蒸馏中气、液两相的平衡组成及平衡温度,平衡蒸馏的图解计算过程示于图7.6中。

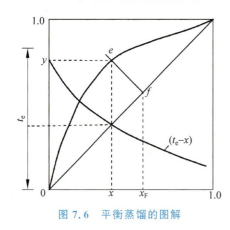

图7.6 平衡蒸馏的图解

7.3.2 简单蒸馏

1. 简单蒸馏装置与流程

简单蒸馏又称微分蒸馏,由于瑞利(Rayleigh)在1902年提出了该过程的数学描述方法,故该过程又称为瑞利蒸馏。

简单蒸馏是一种间歇、单级蒸馏操作的批处理过程,其装置与流程如图7.7所示。原料液在蒸馏釜中通过间接加热使其部分汽化,产生的蒸汽进入冷凝器中冷凝,冷凝液作为馏出液产品排入接收器中。随着蒸馏过程的进行,釜液中易挥发组分的含量不断降低,与之平衡的气相组成(即馏出液组成)也随之下降,釜中液体的泡点则逐渐升高。当馏出液平均组成或釜液组成降低至某规定值后,即停止蒸馏操作。在一批操作中,馏出液可分段收集,以得到不同组成的馏出液。

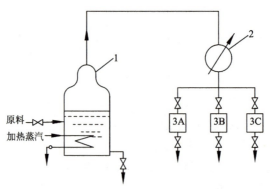

1—蒸馏釜;2—冷凝器;3A、3B、3C—馏出液容器。

图7.7 简单蒸馏装置与流程

简单蒸馏多用于液体混合物的初步分离,特别对相对挥发度大的混合液进行分离颇为有效。

2. 简单蒸馏的计算

前已述及,在简单蒸馏过程中,馏出液和釜液中易挥发组分的组成逐渐降低,釜温则逐渐升高,故简单蒸馏为非稳态过程。因此,简单蒸馏的计算应该进行微分衡算。

设在某瞬间 τ,釜液量为 L、组成为 x,经微分时间 $\mathrm{d}\tau$ 后,釜液量变为 $L-\mathrm{d}L$、组成为 $x-\mathrm{d}x$,蒸出的气相量为 $\mathrm{d}D$、组成为 y。

在 $\mathrm{d}\tau$ 时间内进行物料衡算,得

总物料衡算

$$\mathrm{d}L = \mathrm{d}D$$

易挥发组分衡算

$$Lx = (L-\mathrm{d}L)(x-\mathrm{d}x) + y\mathrm{d}D$$

联立以上两式,并略去二阶无穷小量,可得

$$\frac{\mathrm{d}L}{L} = \frac{\mathrm{d}x}{y-x}$$

在 $L=F,x=x_F$ 及 $L=W,x=x_2$ 的范围内积分,可得

$$\ln\frac{F}{W} = \int_{x_2}^{x_F} \frac{\mathrm{d}x}{y-x} \tag{7.24}$$

若已知气液平衡关系,则可由该式确定 F、W、x_F 及 x_2 之间的关系。

设气液平衡关系可用式(7.13)表示,代入上式积分,可得

$$\ln\frac{F}{W} = \frac{1}{\alpha-1}\left(\ln\frac{x_F}{x_2} + \alpha\ln\frac{1-x_2}{1-x_F}\right) \tag{7.25}$$

馏出液的平均组成 $\bar{y}$ 可通过一批操作的物料衡算求得,即

$$D = F - W$$

$$\bar{y} = \frac{Fx_F - Wx_2}{F-W} = x_F + \frac{W}{D}(x_F - x_2)$$

【例 7.3】 在常压下将组成为 0.5(易挥发组分的摩尔分数)的某理想二元混合物分别进行平衡蒸馏和简单蒸馏,原料处理量为 100 kmol,物系相对挥发度为 2.5。若规定汽化率为 2/3,试计算:(1)平衡蒸馏的气、液两相组成;(2)简单蒸馏的易挥发组分平均组成及馏出液量。

解:(1)平衡蒸馏

依题意,液化率为

$$q = 1 - \frac{2}{3} = \frac{1}{3}$$

又

$$x_F = 0.5$$

$$y = \frac{q}{q-1}x - \frac{x_F}{q-1} = \frac{\frac{1}{3}}{\frac{1}{3}-1}x - \frac{0.5}{\frac{1}{3}-1} = -0.5x + 0.75$$

相平衡方程为

$$y = \frac{\alpha x}{1+(\alpha-1)x} = \frac{2.5x}{1+1.5x}$$

联立以上两式,求得平衡的气、液两相组成分别为

$$x = 0.351, \quad y = 0.575$$

(2) 简单蒸馏

依题意,得

$$D = \frac{2}{3}F = 66.7 \text{ kmol}, \quad W = \frac{1}{3}F = 33.3 \text{ kmol}$$

由式(7.25),便可求得釜残液组成,即由

$$\ln \frac{F}{W} = \frac{1}{\alpha-1}\left(\ln \frac{x_F}{x_2} + \alpha \ln \frac{1-x_2}{1-x_F}\right)$$

解得 $x_2 = 0.258$。

馏出液的平均组成为

$$\bar{y} = x_F + \frac{W}{D}(x_F - x_2) = 0.5 + \frac{\frac{1}{3}F}{\frac{2}{3}F}(0.5 - 0.258) = 0.621$$

分析:求解本题的关键是熟练应用物料衡算式和气液平衡关系式进行平衡蒸馏和简单蒸馏的计算。

前已述及,平衡蒸馏和简单蒸馏为单级分离过程,即仅对液体混合物进行一次部分汽化和冷凝,故只能对液体混合物进行初步分离。若要使液体混合物得到几乎完全的分离,必须进行多次部分汽化和冷凝,该过程即所谓的精馏。

7.3.3 精馏过程原理和操作流程

1. 精馏过程原理

精馏过程原理可用 t-x-y 图来说明。如图7.8所示,将组成为 x_F、温度为 t_F 的某混合液加热至泡点以上,则该混合物被部分汽化,产生气、液两相,其组成分别为 y_1 和 x_1,此时 $y_1 > x_F > x_1$。将气、液两相分离,并将组成为 y_1 的气相混合物进行部分冷凝,则可得到组成为 y_2 的气相和组成为 x_2 的液相。继续将组成为 y_2 的气相进行部分冷凝,又可得到组成为 y_3 的气相和组成为 x_3 的液相,显然 $y_3 > y_2 > y_1$。如此进行下去,最终的气相经全部冷凝后,即可获得高纯度的易挥发组分产品。同时,将组成为 x_1 的液相进行部分汽化,则可得到组成为 y_2' 的气相和组成为 x_2' 的液相。继续将组成为 x_2' 的液相部分汽化,又可得到组成为 y_3' 的气相和组成为 x_3' 的液相,显然 $x_3' < x_2' < x_1$。如此进行下去,最终的液相即为高纯度的难挥发组分产品。

由此可见,液体混合物经多次部分汽化和冷凝后,便可得到几乎完全的分离,这就是精馏过程的基本原理。

上述多次部分汽化和冷凝的过程是在精馏塔内进行的,图7.9所示为连续精馏塔的模型图。原料液自塔的中部适当位置连续加入塔内,塔顶冷凝器将上升的蒸气冷凝成液体,其中一

部分作为塔顶产品(馏出液)取出,另一部分引入塔顶作为回流液,回流液通过降液管降至相邻下层塔板上。在加料口以上的各层塔板上,气相与液相密切接触,在浓度差和温度差的作用下,气相进行部分冷凝,使其中部分难挥发组分转入液相中;在气相冷凝时释放的冷凝潜热传给液相,使液相部分汽化,其中部分易挥发组分转入气相中。经过每层塔板后,净结果是气相中的易挥发组分的含量增高,液相中的难挥发组分的含量升高。在塔的加料口以上,只要有足够的塔板层数,则离开塔顶的气相中易挥发组分可达到指定的纯度。塔的底部装有再沸器,加热液体产生蒸气回到塔底,蒸气沿塔上升,同样在每层塔板上气、液两相进行热质交换;同理,只要加料口以下有足够多的塔板层数,在塔底可得到高纯度的难挥发组分。每层塔板为一个气液接触单元,若离开每层塔板的气、液两相在组成上达到平衡,则将这种塔板称为理论板。

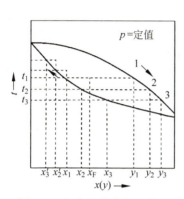

图 7.8　多次部分汽化和冷凝的 t-x-y 图

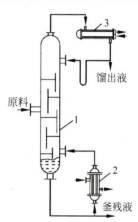

1—精馏塔;2—再沸器;3—冷凝器。

图 7.9　连续精馏操作流程

应予指出,在每层塔板上所进行的热量交换和质量交换是密切相关的,气、液两相温度差越大,则所交换的质量越多。气、液两相在塔板上接触后,气相温度降低,液相温度升高,液相部分汽化所需要的潜热恰好等于气相部分冷凝所放出的潜热,故每层塔板上不需设置加热器和冷凝器。

还应指出,塔板是气、液两相进行传热与传质的场所,每层塔板上必须有气相和液相流过。为实现上述操作,必须从塔顶引入下降液流(即回流液)和从塔底产生上升蒸气流,以建立气、液两相体系。因此,塔顶液体回流和塔底上升蒸气流是精馏过程连续进行的必要条件。回流是精馏与普通蒸馏的本质区别。

2. 精馏操作流程

根据精馏原理可知,精馏分离过程可连续操作,也可间歇操作。精馏装置系统一般都应由精馏塔、提供回流液的塔顶冷凝器、提供上升蒸气流的塔底再沸器等相关设备组成,有时还要配备其他附属设备。将这些设备进行安装组合,即可进行精馏操作流程。精馏过程根据操作方式的不同,分为连续精馏和间歇精馏两种操作流程。

1) 连续精馏操作流程

图 7.9 所示为典型的连续精馏操作流程。操作时,连续地将原料液加入精馏塔内。连续地从再沸器取出部分液体作为塔底产品(称为釜残液);部分液体被汽化,产生上升蒸气,

依次通过各层塔板。塔顶蒸气进入冷凝器被全部冷凝,将部分冷凝液用泵(或借重力作用)送回塔顶作为回流液体,其余部分作为塔顶产品(称为馏出液)采出。

通常,将原料液加入的那层塔板称为进料板。在进料板以上的塔段,上升气相中难挥发组分向液相中传递,易挥发组分的含量逐渐增高,最终达到了上升气相的精制,因而称为精馏段。在进料板以下的塔段(包括进料板),完成了下降液体中易挥发组分的提出,从而提高了塔顶易挥发组分的回收率,同时获得了高含量的难挥发组分塔底产品,因而将之称为提馏段。

2) 间歇精馏操作流程

图 7.10 所示为间歇精馏操作流程。与连续精馏操作流程不同之处是:一次性将原料液加入塔釜中,因而间歇精馏塔只有精馏段而无提馏段。在精馏过程中,精馏釜的釜液组成不断变化,在塔底上升蒸气量和塔顶回流液量恒定的条件下,馏出液的组成也逐渐降低。当精馏釜的釜液达到规定组成后,精馏操作即被停止。

应予指出,有时在塔底安装蛇管以代替再沸器,塔顶回流液也可依靠重力作用直接流入塔内而省去回流液泵。

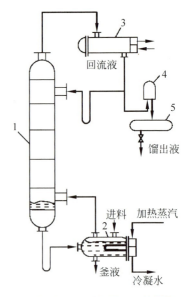

1—精馏塔;2—再沸器;3—冷凝器;
4—观察罩;5—储槽。

图 7.10 间歇精馏操作流程

7.4 两组分连续精馏的分析和计算

精馏过程的计算可分为设计型计算和操作型计算两类。设计型计算是给定精馏系统的输入和输出条件,求满足该条件的精馏过程系统参数;操作型计算是给定输入条件及精馏系统条件,求该精馏过程所能达到的分离结果等。无论是操作型问题还是设计型问题,其对精馏过程进行数学描述的数学模型是一致的,只是有输入与输出条件的不同和求解方法的区别。

本节重点讨论板式精馏塔的设计型计算问题,其主要内容包括:①确定产品的流量或组成;②确定精馏塔的理论板层数和适宜的加料位置;③确定适宜的操作回流比;④计算冷凝器、再沸器的热负荷等。

7.4.1 计算的基本假定

1. 理论板的概念

前已述及,理论板是指离开该板的气、液两相互成平衡,塔板上各处的液相组成均匀一致的理想化塔板。其前提条件是气、液两相皆充分混合、各自组成均匀,塔板上不存在传热、传质过程的阻力。实际上,由于塔板上气、液间的接触面积和接触时间是有限的,在任何形式的塔板上,气、液两相都难以达到平衡状态,除非接触时间无限长,因而理论板是不存在的。理论板作为一种假定,可用作衡量实际板分离效率的依据和标准。通常在工程设计中,先求得理论板层数,用塔板效率予以校正,即可求得实际塔板层数。总之,引入理论板的概念,可用泡点方程和相平衡方程描述塔板上的传递过程,对精馏过程的分析和计算是十分有用的。

2. 恒摩尔流的概念

精馏操作时,在精馏段和提馏段内,每层塔板上升的气相摩尔流量和下降的液相摩尔流量一般并不相等,为了简化精馏计算,通常引入恒摩尔流动的假定。

(1) 恒摩尔气流是指在精馏塔内,从精馏段或提馏段每层塔板上升的气相摩尔流量各自相等,但两段上升的气相摩尔流量不一定相等。即

精馏段 $V_1 = V_2 = V_3 = \cdots = V =$ 常数

提馏段 $V'_1 = V'_2 = V'_3 = \cdots = V' =$ 常数

式中,下标表示塔板序号。

(2) 恒摩尔液流是指在精馏塔内,从精馏段或提馏段每层塔板下降的液相摩尔流量分别相等,但两段下降的液相摩尔流量不一定相等。即

精馏段 $L_1 = L_2 = L_3 = \cdots = L =$ 常数

提馏段 $L'_1 = L'_2 = L'_3 = \cdots = L =$ 常数

式中,下标表示塔板序号。

上述内容即为恒摩尔流假定。在精馏塔的每层塔板上,若有 n kmol 的蒸气冷凝,相应地有 n kmol 的液体汽化,恒摩尔流动的假定才能成立。为此必须满足以下条件:①混合物中各组分的摩尔汽化潜热相等;②气液接触时因温度不同而交换的显热可以忽略;③塔设备保温良好,热损失可以忽略。恒摩尔流动虽是一项简化假设,但某些物系能基本上符合上述条件,因此,可将这些系统在精馏塔内的气、液两相视为恒摩尔流动。后面介绍的精馏计算均是以恒摩尔流为前提的。

严格地说,由于各板上组成、温度和压力均不相同,其物性存在差异,因此塔内气、液两相流量会偏离恒摩尔流假设,对于偏离较大的体系应按非恒摩尔流处理,进行严格的热量衡算和物料衡算,并求解各板上气、液两相流量。这种体系的计算往往借助计算机完成。

7.4.2 物料衡算和操作线方程

1. 全塔物料衡算

精馏塔各股物料(包括进料、塔顶产品和塔底产品)的流量、组成之间的关系可通过全塔物料衡算来确定。

图 7.11 所示为一连续精馏塔。对全塔作总物料衡算和易挥发组分衡算,并以单位时间为基准,可得

总物料衡算

$$F = D + W \tag{7.26}$$

易挥发组分衡算

$$Fx_F = Dx_D + Wx_W \tag{7.27}$$

式中　D——塔顶馏出液流量,kmol/h 或 kmol/s;

W——塔底釜残液流量，kmol/h 或 kmol/s；
x_F——原料液中易挥发组分的摩尔分数；
x_D——馏出液中易挥发组分的摩尔分数；
x_W——釜残液中易挥发组分的摩尔分数。

联立式(7.26)和式(7.27)，可解得馏出液的采出率为

$$\frac{D}{F} = \frac{x_F - x_W}{x_D - x_W} \quad (7.28)$$

塔顶易挥发组分的回收率为

$$\eta_D = \frac{Dx_D}{Fx_F} \times 100\% \quad (7.29)$$

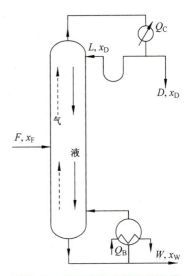

图 7.11 精馏塔的全塔物料衡算

2. 操作线方程

在精馏塔中，任意塔板（n 板）下降的液相组成 x_n 与由其下一层塔板（$n+1$ 板）上升的蒸气组成 y_{n+1} 之间的关系称为操作关系，描述它们之间关系的方程称为操作线方程。操作线方程可通过塔板间的物料衡算求得。在连续精馏塔中，因原料液不断从塔的中部加入，致使精馏段和提馏段具有不同的操作关系，现分别予以讨论。

1) 精馏段操作线方程

在图 7.12 虚线范围（包括精馏段的第 $n+1$ 层板以上塔段及冷凝器）内作物料衡算，以单位时间为基准，可得

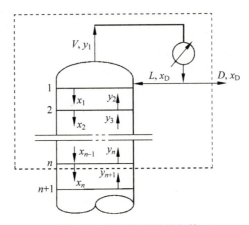

图 7.12 精馏段的物料衡算

总物料衡算

$$V = L + D \quad (7.30)$$

易挥发组分衡算

$$Vy_{n+1} = Lx_n + Dx_D \quad (7.31)$$

式中 x_n——精馏段中第 n 层板下降液相中易挥发组分的摩尔分数；

y_{n+1}——精馏段第 $n+1$ 层板上升蒸气中易挥发组分的摩尔分数。

将式(7.30)代入式(7.31)并整理得

$$y_{n+1} = \frac{L}{V}x_n + \frac{D}{V}x_D \tag{7.32}$$

或

$$y_{n+1} = \frac{L}{L+D}x_n + \frac{D}{L+D}x_D \tag{7.32a}$$

令 $R = \dfrac{L}{D}$，代入上式得

$$y_{n+1} = \frac{R}{R+1}x_n + \frac{x_D}{R+1} \tag{7.33}$$

式中 R 表示精馏段下降液体的摩尔流量与馏出液摩尔流量之比，称为回流比。根据恒摩尔流假定，L 为定值，且在稳态操作时，D 及 x_D 为定值，故 R 也是常量，其值一般由设计者选定。R 值的确定将在后面讨论。

式(7.32)和式(7.33)均称为精馏段操作线方程式。该式在 x-y 相图上为直线，其斜率为 $R/(R+1)$，截距为 $x_D/(R+1)$，过点 (x_D, x_D)。

2）提馏段操作线方程

在图7.13虚线范围（包括提馏段第 m 层板以下塔段及再沸器）内作物料衡算，以单位时间为基准，可得

总物料衡算

$$L' = V' + W \tag{7.34}$$

易挥发组分衡算

$$L'x'_m = V'y'_{m+1} + Wx_W \tag{7.35}$$

式中 x'_m——提馏段第 m 层板下降液相中易挥发组分的摩尔分数；

y'_{m+1}——提馏段第 $m+1$ 层板上升蒸气中易挥发组分的摩尔分数。

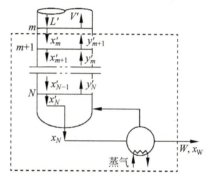

图 7.13 提馏段的物料衡算

将式(7.34)代入式(7.35)，经整理得

$$y'_{m+1} = \frac{L'}{V'}x'_m - \frac{W}{V'}x_W \tag{7.36}$$

或

$$y'_{m+1} = \frac{L'}{L'-W}x'_m - \frac{W}{L'-W}x_W \tag{7.36a}$$

式(7.36)或式(7.36a)称为提馏段操作线方程式。根据恒摩尔流假设，L' 为定值，稳态操作时，W 与 x_W 也为定值，因此式(7.36)或式(7.36a)在 x-y 相图上为直线，其斜率为 $\dfrac{L'}{L'-W}$，截距为 $\dfrac{-Wx_W}{L'-W}$，过点 (x_W, x_W)。

7.4.3 进料热状况对精馏过程的影响

精馏塔在操作过程中，精馏段和提馏段气、液两相流量间的关系与精馏塔的进料热状况

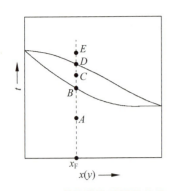

图 7.14 精馏塔的进料热状况

有关,因而进料热状况对精馏段和提馏段的操作线方程有直接的影响。

1. 精馏塔的进料热状况

根据工艺条件和操作要求,精馏塔可以不同的物态进料。如图 7.14 所示,组成为 x_F 的原料,其进料状态可有以下几种:(a)冷液进料(A 点);(b)饱和液体(泡点)进料(B 点);(c)气液混合物进料(C 点);(d)饱和蒸气(露点)进料(D 点);(e)过热蒸气进料(E 点)。

图 7.15 定性地表示了不同进料热状态对进料板上、下各股流量的影响。

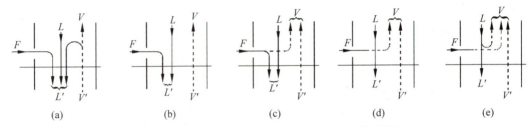

图 7.15 进料热状况对进料板上、下各股流量的影响

(a) 冷液进料;(b) 饱和液体进料;(c) 气液混合物进料;(d) 饱和蒸气进料;(e) 过热蒸气进料

对于冷液进料,进料温度低于泡点,该原料加入后,使得进料板上部分蒸气冷凝。因此,提馏段的液流量除包括精馏段的液流量和进料量外,还包括部分蒸气冷凝所形成的液量;而精馏段的气流量小于提馏段的气流量,即

$$L' > L + F, \quad V' > V$$

对于饱和液体进料,进料温度等于泡点,该原料加入后全部进入提馏段。因此,提馏段的液流量为精馏段的液流量与进料量之和;而精馏段的气流量等于提馏段的气流量,即

$$L' = L + F, \quad V' = V$$

对于气液混合物进料,进料温度介于泡点和露点之间,该原料加入后,其气相部分进入精馏段,液相部分进入提馏段。因此,提馏段的液流量大于精馏段的液流量,但小于精馏段液流量与进料量之和;而精馏段的气流量大于提馏段的气流量,即

$$L < L' < L + F, \quad V' < V$$

对于饱和蒸气进料,进料温度等于露点,该原料加入后全部进入精馏段。因此,提馏段的液流量等于精馏段的液流量;而精馏段的气流量为提馏段的气流量与进料量之和,即

$$L' = L, \quad V = V' + F$$

对于过热蒸气进料,进料温度高于露点,该原料加入后,使得进料板上部分液体汽化。因此,提馏段的液流量小于精馏段的液流量;而精馏段的气流量除包括提馏段的气流量与进料量之和外,还包括部分液体汽化所形成的蒸气量,即

$$L' < L, \quad V > V' + F$$

2. 进料热状况参数

为了定量地分析进料量及其热状况对精馏操作的影响，现引入进料热状况参数的概念。

图 7.16 所示为进料板，对进料板作物料及热量衡算，以单位时间为基准，可得：

总物料衡算
$$F + V' + L = V + L' \tag{7.37}$$

热量衡算
$$FI_F + V'I_{V'} + LI_L = VI_V + L'I_{L'} \tag{7.38}$$

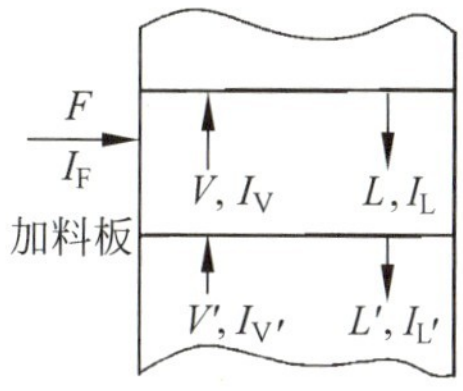

图 7.16 进料板上的物料衡算与热量衡算

式中 I_F——原料液的焓，kJ/kmol；

I_V、$I_{V'}$——进料板上、下处饱和蒸气的焓，kJ/kmol；

I_L、$I_{L'}$——进料板上、下处饱和液体的焓，kJ/kmol。

由于塔中液体和蒸汽都呈饱和状态，且进料板上、下处的温度及气、液两相的组成各自都比较相近，故
$$I_V \approx I_{V'}, \quad I_L = I_{L'}$$

于是式(7.38)可改写为
$$FI_F + V'I_V + LI_L = VI_V + L'I_L$$

或
$$(V - V')I_V = FI_F - (L' - L)I_L$$

将式(7.37)代入上式，可得
$$\frac{I_V - I_F}{I_V - I_L} = \frac{L' - L}{F} \tag{7.39}$$

令
$$q = \frac{I_V - I_F}{I_V - I_L} = \frac{\text{每千摩尔进料从进料状况化为饱和蒸气所需的热量}}{\text{进料的千摩尔汽化潜热}} \tag{7.40}$$

式中，q 值称为进料的热状况参数。式(7.40)为进料热状况参数的定义式，由该式可计算各种进料热状况的 q 值。

3. 进料热状况对精馏过程的影响

由式(7.39)和式(7.40)可得
$$L' = L + qF \tag{7.41}$$

将式(7.37)代入式(7.41)，并整理得
$$V = V' + (1-q)F \tag{7.42}$$

式(7.41)和式(7.42)表示在精馏塔内精馏段和提馏段的气、液两相流量及进料热状况参数之间的基本关系。将式(7.41)代入式(7.36a)，则提馏段操作线方程可改写为
$$y'_{m+1} = \frac{L + qF}{L + qF - W}x'_m - \frac{W}{L + qF - W}x_W \tag{7.43}$$

根据 q 的定义，可得

冷液进料　　　　　　　　　$q > 1$

饱和液体（泡点）进料　　　　$q=1$
气液混合物进料　　　　　　$0<q<1$
饱和蒸气（露点）进料　　　　$q=0$
过热蒸气进料　　　　　　　$q<0$

由以上分析可知，进料热状态影响了塔内气、液两相流量的分布，从而对塔的分离能力及塔板的水力学性能造成影响，为此也将影响精馏塔的设计和操作。例如，对塔高和塔径均会造成影响，也会影响塔板布置。

实际生产中，以接近泡点的冷液进料和泡点进料居多。

【例7.4】在连续精馏塔中分离某理想二元混合物。已知原料液流量为100 kmol/h，组成为0.44（易挥发组分的摩尔分数，下同），饱和液体进料，馏出液组成为0.94，釜残液组成为0.08，设该物系为理想物系，塔顶设全凝器，泡点回流，操作回流比为3。试计算：(1) D 和 W；(2) 精馏段操作线方程；(3) 提馏段操作线方程。

解：(1) 由全塔物料衡算

$$F = D + W$$
$$Fx_F = Dx_D + Wx_W$$

代入已知值，可解得

$$D = 41.86 \text{ kmol/h}, \quad W = 58.14 \text{ kmol/h}$$

(2) 精馏段操作线方程为

$$y = \frac{R}{R+1}x + \frac{x_D}{R+1} = \frac{3}{3+1}x + \frac{0.94}{3+1} = 0.75x + 0.235$$

(3) 提馏段操作线方程

$$V = (R+1)D = (3+1) \times 41.86 \text{ kmol/h} = 167.44 \text{ kmol/h}$$
$$L = RD = 3 \times 41.86 \text{ kmol/h} = 125.58 \text{ kmol/h}$$

饱和液体进料，$q=1$，则

$$L' = L + qF = 125.58 \text{ kmol/h} + 100 \text{ kmol/h} = 225.58 \text{ kmol/h}$$
$$V' = V + (q-1)F = 167.44 \text{ kmol/h}$$
$$y'_{m+1} = \frac{L'}{V'}x'_m - \frac{W}{V'}x_W$$
$$y'_{m+1} = \frac{225.58}{167.44}x'_m - \frac{58.14}{167.44} \times 0.08 = 1.3472x'_m - 0.02778$$

分析：求解本题的关键是熟练掌握总物料衡算式和操作线方程。

【例7.5】在常压操作的连续精馏塔中分离含苯0.5（易挥发组分摩尔分数）的苯-甲苯二元混合物，塔顶泡点回流，操作回流比为2.5。已知原料液的泡点为92.5℃，苯的汽化潜热为390 kJ/kg，甲苯的汽化潜热为360 kJ/kg，两者的摩尔质量分别为78 g/mol及92 g/mol。试求以下各种进料热状况下的 q 值：(1) 进料温度为40℃；(2) 饱和液体进料；(3) 饱和蒸气进料。

解：(1) 原料液的平均汽化潜热为

$$r_m = 0.5 \times 390 \times 78 \text{ kJ/kmol} + 0.5 \times 360 \times 92 \text{ kJ/kmol} = 31\,770 \text{ J/mol}$$

进料温度为40℃，泡点为92.5℃，故平均温度为

$$t_m = \frac{1}{2}(40+92.5)\ ℃ = 66.25\ ℃$$

从手册中查得在 66.25℃时,苯的比热容为 1.83 kJ/(kg·℃),甲苯的比热容为 1.83 kJ/(kg·℃),故原料液的平均比热容为

$$c_{pm} = 0.5 \times 1.83 \times 78\ \text{kJ/(kmol·℃)} + 0.5 \times 1.83 \times 92\ \text{kJ/(kmol·℃)}$$
$$= 155.55\ \text{kJ/(kmol·℃)}$$

q 值可由定义式(7.40)计算,即

$$q = \frac{r_m + c_{pm}(t_b - t_F)}{r_m} = \frac{31\,770 + 155.55 \times (92.5-40)}{31\,770} = 1.257$$

(2) 依定义得饱和液体进料

$$q = 1$$

(3) 依定义得饱和蒸气进料

$$q = 0$$

分析:求解本题的关键是熟练掌握进料热状况的概念和进料热状况参数 q 的定义。

7.4.4 理论板层数的计算

精馏过程理论板层数的确定是精馏计算的主要内容之一,它是确定精馏塔有效高度的关键。计算理论板层数通常采用逐板计算法、图解法和简捷法。本小节先介绍前两种方法,简捷法将在 7.4.6 节中介绍。

1. 逐板计算法

逐板计算法通常从塔顶开始,计算过程中依次使用平衡方程和操作线方程,逐板进行计算,直至满足分离要求为止。

图 7.17 所示为一连续精馏塔,从塔顶最上一层塔板(序号为1)上升的蒸气经全凝器全部冷凝成饱和温度下的液体(泡点回流),因此馏出液和回流液的组成均为 y_1,即

$$y_1 = x_D$$

根据理论板的概念,自第一层板下降的液相组成 x_1 与 y_1 互成平衡,由平衡方程得

$$x_1 = \frac{y_1}{y_1 + \alpha(1-y_1)}$$

从第二层塔板上升的蒸气组成 y_2 与 x_1 符合操作关系,故可用精馏段操作线方程由 x_1 求得 y_2,即

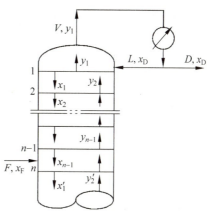

图 7.17 逐板计算示意图

$$y_2 = \frac{R}{R+1}x_1 + \frac{x_D}{R+1}$$

同理,y_2 与 x_2 为平衡关系,可用平衡方程由 y_2 求得 x_2,再用精馏段操作线方程由 x_2 计算 y_3。如此交替地利用平衡方程及精馏段操作线方程进行逐板计算,直至求得的 $x_n \leqslant$

x_F(泡点进料),则第 n 层理论板便为进料板。通常,进料板算在提馏段,因此精馏段所需理论板层数为 $n-1$。应予注意,对于其他进料热状态,应计算到 $x_n \leqslant x_q$ 为止(x_q 为两操作线交点坐标值)。

在进料板以下,改用提馏段操作线方程由 x_n(将其记为 x_1')求得 y_2',再利用平衡方程由 y_2' 求算 x_2',如此重复计算,直至计算到 $x_m' \leqslant x_W$ 为止。对于间接蒸汽加热,再沸器内气、液两相可视为平衡,再沸器相当于一层理论板,故提馏段所需理论板层数为 $m-1$。在计算过程中,每使用一次平衡关系,便对应一层理论板。

逐板计算法计算结果准确,概念清晰,但计算过程烦琐,一般适用于计算机的计算。

2. 图解法

图解法又称麦克布-蒂利法,简称 M-T 法。此方法是以逐板计算法的基本原理为基础,在 x-y 相图上,用平衡曲线和操作线代替平衡方程和操作线方程,用简便的图解法求解理论板层数,该方法在两组分精馏计算中得到广泛应用。

1)操作线的作法

用图解法求理论板层数时,需先在 x-y 图上作出精馏段和提馏段的操作线。前已述及,精馏段和提馏段的操作线方程在 x-y 图上均为直线。作图时,先找出操作线与对角线的交点,然后根据已知条件求出操作线的斜率(或截距),即可作出操作线。

(1)精馏段操作线的作法

将精馏段操作线方程与对角线方程 $y=x$ 联解,可得出精馏段操作线与对角线的交点 $a(x=x_D, y=x_D)$;再根据已知的 R 和 x_D,求出精馏段操作线在 y 轴的截距 $x_D/(R+1)$,以此值在 y 轴上标出点 b,直线 ab 即为精馏段操作线,如图 7.18 所示。当然,也可从点 a 作斜率为 $R/(R+1)$ 的直线 ab,得到精馏段操作线。

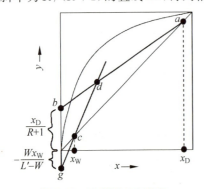

图 7.18 精馏塔的操作线

(2)提馏段操作线的作法

同理,将提馏段操作线方程与对角线方程 $y=x$ 联解,可得出提馏段操作线与对角线的交点 $c(x=x_W, y=x_W)$;再根据已知的 W、F、L、q 和 x_W,求出提馏段操作线在 y 轴的截距 $-Wx_W/(L+qF-W)$,以此值在 y 轴上标出点 g,直线 cg 即为提馏段操作线,如图 7.18 所示。精馏段操作线和提馏段操作线相交于点 d。

由图 7.18 可看出,提馏段操作线的截距数值很小,因此,提馏段操作线不易准确作出,且这种作图方法不能直接反映出进料热状况的影响。故提馏段操作线通常按以下方法作出:先确定提馏段操作线与对角线的交点 c,再找出提馏段操作线与精馏段操作线的交点 d,直线 cd 即为提馏段操作线。两操作线的交点可通过联解两操作线方程而得。

精馏段操作线方程和提馏段操作线方程可分别用式(7.31)和式(7.35)表示,因在交点处两式中的变量相同,故可略去有关变量的上下标,即

$$Vy = Lx + Dx_D, \quad V'y = L'x - Wx_W$$

将式(7.27)、式(7.41)及式(7.42)代入并整理,得

$$y = \frac{q}{q-1}x - \frac{x_F}{q-1} \qquad (7.44)$$

式(7.44)即为代表两操作线交点轨迹的方程,又称 q 线方程或进料方程。该式也是直线方程。将式(7.44)与对角线方程联立,解得交点坐标为 $x = x_F, y = x_F$,如图 7.19 上的点 e 所示。过点 e 作斜率为 $q/(q-1)$ 的直线与精馏段操作线交于点 d,连接 cd 即得提馏段操作线。

(3) 进料热状况对 q 线及操作线的影响

进料热状况参数 q 值不同, q 线的斜率也就不同, q 线与精馏段操作线的交点随之而变,从而影响提馏段操作线的位置。当进料组成 x_F、操作回流比 R 及两产品组成 x_D 和 x_W 一定时,五种不同进料热状况对 q 线及操作线的影响示于图 7.20 中。

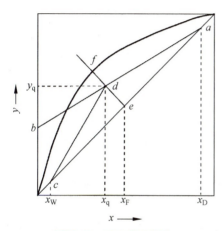

图 7.19 操作线的作法

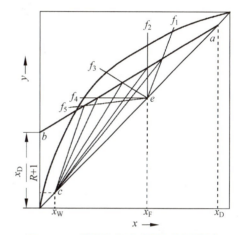

图 7.20 进料热状况对操作线的影响

2) 梯级图解法求理论板层数

理论板层数的图解方法如图 7.21 所示。自对角线上的点 a 开始,在精馏段操作线与平衡线之间作由水平线和铅垂线构成的阶梯,即从点 a 作水平线与平衡线交于点 1,该点即代表离开第一层理论板的气、液两相平衡组成 (x_1, y_1),故由点 1 可确定 x_1。由点 1 作铅垂线与精馏段操作线的交点 $1'$ 可确定 y_2。再由点 $1'$ 作水平线与平衡线交于点 2,由此点定出 x_2。如此,重复在平衡线与精馏段操作线之间绘阶梯。当阶梯跨过两操作线的交点 d 时,改在提馏段操作线与平衡线之间绘阶梯,直至阶梯的垂线达到或跨过点 $c(x_W, x_W)$ 为止。平

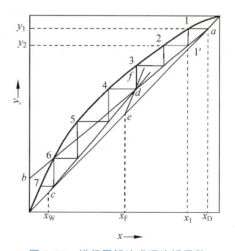

图 7.21 梯级图解法求理论板层数

衡线上每个阶梯的顶点即代表一层理论板。跨过点 d 的阶梯为进料板,最后一个阶梯为再沸器。总理论板层数为阶梯数减 1。图 7.21 中的图解结果为:所需理论板层数为 6,其中

精馏段与提馏段各为3,第4板为进料板。

若从塔底点c开始作阶梯,将得到基本一致的结果。

3) 适宜的进料位置

前已述及,进料位置对应于两操作线交点e所在的梯级,这一位置即为适宜的进料位置。因为若实际进料位置下移(梯级已跨过两操作线交点e,而仍在精馏段操作线和平衡线之间绘梯级)或上移(未跨过两操作线交点e而过早更换操作线),所需的理论板层数增多,只有在跨过两操作线交点e即更换操作线,所需的理论板层数才最少,如图7.22所示。

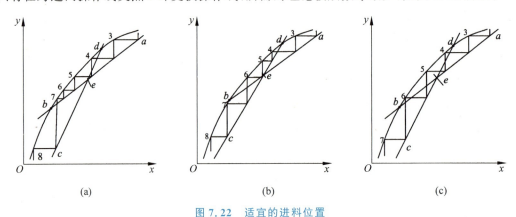

图 7.22 适宜的进料位置

(a) 实际进料位置下移时的理论板层数;(b) 在操作线交点位置进料时的理论板层数;
(c) 实际进料位置上移时的理论板层数

在精馏塔的设计中,进料流量、进料组成以及进料热状态是恒定的,但塔内从上至下各理论板上的气液平衡是渐变的,即存在组成、温度等参数的分布,当原料进入某一块板上时,由于实际进料位置不一定为最佳,势必由于进料与塔板上体系的组成即热状态存在差异而造成塔板上物料的返混。这种差异越大,返混现象越严重。为此,选择热力学状态与进料最接近的塔板作为进料板,才是所求的最佳进料板。此时,在一定回流比条件下,达到相同的分离要求时,在最佳位置进料时所需的理论板数最少。所以,在实际塔的操作中,如果将进料位置调至适宜位置,则可提高塔的分离程度;或要维持相同的分离程度,选择在最佳位置进料时还可减小回流比,从而降低精馏过程的操作费用。

7.4.5 回流比的影响及选择

在精馏塔的设计和操作中,回流比是一个重要的参数,它是由设计者预先选定的。回流比的大小,直接影响着理论板层数、塔径及冷凝器和再沸器的负荷,也即关系到设备投资和操作费用的大小。因此,正确地选择回流比是精馏塔设计和操作中的关键问题。回流比有两个极限值,其上限为全回流(即回流比为无限大),下限为最小回流比,操作回流比介于两个极限值之间。

1. 全回流和最小理论板层数

1) 全回流的概念

若上升至塔顶的蒸气经全凝器冷凝后,冷凝液全部回流到塔内,则该回流方式称为全回

流,全回流时的回流比为

$$R = \frac{L}{D} = \frac{L}{0} = \infty$$

在全回流下,精馏段操作线的斜率和截距分别为

$$\frac{R}{R+1} = 1$$

$$\frac{x_D}{R+1} = 0$$

此时,在 x-y 图上,精馏段操作线及提馏段操作线与对角线重合,全塔无精馏段和提馏段的区分,两段的操作线合二为一,即

$$y_{n+1} = x_n \tag{7.45}$$

应予指出,在全回流操作下,塔顶产品 D 为零,一般 F 和 W 也均为零,即不向塔内进料,也不从塔内取出产品,装置的生产能力为零,因此对正常生产并无实际意义。但在精馏的开工阶段或实验研究时,采用全回流操作可缩短稳定时间并便于过程控制。

2) 最小理论板层数

回流比越大,完成一定的分离任务所需的理论板层数越少。当回流比为无限大,两操作线与对角线重合,此时,操作线距平衡线最远,气、液两相间的传质推动力最大,故可使塔内每块理论板的分离能力达到最大。因此,对于一定体系,要达到规定的分离要求,在采用全回流操作时,所需的理论板层数最少,以 $N_{\min}$ 表示。

$N_{\min}$ 可通过 x-y 图上的平衡线与对角线之间直接作阶梯图解得到,也可用从逐板计算法推得的芬斯克(Fenske)方程式计算得到。芬斯克方程式推导过程如下。

由气液平衡方程,可得

$$\left(\frac{y_A}{y_B}\right)_n = \alpha_n \left(\frac{x_A}{x_B}\right)_n$$

操作线方程用式(7.45)表示,即

$$y_{n+1} = x_n$$

对于塔顶全凝器,则有

$$y_1 = x_D$$

或

$$\left(\frac{y_A}{y_B}\right)_1 = \left(\frac{x_A}{x_B}\right)_D$$

第 1 层理论板的气液平衡关系为

$$\left(\frac{y_A}{y_B}\right)_1 = \alpha_1 \left(\frac{x_A}{x_B}\right)_1 = \left(\frac{x_A}{x_B}\right)_D$$

第 1 层和第 2 层理论板之间的操作关系为

$$\left(\frac{y_A}{y_B}\right)_2 = \left(\frac{x_A}{x_B}\right)_1$$

所以

$$\left(\frac{x_A}{x_B}\right)_D = \alpha_1 \left(\frac{y_A}{y_B}\right)_2$$

同理,第 2 层理论板的气液平衡关系为

$$\left(\frac{y_A}{y_B}\right)_2 = \alpha_2 \left(\frac{x_A}{x_B}\right)_2$$

则

$$\left(\frac{x_A}{x_B}\right)_D = \alpha_1 \alpha_2 \left(\frac{x_A}{x_B}\right)_2$$

重复上述的计算过程,直至塔釜(塔釜视作第 N 层理论板)为止,可得

$$\left(\frac{x_A}{x_B}\right)_D = \alpha_1 \alpha_2 \cdots \alpha_N \left(\frac{x_A}{x_B}\right)_W$$

若令

$$\alpha_m = \sqrt[N]{\alpha_1 \alpha_2 \cdots \alpha_N}$$

则上式可写为

$$\left(\frac{x_A}{x_B}\right)_D = \alpha_m^N \left(\frac{x_A}{x_B}\right)_W$$

对于全回流操作,以 N_{min} 代替上式中的 N,并对等式两边取对数,经整理得到

$$N_{min} = \frac{\lg\left[\left(\frac{x_A}{x_B}\right)_D \left(\frac{x_B}{x_A}\right)_W\right]}{\lg \alpha_m} \tag{7.46}$$

对两组分物系,上式可略去下标 A、B 而写为

$$N_{min} = \frac{\lg\left[\left(\frac{x_D}{1-x_D}\right)\left(\frac{1-x_W}{x_W}\right)\right]}{\lg \alpha_m} \tag{7.47}$$

式中 　N_{min}——全回流时的最小理论板层数(含再沸器);
　　　α_m——全塔平均相对挥发度,当 α 变化不大时,可取塔顶的 α_D 和塔底的 α_W 的几何平均值。

式(7.46)及式(7.47)称为芬斯克方程式,用以计算全回流下的最小理论板层数。在用于多组分精馏计算时,可采用轻、重关键组分确定最少理论板数,有时也可用于多组分精馏中任意两组分的近似计算中。其适用条件是在全塔操作范围内,α 可取平均值,塔顶设全凝器,塔釜间接蒸汽加热。若将式中的 x_W 换为 x_F,α_m 取塔顶和进料板间的平均值,则该式便可用来计算精馏段的最小理论板层数。

2. 最小回流比

1) 最小回流比的概念

对于一定的分离任务,若减小操作回流比,精馏段操作线的斜率变小,截距变大,两操作线向平衡线靠近,表示气、液两相间的传质推动力减小,所需理论板层数增多。当回流比减小到某一数值时,两操作线的交点 d 落到平衡线上,如图 7.23 所示。此时,若在平衡线与操作线之间绘阶梯,将需要无穷多阶梯才能到达点 d,相应的回流比即为最小回流比,以 R_{min} 表示。在点 d 前后(通常为进料板上下区域),各板之间的气、液两相组成基本上不发生变化,即没有增浓作用,故点 d 称为夹紧点,这个区域称为夹紧区(恒浓区)。最小回流比

是回流的下限。当回流比较 R_{min} 还要低时,操作线和 q 线的交点 d' 就落在平衡线之外,精馏操作无法完成指定的分离任务。

2) 最小回流比的解法

最小回流比有图解法和解析法两种不同的解法,现分别予以叙述。

(1) 图解法

根据平衡曲线形状不同,作图方法有所不同。

若平衡曲线为正常曲线(如图 7.23 中的平衡曲线),夹紧点出现在两操作线与平衡线的交点,此时由精馏段操作线的斜率可求出最小回流比,即

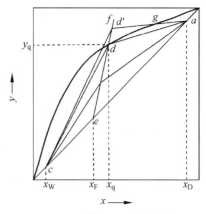

图 7.23 最小回流比的确定

$$\frac{R_{min}}{R_{min}+1}=\frac{x_D-y_q}{x_D-x_q} \tag{7.48}$$

经整理,得

$$R_{min}=\frac{x_D-y_q}{y_q-x_q} \tag{7.49}$$

式中 x_q、y_q——q 线与平衡线的交点坐标,可由图 7.23 读出。

若平衡曲线为不正常(如非理想体系)的平衡曲线,如图 7.24 所示,此种情况下的夹紧点可能在两操作线与平衡线交点前出现,如图(a)的夹紧点 g 先出现在精馏段操作线与平衡线相切的位置,而图(b)中的夹紧点 g 先出现在提馏段操作线与平衡线相切的位置,这两种情况都应根据精馏段操作线的斜率求得 R_{min}。

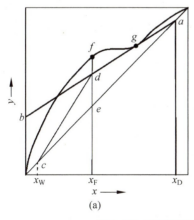
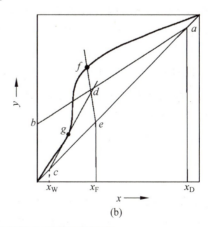

图 7.24 不正常的平衡曲线最小回流比的确定

(2) 解析法

对于相对挥发度 α 为常量(或取平均值)的物系,x_q 与 y_q 的关系可用相平衡方程确定,并直接用式(7.49)计算 R_{min}。

对于某些进料热状态,可直接推导出相应的 R_{min} 计算式,如泡点进料时,$x_q=x_F$,则有

$$R_{\min} = \frac{1}{\alpha - 1}\left[\frac{x_D}{x_F} - \frac{\alpha(1-x_D)}{1-x_F}\right] \quad (7.50)$$

饱和蒸气进料时，$y_q = y_F$，则有

$$R_{\min} = \frac{1}{\alpha - 1}\left(\frac{\alpha x_D}{y_F} - \frac{1-x_D}{1-y_F}\right) - 1 \quad (7.51)$$

式中　y_F——饱和蒸气进料中易挥发组分的摩尔分数。

3) 适宜回流比的选择

前已述及，设计计算时的回流比应介于 $R_{\min}$ 与 $R = \infty$ 之间，其选择的原则是根据经济核算，使操作费用和设备费用之和为最低。操作费用和设备费用之和最低时的回流比称为适宜回流比。

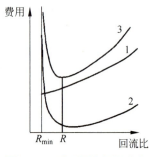

图 7.25　适宜回流比的确定

精馏过程的操作费用主要取决于再沸器中加热介质的消耗量、塔顶冷凝器中冷却介质的消耗量及两种介质在输送过程中的动力消耗等，这些消耗又取决于塔内上升的蒸气量 V 和 V'，因而当 F、q 及 D 一定时，V 和 V' 均随 R 而变。当 R 加大时，加热介质及冷却介质用量均随之增加，即精馏操作费用增加。操作费用和回流比的大致关系如图 7.25 中的曲线 1 所示。

精馏装置的设备费用主要是指精馏塔、再沸器、冷凝器及其他辅助设备的购置费用。当设备类型和材质被选定后，此项费用主要取决于设备的尺寸。当 $R = R_{\min}$ 时，所需的理论板层数为无穷多，故设备费用为无穷大。当 R 稍大于 $R_{\min}$，理论板层数便从无穷多锐减至某一有限值，设备费用亦随之锐减。一方面，当 R 继续增加时，理论板层数仍随之减少，但减少的趋势变缓；另一方面，由于 R 的增加，塔内气液负荷增加，从而使塔径及再沸器、冷凝器的尺寸相应增大，故 R 增加到某一数值后，设备费用反而增加。设备费用与回流比的大致关系如图 7.25 中的曲线 2 所示。

总费用为操作费用与设备费用之和。总费用与回流比的关系如图 7.25 中的曲线 3 所示，总费用最低时所对应的回流比即为适宜回流比。

应予指出，上述确定适宜回流比的方法为一般的原则，其准确值较难确定。在精馏设计计算中，一般不需要进行经济核算，常采用经验值。根据实践总结，适宜回流比的范围为

$$R = (1.1 \sim 2)R_{\min} \quad (7.52)$$

在精馏设计中，实际回流比的选取还应考虑一些具体情况。例如，对于难分离的物系，宜选用较大的回流比；而在能源相对紧张的地区，为减少加热介质的消耗量，就考虑选取回流比较小的操作。

【例 7.6】　在常压连续精馏塔中分离苯-甲苯混合液。已知进料量为 140 kmol/h，进料组成为 0.5（易挥发组分的摩尔分数，下同），原料液于 40℃ 冷液进料；釜残液组成为 0.03；塔顶采用全凝器，泡点回流，塔釜间接蒸汽加热；操作条件下物系的平均相对挥发度为 2.5；精馏段操作线方程为 $y = 0.8x + 0.196$。试计算：(1)塔顶轻组分的回收率；(2)逐板计算法求理论板层数；(3)图解法求理论板层数。

解：(1) 塔顶轻组分的回收率 η_D

$$\eta_D = \frac{Dx_D}{Fx_F} \times 100\%$$

其中 x_D 可由精馏段操作线方程求出，即

$$\frac{R}{R+1} = 0.8 \Rightarrow R = 4$$

$$\frac{x_D}{R+1} = 0.196 \Rightarrow x_D = 0.98$$

再计算馏出液流量，由总物料衡算方程可得

$$D = \frac{F(x_F - x_W)}{x_D - x_W} = \frac{140(0.5 - 0.03)}{0.98 - 0.03} \text{ kmol/h} = 69.26 \text{ kmol/h}$$

则

$$W = F - D = 70.74 \text{ kmol/h}$$

故

$$\eta_D = \frac{Dx_D}{Fx_F} \times 100\% = \frac{69.26 \times 0.98}{140 \times 0.5} \times 100\% = 96.96\%$$

(2) 逐板计算法求理论板层数 N_T

由例 7.5 知，40 ℃进料的热状况参数 $q=1.257$，则 q 线方程为

$$y = \frac{q}{q-1}x - \frac{x_F}{q-1} = \frac{1.257}{1.257-1}x - \frac{0.5}{1.257-1} = 4.89x - 1.95$$

气液平衡方程为

$$y = \frac{\alpha x}{1+(\alpha-1)x} \Rightarrow x = \frac{y}{y+\alpha(1-y)} = \frac{y}{y+2.5(1-y)}$$

提馏段操作线方程为

$$y = \frac{L+qF}{L+qF-W}x - \frac{W}{L+qF-W}x_W$$

其中 $L = RD = 4 \times 69.26$ kmol/h $= 277.04$ kmol/h，则提馏段操作线方程为

$$y = \frac{277.04+1.257\times140}{277.04+1.257\times140-70.74}x - \frac{70.74}{277.04+1.257\times140-70.74} \times 0.03$$

$$= 1.185x - 0.0056$$

计算中，先用精馏段操作线方程和 q 方程联立，求解 40 ℃进料时加料板上的气、液两相组成，即

$$x_q = 0.5246, \quad y_q = 0.6158$$

再用相平衡方程和精馏段操作线方程进行逐板计算，直到 $x_n \leq x_q$ 时，改用提馏段操作线方程和相平衡方程继续计算，直至 $x_m \leq x_W$ 为止。

因为塔顶采用全凝器，所以

$$y_1 = x_D = 0.98$$

x_1 由相平衡方程计算，即

$$x_1 = \frac{0.98}{0.98+2.5(1-0.98)} = 0.9515$$

y_2 由精馏段操作线求得，即
$$y_2 = 0.8 \times 0.9515 + 0.196 = 0.9572$$

从第 2 块板下降的液相组成 x_2 由相平衡方程计算，可得 $x_2 = 0.8995$。

如此继续逐板计算，可得

$$y_3 = 0.9156, \quad x_3 = 0.8114$$
$$y_4 = 0.8475, \quad x_4 = 0.6897$$
$$y_5 = 0.7478, \quad x_5 = 0.5425$$
$$y_6 = 0.6300, \quad x_6 = 0.4052$$

因为 $x_6 = 0.4052 < 0.5246$，故第 6 块板即为加料板。习惯上将加料板包括在提馏段内，故精馏段有 5 块理论板。自第 6 块板开始，改用提馏段操作线方程继续计算，由 x_6 求下一块板上升蒸气组成 y_7，故

$$y_7 = 1.185 \times 0.4052 - 0.0056 = 0.4746$$

则

$$x_7 = \frac{0.4746}{0.4746 + 2.5(1 - 0.4746)} = 0.2654$$

如此继续计算，可得

$$y_8 = 0.3089, \quad x_8 = 0.1339$$
$$y_9 = 0.1531, \quad x_9 = 0.0674$$
$$y_{10} = 0.0743, \quad x_{10} = 0.0311$$
$$y_{11} = 0.0313, \quad x_{11} = 0.0128$$

因 $x_{11} = 0.0128 < x_W = 0.03$，故所需理论板层数为 10（不包括再沸器）。

(3) 图解法求理论板层数 N_T

① 利用相平衡方程计算相平衡数据，并在直角坐标上作出平衡曲线及对角线；

② 在对角线上定出点 $a(0.98, 0.98)$，在 y 轴上定出截距的点 $b(0, 0.196)$，连接 ab 即为精馏段操作线；

③ 在对角线上定出点 $e(0.5, 0.5)$，过 e 作斜率为 4.89 的直线 ef，此直线即为 q 线，q 线与精馏段操作线交于点 d；

④ 在对角线上定出点 $c(0.03, 0.03)$，连接 cd 即为提馏段操作线；

⑤ 从点 a 开始在平衡线和精馏段操作线之间先作水平线，再作铅垂线，跨过 d 点，从第 6 个阶梯开始更换至提馏段操作线，直至 $x_{11} < x_W$ 为止。

由图得此时的 $N_T = 10$（不包括再沸器），进料应为第 6 块理论板，如本例附图所示。

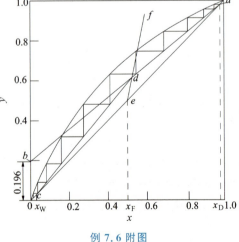

例 7.6 附图

分析：求解本题的关键是由已知的精馏段操作线方程求出 R 及 x_D。通过图解法理论板层数可证明，随着 q 值下降，在其他参数保持不变的条件下，所需理论板层数将增加。

【例 7.7】 在一连续精馏塔内分离某理想二元混合物。已知进料组成为 0.5(易挥发组分的摩尔分数,下同),泡点进料;馏出液组成为 0.95,釜残液组成为 0.05;塔顶采用全凝器,操作回流比为最小回流比的 1.5 倍;操作条件下物系的平均相对挥发度为 2.5。试计算:(1)塔顶和塔底的产品流量,kmol/h;(2)精馏段操作线方程;(3)提馏段上升蒸气量,kmol/h;提馏段操作线方程。

解:(1)设进料量为 100 kmol/h,由物料衡算可得

$$F = D + W = 100$$
$$Fx_F = Dx_D + Wx_W$$

即

$$100 \times 0.5 = D \times 0.95 + W \times 0.05$$

解得 $W = 50$ kmol/h,$D = 50$ kmol/h。

(2)精馏段操作线方程

先求最小回流比,由

$$R_{min} = \frac{x_D - y_q}{y_q - x_q}$$

对于泡点进料,有

$$x_q = x_F = 0.5$$

由气液平衡方程

$$y_q = \frac{\alpha x_q}{1 + (\alpha - 1)x_q} = \frac{2.5 \times 0.5}{1 + (2.5 - 1) \times 0.5} = 0.71$$

故

$$R_{min} = \frac{0.95 - 0.71}{0.71 - 0.5} = 1.14$$

依题意 $R = 1.5 R_{min} = 1.5 \times 1.14 = 1.71$,则精馏段操作线方程为

$$y = \frac{R}{R+1}x + \frac{x_D}{R+1} = \frac{1.71}{1.71+1}x + \frac{0.95}{1.71+1} = 0.63x + 0.35$$

(3)提馏段操作线方程

因泡点进料,$q = 1$,所以提馏段上升蒸气量为

$$V' = V = (R+1)D = (1.71+1) \times 50 \text{ kmol/h} = 135.5 \text{ kmol/h}$$
$$L' = L + qF = 1.71 \times 50 \text{ kmol/h} + 1 \times 100 \text{ kmol/h} = 185.5 \text{ kmol/h}$$

提馏段操作线方程为

$$y'_{m+1} = \frac{L'}{L'-W}x'_m - \frac{W}{L'-W}x_W = \frac{185.5}{185.5-50}x'_m - \frac{50}{185.5-50} \times 0.05 = 1.37x'_m - 0.018$$

分析:求解本题的关键是理解所求的问题与进料量无关,故可设进料量为 100 kmol/h。

7.4.6 简捷法求理论板层数

前面介绍了在确定的进料组成和状态下,规定了分离要求后,选择一定的回流比时,求解理论板层数的逐板计算法和图解法。相比而言,逐板计算法的计算精度较高,但计算较烦琐,只在板数较少时手工计算才方便,反之需要借助计算机的帮助;图解法形象直观,适

合用于初步的估算和方案对比,但精度较差。工程计算中还可以采用简捷法计算理论板层数,现介绍一种采用经验关联图的简捷法,此方法应用较为广泛。

1. 吉利兰(Gilliland)关联图

吉利兰关联图为双对数坐标图,它关联了 R_{min}、R、N_{min} 及 N_T 4 个变量之间的关系。其横坐标为 $(R-R_{min})/(R+1)$,纵坐标为 $(N_T-N_{min})/(N_T+1)$。其中,N_T 和 N_{min} 分别代表全塔的理论板层数及最小理论板层数(均含再沸器)。由图 7.26 可见,曲线左端延长线表示在最小回流比下的操作情况,此时,$(R-R_{min})/(R+1)$ 接近于 0,而 $(N_T-N_{min})/(N_T+1)$ 接近于 1,即 $N_T=\infty$;而曲线右端延长线表示在全回流下的操作状况,此时 $(R-R_{min})/(R-1)$ 接近于 1(即 $R=\infty$),$(N_T-N_{min})/(N_T+1)$ 接近于 0,即 $N_T=N_{min}$。

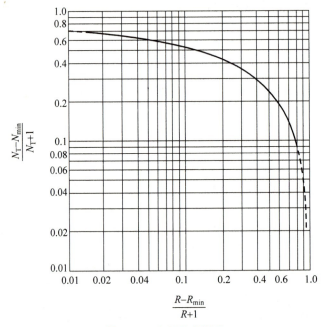

图 7.26 吉利兰关联图

吉利兰关联图是用 8 种物系在下面的精馏条件下,由逐板计算得出的结果绘制而成。这些条件是:组分数目为 2~11;R_{min} 为 0.53~7.0;组分间相对挥发度为 1.26~4.05;理论板层数为 2.4~43.1;进料热状况包括冷液至过热蒸气。

吉利兰关联图不仅适用于两组分精馏的计算,而且可用于多组分精馏的计算,但其条件应尽量与上述条件相似。

图中的曲线可近似用下式表达,即

$$\frac{N_T-N_{min}}{N_T+1}=0.75\left[1-\left(\frac{R-R_{min}}{R+1}\right)^{0.5668}\right] \quad (7.53)$$

2. 求理论板层数的步骤

简捷法求理论板层数的步骤如下:

(1) 按设计条件求出最小回流比 R_{min},并选择操作回流比 R;

(2) 计算全回流下的最少理论板层数 $N_{\min}$；

(3) 利用图 7.26 或式(7.53)计算全塔理论板层数 N_T；

(4) 用精馏段的最小理论板层数 $N_{\min 1}$（含进料板）代替全塔的 $N_{\min}$（含再沸器），确定适宜的进料板位置。

【例 7.8】 常压下用连续精馏塔分离含苯 0.44(摩尔分数,下同)的苯-甲苯混合物。已知进料为泡点液体,进料的摩尔流量为 100 kmol/h。要求馏出液含苯不小于 0.94,釜液中含苯不大于 0.08。设该物系为理想体系,组分相对挥发度为 2.47,塔顶设全凝器,泡点回流,操作回流比为 3。试用简捷法计算所需要的理论板层数及进料位置。

解：由

$$N_{\min} = \frac{\lg\left[\left(\dfrac{x_D}{1-x_D}\right)\left(\dfrac{1-x_W}{x_W}\right)\right]}{\lg\alpha}$$

得

$$N_{\min} = \frac{\lg\left[\left(\dfrac{0.94}{1-0.94}\right)\left(\dfrac{1-0.08}{0.08}\right)\right]}{\lg 2.47} = 5.744$$

又

$$R_{\min} = \frac{x_D - y_q}{y_q - x_q}$$

对于泡点进料,$x_q = x_F = 0.44$,故

$$y_q = \frac{\alpha x_q}{1+(\alpha-1)x_q} = \frac{2.47 \times 0.44}{1+(2.47-1)\times 0.44} = 0.66$$

从而有

$$R_{\min} = \frac{0.94 - 0.66}{0.66 - 0.44} = 1.273$$

则

$$\frac{R - R_{\min}}{R+1} = \frac{3 - 1.273}{3+1} = 0.432$$

由图(7.26)可查得

$$\frac{N_T - N_{\min}}{N_T + 1} = 0.284$$

或由式(7.53)计算得

$$\frac{N_T - N_{\min}}{N_T + 1} = 0.75\left[1 - \left(\frac{R - R_{\min}}{R+1}\right)^{0.5668}\right] = 0.75(1 - 0.432^{0.5668}) = 0.284$$

将 $N_{\min}$ 值代入,即可解得 $N_T = 8.4 \approx 9$（含再沸器）。

由

$$N_{\min 1} = \frac{\lg\left[\left(\dfrac{x_D}{1-x_D}\right)\left(\dfrac{1-x_F}{x_F}\right)\right]}{\lg\alpha}$$

近似仍取 $\alpha=2.47$,得

$$N_{\text{min1}} = \frac{\lg\left[\left(\dfrac{0.94}{1-0.94}\right)\left(\dfrac{1-0.44}{0.44}\right)\right]}{\lg 2.47} = 3.31$$

由于 $\dfrac{R-R_{\min}}{R+1}=0.432$ 不变,则纵坐标的读数也不变,即

$$\frac{N_{\text{T1}}-N_{\text{min1}}}{N_{\text{T1}}+1}=0.284$$

可求得精馏段理论板层数 $N_{\text{T1}}=5$(含加料板),故应在第 5 块理论板进料。

7.4.7 几种特殊类型两组分精馏过程分析

1. 直接蒸汽加热

若待分离的物系为水溶液,且水为难挥发组分,则采用直接水蒸气加热,以省掉再沸器并提高加热蒸汽利用率。如图 7.27 所示,它与间接蒸汽加热的主要区别是加热蒸汽不但将热量加入塔内,同时也参与质量传递,使釜内多加入一股物料 V_0。

为便于计算,通常设加热介质为饱和蒸汽,且按恒摩尔流对待,即塔底蒸发量与通入的蒸汽量相等。

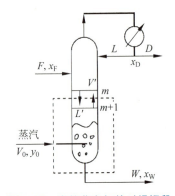

图 7.27 直接蒸汽加热时提馏段操作线方程的推导图

直接蒸汽加热时理论板层数的求法,原则上与前述的方法相同。精馏段的操作情况与常规塔没有区别,故其操作线不变。q 线的作法也与常规塔作法相同。但由于塔底增多了一股蒸汽,故提馏段操作线方程应予修正。

对图 7.27 所示的虚线范围内作物料衡算,即

总物料衡算

$$L' + V_0 = V' + W$$

易挥发组分衡算

$$L'x'_m + V_0 y_0 = V'y'_{m+1} + Wx_W$$

式中 V_0——直接加热蒸汽的流量,kmol/h;

y_0——加热蒸汽中易挥发组分的摩尔分数,一般 $y_0=0$。

由于塔内恒摩尔流动仍能适用,即 $V'=V_0$,$L'=W$,则上式可改写为

$$y'_{m+1}=\frac{W}{V_0}x'_m - \frac{W}{V_0}x_W \tag{7.54}$$

式(7.54)即为直接蒸汽加热时的提馏段操作线方程。与间接蒸汽加热时提馏段操作线不同之处是它与 x-y 图上对角线的交点不在点 (x_W,x_W) 上。由式(7.54)可知,当 $y'_{m+1}=0$ 时,$x'_m=x_W$,即通过横轴上的 $x=x_W$ 点,如图 7.28 上的 g 点所示。此线与精馏段操作线的交点轨迹仍然是 q 线,如图 7.28 上的点 d。连接点 dg 即为直接蒸汽加热时的提馏段操作线。此后,从点 a 开始绘阶梯求解理论板层数,直至 $x'_m \leqslant x_W$ 为止。

与间接蒸汽加热的精馏进行比较,在相同的进料条件下,若维持相同的分离要求,由于

直接蒸汽的加入,增加了釜液的排放量,导致物耗的增大或回收率的降低,最终引起产品流量 D 的减小,也引起塔顶易挥发组分回收率的减小。此种工作状态下,所需的理论板数略有减少。如果保持所得 x_D 和回收率相同,则直接蒸汽的加入,必然会使釜液稀释,即 $x'_W \leqslant x_W$。所以,要求加入直接蒸汽的精馏的釜液组成降至 x'_W,势必导致所需要的理论板数略有增加。这些差别均可由图解方法予以说明。

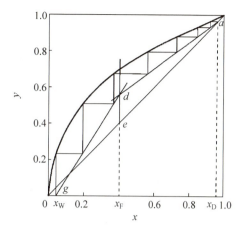

图 7.28 直接蒸汽加热时理论板层数的图解法

2. 提馏塔

图 7.29 所示为提馏塔装置简图。在该塔中,原料液从塔顶加入塔内,然后逐板下流提供塔内的液相,塔顶蒸汽冷凝后全部作为馏出液产品,塔釜用间接蒸汽加热。提馏塔只有提馏段而无精馏段,又称为回收塔或气提塔、蒸出塔。这种塔主要用于物系在低浓度下相对挥发度较大,不要精馏段也可达到所希望的馏出液组成的场合,或用于回收稀溶液中的轻组分而对馏出液组成要求不高的场合。

在设计型计算时,给定原料液流量 F、组成 x_F 及进料热状况参数 q,规定塔顶轻组分回收率 η_D 及釜残液组成 x_W,则馏出液组成 x_D 及其流量 D 由全塔物料衡算确定。此情况下的操作线方程与一般精馏塔的提馏段操作线方程相同,即

$$y_{m+1} = \frac{L'}{V'}x - \frac{W}{V'}x_W$$

式中

$$L' = qF$$
$$V' = D + (q-1)F \quad \text{或} \quad V' = L' - W$$

此操作线的下端为 x-y 图中点 $c(x_W, x_W)$,上端由 q 线与 $y_1 = x_D$ 的交点 d 来确定,如图 7.30 所示。然后在操作线与平衡线之间绘阶梯确定理论板层数。

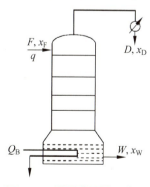

图 7.29 提馏塔装置示意图

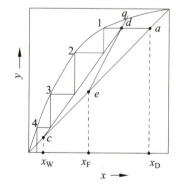

图 7.30 提馏塔的理论板层数的图解法

当泡点进料时,$L' = F$,$V' = D$,则操作线方程变为

$$y_{m+1} = \frac{F}{D}x_m - \frac{W}{D}x_W$$

当冷液进料时,$q>1$,若塔底加入的热量相同,由于料液升温需多耗蒸汽,导致塔顶蒸汽排出量减少,塔内液相流量 L 增大,引起操作线斜率 L/V 增大,使操作线向平衡线靠近,导致理论板数增加。由此可见,在回收塔操作时,如果进料热状况发生变化,使 $q>1$,为保证相同的分离要求,必须增大加热蒸汽量。此时,可改用温位相对低的热源将进料预热到泡点(或接近泡点温度)再进塔更为合理。

3. 多侧线的精馏塔

在工业生产中,时常会遇到所分离的原料液组成不同或所需的产品组成不同的情况,此时需要采用多侧线的精馏塔。若为分离组分相同而浓度不同的原料液,则应在不同塔板位置上设置相应的进料口,称为多侧线进料;若为了获得不同规格的精馏产品,则可根据所要求的产品组成在塔的不同位置上(精馏段或提馏段)开设侧线出料口,称为多侧线出料。若精馏塔上共有 i 个侧线(包括进料口),则全塔被分成 $(i+1)$ 段,每段都可写出相应的操作线方程。图解理论板的方法与常规精馏塔相同。现以多侧线进料为例进行说明。

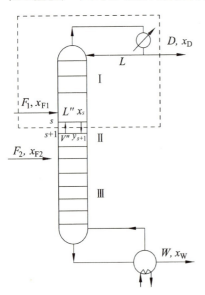

图 7.31 两股进料的精馏塔

如图 7.31 所示,两股不同组成的料液分别进到塔的相应位置,此塔被分成三段,每段均可用物料衡算推出其操作线方程。第 Ⅰ 段为精馏段,第 Ⅲ 段为提馏段,其操作线方程与单股加料的常规塔相同。两股进料板之间塔段的操作线方程,可按图中虚线范围内作物料衡算求得,即

总物料衡算
$$V'' + F_1 = L'' + D \tag{7.55}$$

易挥发组分衡算
$$V'' y_{s+1} + F_1 x_{F1} = L'' x_s + D x_D \tag{7.56}$$

式中　V''——两股进料之间各层板的上升蒸汽流量,kmol/h;
　　　L''——两股进料之间各层板的下降液体流量,kmol/h;
　　　下标 s、$s+1$ 为两股进料之间各层板的序号。

由式(7.56)可得
$$y_{s+1} = \frac{L''}{V''} x_s + \frac{D x_D - F_1 x_{F1}}{V''} \tag{7.57}$$

当进料为饱和液体时,
$$V'' = V = (R+1)D$$
$$L'' = L + F_1$$

则
$$y_{s+1} = \frac{L + F_1}{(R+1)D} x_s + \frac{D x_D - F_1 x_{F1}}{(R+1)D} \tag{7.58}$$

式(7.57)及式(7.58)为两股进料之间塔段的操作线方程,也是直线方程式,它在 y 轴上的截距为 $(Dx_D-F_1x_{F1})/(R+1)D$,其中 D 可由物料衡算求得。

各股进料的 q 线方程与单股加料时相同。

对于双加料口的精馏塔,夹紧点可能出现在 Ⅰ-Ⅱ 两段操作线的交点,也可能出现在 Ⅱ-Ⅲ 段两操作线的交点。设计计算时,求出两个最小回流比后,取其中较大者作为设计依据。对于不正常的平衡曲线,夹紧点也可能出现在塔的某个中间位置。

当然也可以将两股浓度不同的物料预先混合,然后加入塔中某适当位置进行精馏分离。但这样做对分离不利,因为精馏分离是以能耗为代价的,而混合与分离是两个相反的过程,在分离过程中的任何混合现象,都意味着分离能耗的增加。

4. 冷回流和塔顶加设部分冷凝器(分凝器)

1) 冷回流

在一般情况下,塔顶蒸汽应全部冷凝,并冷却在泡点以下,使之存在一定的过冷度,避免塔顶蒸汽因未全凝而影响塔压控制,或者因回流液输送而导致其温度低至泡点以下再回流进塔内。泡点以下的凝液回流称为冷回流。当过冷度较高时,冷回流势必增加精馏过程的能耗,从而加大精馏塔的内回流量。

对于设计型问题,与进料为过冷液体时相仿,冷回流要求塔下部多上升一部分蒸汽至第一块板,以提供热量将塔顶回流液加热至泡点,从而使得塔顶第二块板的上升蒸汽摩尔流量 V_2 和第一块板下降的液体摩尔流量 L_1 均较泡点回流时大。基于恒摩尔流假设,后继各板的气、液相摩尔流量均分别为 V_2 和 L_1,也较泡点回流时大。其结果是使塔内部实际的回流比增大。所以,完成相同分离要求时,冷回流所需要的理论板数相对略少,但这是以塔釜提供更多的热量为代价的。

2) 塔顶加设部分冷凝器(分凝器)

虽然生产中的精馏塔多为冷回流操作,以避免塔顶蒸汽因不全凝而影响塔压,但控制体系也有可能含有少量很轻的组分,在现有条件下不能冷凝,称其为不凝气。当塔长期运行时,由于不凝气积累会影响冷凝器的传热效果,导致塔压升高,所以,设计冷凝器时必须设排放不凝气的出口。此外,由于体系中含有一定量很轻的组分,如果将气相全部冷凝,则需要提高冷剂的品位,引起生产成本提高。为此,塔顶可设部分冷凝器(分凝器),使未凝的轻组分气体从分凝器中以气相排出,然后用高品位冷剂将其全部冷凝作为产品,这样既节省了高品位冷剂,又实现了分离要求,如图 7.32 所示。

在分凝器中,存在气相的部分冷凝,冷凝的液相和未凝的气相呈平衡状态,<u>故分凝器相当于一块理论板</u>。在求解塔的理论板层数时,应在总理论板层数 N_T 中加 1。为此,在逐级计算或图解理论板层数时,所得的第一块理论板就是分凝器。离开第二块理论板的气相就是进入分凝器的蒸汽,其相应的流量、组成、温度、压力等,就是进入分凝器的蒸汽的条件。而离开第一块理论板的气、液两相,即为分凝器排出的气、液两相。这些计算结果将作为分凝器设计的基础数据。

【**例 7.9**】 在具有侧线采出的连续精馏塔中分离两组分理想溶液,如本例附图所示。原料液流量为 100 kmol/h,组成为 0.5(易挥发组分摩尔分数,下同),饱和液体进料,从精馏段抽出组成 x_{D2} 为 0.9 的饱和液体。塔顶馏出液流量 D_1 为 20 kmol/h,组成 x_{D1} 为 0.98,

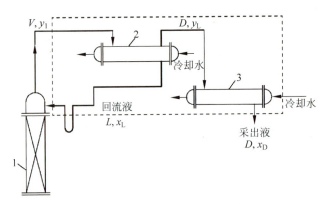

1—精馏塔；2—分凝器；3—全凝器。

图 7.32 塔顶采用分凝器的精馏装置

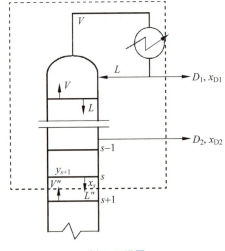

例 7.9 附图

釜残液组成为 0.05，物系平均相对挥发度为 2.5。塔顶为全凝器，泡点回流，回流比为 5。试求：(1)侧线采出流量 D_2，kmol/h；(2)中间段的操作线方程；(3)由第三层理论板下降液体的组成 x_3（自塔顶往下数）。

解：(1) 侧线采出流量 D_2

由全塔物料衡算知

$$F = D_1 + D_2 + W$$

$$Fx_F = D_1 x_{D1} + D_2 x_{D2} + W x_W$$

代入已知数据得

$$D_2 + W = 80$$

$$100 \times 0.5 = 20 \times 0.98 + 0.9 D_2 + 0.05 W$$

解得

$$D_2 = 31.06 \text{ kmol/h}$$

(2) 中间段的操作线方程

由于精馏段有侧线出料，精馏段分为上、下两段，侧线产品出口以上的操作线方程为

$$y = \frac{R}{R+1}x + \frac{x_D}{R+1} = \frac{5}{5+1}x + \frac{0.98}{5+1} = 0.83x + 0.163$$

精馏段下段操作线方程式即为中间段的操作线方程，在中间段任意两板 s、$s+1$ 间往上作物料衡算，得

$$V'' y_{s+1} = L'' x_s + D_1 x_{D1} + D_2 x_{D2}$$

$$y_{s+1} = \frac{L''}{V''} x_s + \frac{D_1 x_{D1} + D_2 x_{D2}}{V''}$$

其中

$$V'' = L'' + D_1 + D_2 = V = (R+1)D_1 = (5+1) \times 20 \text{ kmol/h} = 120 \text{ kmol/h}$$

$$L'' = L - D_2 = RD_1 - D_2 = 5 \times 20 \text{ kmol/h} - 31.06 \text{ kmol/h} = 68.94 \text{ kmol/h}$$

所以
$$y_{s+1} = \frac{68.94}{120}x_s + \frac{20 \times 0.98 + 31.06 \times 0.9}{120} = 0.58x_s + 0.396$$

(3) 第三层理论板下降液体的组成 x_3

采用逐板计算法计算得 $y_1 = x_D = 0.98$。

x_1 与 y_1 平衡, 由平衡关系求出

$$y_1 = \frac{\alpha x_1}{1+(\alpha-1)x_1} = \frac{2.5 x_1}{1+1.5 x_1} = 0.98$$

解出

$$x_1 = 0.95$$

y_2 与 x_1 为操作关系, 可用精馏段上段操作线求取:

$$y_2 = 0.83 x_1 + 0.163 = 0.83 \times 0.95 + 0.163 = 0.95$$

解出

$$x_2 = 0.88 < 0.9$$

故改用精馏段下段操作线求取 y_3, 即

$$y_3 = 0.58 x_2 + 0.396 = 0.58 \times 0.88 + 0.396 = 0.91$$

$$y_3 = \frac{2.5 x_3}{1+1.5 x_3} = 0.91$$

解出

$$x_3 = 0.80$$

分析: 复杂塔的计算原则与简单塔的相同, 且精馏段和提馏段操作线方程式与简单塔相同, 仅中间段的操作线方程式应通过物料衡算求出; 当有一条侧线抽出饱和液体, 且平衡线为凸形时, 最小回流比必然出现在进料口处而不是侧线出料口处。

【**例 7.10**】 在连续精馏塔中分离某组成为 0.5 (易挥发组分摩尔分数, 下同) 的两组分理想溶液。原料液于泡点下进入塔内。塔顶采用分凝器和全凝器。分凝器向塔内提供回流液, 其组成为 0.89, 全凝器提供组成为 0.96 的合格产品。塔顶馏出液中易挥发组分的回收率为 96%。若测得塔顶第一层板的液相组成为 0.8, 试求: (1) 最小回流比和操作回流比; (2) 若馏出液量为 100 kmol/h, 则原料液流量为多少?

解: (1) 最小回流比和操作回流比

分凝器中 y_L 和 x_L 呈平衡关系, 由此可求出相对挥发度 α。y_1 和 x_L 呈操作关系, 从而可求得回流比。

将 $x_L = 0.89, y_L = x_D = 0.96$ 代入平衡方程, $y = \frac{\alpha x}{1+(\alpha-1)x}$, 即

$$0.96 = \frac{0.89\alpha}{1+(\alpha-1) \times 0.89}$$

解得 $\alpha = 2.97$。

又因泡点进料, 所以 $x_q = x_F = 0.5$, 则

$$y_q = \frac{2.97 \times 0.5}{1+1.97 \times 0.5} = 0.75$$

$$R_{\min} = \frac{x_D - y_q}{y_q - x_q} = \frac{0.96 - 0.75}{0.75 - 0.5} = 0.84$$

又 $x_1 = 0.8$,则可由平衡方程求得 y_1,即

$$y_1 = \frac{2.97 \times 0.8}{1 + 1.97 \times 0.8} = 0.92$$

又因 y_1 和 x_L 呈操作关系,则由精馏段操作线可求出 R：

$$0.92 = \frac{R}{R+1}x_L + \frac{x_D}{R+1} = \frac{R}{R+1} \times 0.89 + \frac{0.96}{R+1}$$

解得

$$R = 1.17$$

(2) 原料液流量

由

$$\frac{Dx_D}{Fx_F} = 0.96$$

得

$$F = \frac{100 \times 0.96}{0.96 \times 0.5} \text{ kmol/h} = 200 \text{ kmol/h}$$

7.4.8 塔高和塔径的计算

7.4.8.1 塔高的计算

1. 板式塔有效高度的计算

1) 基本计算公式

板式塔的有效高度是指安装塔板部分的高度。其计算方法是,先通过板效率将理论板层数换算为实际板层数,再选择合适的板间距(指相邻两层实际板之间的距离),然后由下式计算板式塔的有效高度：

$$Z = (N_P - 1)H_T \tag{7.59}$$

式中　Z——板式塔的有效高度,m；

　　　N_P——实际塔板层数；

　　　H_T——板间距,m。

2) 塔板效率

塔板效率反映了实际塔板的气、液两相传质的完善程度。塔板效率有全塔效率、单板效率等不同的表示方法。

(1) 全塔效率

全塔效率又称总板效率,用 E_T 表示,其定义为

$$E_T = \frac{N_T}{N_P} \times 100\% \tag{7.60}$$

式中　E_T——全塔效率,%；

N_T——理论板层数。

全塔效率反映塔中各层塔板的平均效率,因此它是理论板层数的一个校正系数,其值恒小于1。对一定结构的板式塔,若已知在某种操作条件下的全塔效率,便可由式(7.60)求得实际板层数。影响全塔效率的因素很多,归纳起来,主要有以下几个方面:塔的操作条件,包括温度、压力、气体上升速度及气、液流量比等;塔板的结构,包括塔板类型、塔径、板间距、堰高及开孔率等;系统的物性,包括黏度、密度、表面张力、扩散系数及相对挥发度等。上述影响因素彼此联系又相互制约,因此,很难找到各影响因素之间的定量关系。设计中所用的全塔效率数据,一般是从条件相近的生产装置或中试装置中取得的经验数据,也可通过经验关联式计算。其中,比较简易、典型的方法是奥康奈尔(Oconnel)关联法。对于精馏塔,奥康奈尔将总板效率对液相黏度与相对挥发度的乘积进行关联,得到如图7.33所示的曲线,该曲线也可以关联成如下形式:

$$E_T = 0.49(\alpha \mu_L)^{-0.245} \tag{7.61}$$

式中 α——塔顶与塔底平均温度下的相对挥发度;

μ_L——塔顶与塔底平均温度下的液相黏度,mPa·s。

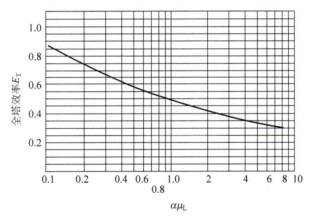

图7.33 精馏塔效率关联曲线

(2) 单板效率

单板效率又称默弗里(Murphree)效率,它是以混合物经过实际板的组成变化与经过理论板的组成变化之比来表示的,单板效率既可用气相组成表示,也可用液相组成表示,分别称为气相单板效率和液相单板效率。对任意的第n层塔板,其表达式分别为:

气相单板效率

$$E_{MV} = \frac{y_n - y_{n+1}}{y_n^* - y_{n+1}} \tag{7.62}$$

液相单板效率

$$E_{ML} = \frac{x_{n-1} - x_n}{x_{n-1} - x_n^*} \tag{7.62a}$$

式中 E_{MV}——气相单板效率(气相默弗里效率);

E_{ML}——液相单板效率(液相默弗里效率);

y_n^*——与x_n成平衡的气相组成,摩尔分数;

x_n^*——与 y_n 成平衡的液相组成,摩尔分数。

默弗里效率主要用于研究工作中,其值常通过实验来测定。

一般而言,同一层塔板的 E_{MV} 与 E_{ML} 的数值并不相等。在一定的简化条件下,通过对第 n 层塔板作物料衡算,可以得到 E_{MV} 与 E_{ML} 的关系如下:

$$E_{MV} = \frac{E_{ML}}{E_{ML} + \frac{mV}{L}(1-E_{ML})} \tag{7.63}$$

式中　m——第 n 层塔板所涉及组成范围内的平衡线斜率;

　　　V/L——气、液两相摩尔流量比,即操作线斜率。

可见,只有当操作线与平衡线平行时,E_{MV} 与 E_{ML} 才会相等。

应予指出,单板效率可直接反映该层塔板的传质效果,但各层塔板的单板效率通常不相等。即使塔内各板效率相等,全塔效率在数值上也不等于单板效率。这是因为两者定义的基准不同,全塔效率是基于所需理论板数的概念,而单板效率基于该板理论增浓程度的概念。

还应指出,单板效率的数值有可能超过 100%。在精馏操作中,液体沿精馏塔向下流动时,易挥发组分含量逐渐降低,对第 n 块板而言,其上一块板流下的液相组成为 x_{n-1},其值大于 x_n,尤其当塔板直径较大、液体流径较长时,液体在板上的组成差异更加明显,这就使得穿过板上液层而上升的气相有机会与高于 x_n 的液体相接触,从而得到较大程度上的增浓。y_n 为离开第 n 块板上各处液面的气相平均含量,而 y_n^* 才是与离开第 n 块板的最终液相含量 x_n 呈平衡的气相含量。因此,y_n 就有可能大于 y_n^*,此时单板效率 E_{MV} 就超过 100%。

(3)点效率

点效率是指塔板上各点的局部效率。以气相点效率为例,其表达式为

$$E_{OV} = \frac{y - y_{n+1}}{y^* - y_{n+1}} \tag{7.64}$$

式中　y——与流经塔板某点的液相组成 x 相接触后离去的气相组成,摩尔分数;

　　　y_{n+1}——由下层塔板进入该板某点的气相组成,摩尔分数;

　　　y^*——与液相组成呈平衡的气相组成,摩尔分数。

点效率与单板效率的区别在于,点效率中的 y 为离开塔板某点的气相组成,y^* 为与塔板某点液体组成 x 相平衡的气相组成;而单板效率中的 y_n 是离开塔板气相的平均组成,y_n^* 是与离开塔板液体平均组成 x_n 相平衡的气相组成。只有当板上液体完全混合或塔径很小时,点效率与板效率才具有相同的数值。

2. 填料塔有效高度的计算

对于填料塔,其有效高度是指充填塔填料部分的高度。在填料塔内,上升蒸汽和回流液体在塔内填料表面上进行连续逆流接触,因此两相在塔内的组成是连续变化的。填料层高度可按下式计算:

$$Z = N_T(\text{HETP}) \tag{7.65}$$

式中　HETP——填料的理论板当量高度或等板高度,m。

理论板当量高度是指相当于一层理论板分离作用的填料层高度,即通过这一填料层高度后,上升蒸汽与下降液体互成平衡。与板效率一样,等板高度通常由实验测定,在缺乏实验数据时,可用经验公式估算,详细内容可参考有关书籍。

7.4.8.2 塔径的计算

1. 基本计算公式

精馏塔的直径,可由塔内上升蒸汽的体积流量及其通过塔横截面的空塔线速度求得,即

$$V_s = \frac{\pi}{4} D^2 u$$

或

$$D = \sqrt{\frac{4V_s}{\pi u}} \tag{7.66}$$

式中 D——精馏塔内径,m;
u——空塔速度,m/s;
V_s——塔内上升蒸汽的体积流量,m³/s。

空塔速度是影响精馏操作的重要因素,适宜空塔速度的确定方法可参考有关书籍。

2. 蒸汽体积流量的计算

由于精馏段和提馏段内的上升蒸汽体积流量 V_s 可能不同,因此两段的 V_s 及直径应分别计算。

1) 精馏段 V_s 的计算

若已知精馏段的气相摩尔流量 V,则体积流量可按下式计算,即

$$V_s = \frac{V M_m}{3\,600 \rho_V} \tag{7.67}$$

式中 V——精馏段气相摩尔流量,kmol/h;
ρ_V——在精馏段平均操作压力和温度下气相的密度,kg/m³;
M_m——平均摩尔质量,kg/kmol。

若操作压力较低时,气相可视为理想气体混合物,则

$$V_s = \frac{22.4 V}{3\,600} \frac{T p_0}{T_0 p} \tag{7.68}$$

式中 T、T_0——精馏段操作的平均温度和标准状况下的热力学温度,K;
p、p_0——精馏段操作的平均压力和标准状况下的压力,Pa。

2) 提馏段 V'_s 的计算

若已知提馏段的摩尔流量 V' 和平均温度 T' 及平均压力 P',则可按式(7.67)或式(7.68)的方法计算提馏段的体积流量 V'_s。

应予指出,由于进料热状况及操作条件的不同,两段的上升蒸汽体积流量可能不同,故塔径也不相同。但若两段的上升蒸汽体积流量或塔径相差不太大时,为使塔的结构简化,两段宜采用相同的塔径,设计时通常选取两者中较大者,并经圆整后作为精馏塔的塔径。

【例 7.11】 某一精馏塔,塔顶为全凝器,塔釜用间接蒸汽加热,用以处理含易挥发组成 $x_F=0.5$(摩尔组成)的饱和蒸汽,塔顶产量 D 和塔底排量 W 相等,精馏段操作线方程为 $y=5x/6+0.15$。试求:(1)回流比 R,塔顶组成 x_D,塔釜组成 x_W;(2)提馏段操作线方程;(3)若两组分相对挥发度 $\alpha=3$,第一板板效率 $E_{ML}=\dfrac{x_D-x_1}{x_D-x_1^*}=0.6$,求 y_2。

解:(1)由精馏段操作线方程知

$$\frac{R}{R+1}=\frac{5}{6} \quad \Rightarrow \quad R=5$$

$$\frac{x_D}{R+1}=0.15 \quad \Rightarrow \quad x_D=0.9$$

又由全塔物料衡算知

$$Fx_F=Dx_D+Wx_W$$

又

$$F=2D=2W, \quad x_F=0.5$$

代入可得

$$x_W=0.1$$

(2)提馏段操作线

$$y'=\frac{L'}{L'-W}x'-\frac{W}{L'-W}x_W$$

又饱和蒸汽进料,所以 $q=0$,即

$$L'=L+qF=L$$
$$V'=V+(q-1)F=V-F$$

又 $F=2D, W=D, L=RD=5D, V=(R+1)D=6D$,则提馏段操作线方程为

$$y'=\frac{5D}{5D-D}x'-\frac{D}{5D-D}\times 0.1=1.25x'-0.025$$

(3)先由平衡方程求解 x_1^*

$$x_1^*=\frac{y}{\alpha-(\alpha-1)y}=\frac{0.9}{3-2\times 0.9}=0.75$$

由第一板板效率

$$E_{ML}=\frac{x_D-x_1}{x_D-x_1^*}=0.6$$

解得

$$x_1=0.81$$

则

$$y_2=\frac{5}{6}x_1+0.15=\frac{5}{6}\times 0.81+0.15=0.82$$

分析:求解本题的关键是熟练运用操作线方程、气液平衡方程和板效率定义式进行有关计算。

7.4.9 连续精馏装置的热量衡算

连续精馏装置的热量衡算,通常是指对冷凝器和再沸器进行的热量衡算。通过精馏装置的热量衡算,可求得冷凝器和再沸器的热负荷以及冷却介质和加热介质的消耗量。

1. 冷凝器的热流量

加入塔内的热量,主要由塔顶冷凝器移出,其热流量以 Q_C 来表示。蒸汽上升至塔顶进入冷凝器时的冷凝过程常存在以下几种情况。

蒸汽被全部冷凝时,称冷凝器为全凝器,此时若冷凝温度为其泡点,并在此条件下液体返回塔顶作为回流,则称为饱和液体回流或泡点回流;若将凝液冷至泡点以下回流,则称为冷回流,在实际生产中回流液一般存在一定的过冷度,即冷回流;如果塔顶蒸汽中,含有比产品组分更轻的组分,在冷凝过程中不能全部冷凝下来,由于冷凝器在排出凝液的同时也排出未凝气体,此时的气、液两相呈相平衡,所以,该冷凝器具有一定的分离能力,且相当于一块理论板,则称该冷凝器为部分冷凝器或分凝器。

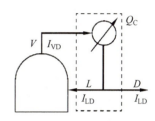

图 7.34 冷凝器的热量衡算

现以塔顶蒸汽冷凝至泡点状态的全凝器为例,对冷凝器进行热量衡算。

对图 7.34 中虚线范围作热量衡算,以单位时间为基准,并忽略热损失,则

$$Q_C = VI_{VD} - (LI_{LD} + DI_{LD})$$

因

$$V = L + D = (R+1)D$$

代入上式并整理得

$$Q_C = (R+1)D(I_{VD} - I_{LD}) \tag{7.69}$$

式中　Q_C——全凝器的热负荷,kJ/h;
　　　I_{VD}——塔顶上升蒸汽的焓,kJ/kmol;
　　　I_{LD}——塔顶馏出液的焓,kJ/kmol。

冷却介质消耗量可按下式计算:

$$q_{mC} = \frac{Q_C}{c_{pc}(t_2 - t_1)} \tag{7.70}$$

式中　q_{mC}——冷却介质消耗量,kg/h;
　　　c_{pc}——冷却介质的比热容,kJ/(kg·℃);
　　　t_1、t_2——冷却介质在冷凝器进、出口处的温度,℃。

2. 再沸器的热负荷

精馏的加热方式分为直接蒸汽加热与间接蒸汽加热两种。工业上采用后者为多。对间接蒸汽加热的再沸器作如下热量衡算。

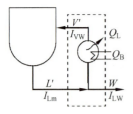

图 7.35 再沸器的热量衡算

对图 7.35 中虚线范围作热量衡算，以单位时间为基准，则

$$Q_B = V'I_{VW} + WI_{LW} - L'I_{Lm} + Q_L \qquad (7.71)$$

式中 Q_B——再沸器的热负荷，kJ/h；

Q_L——再沸器的热损失，kJ/h；

I_{VW}——再沸器中上升蒸汽的焓，kJ/kmol；

I_{LW}——釜残液的焓，kJ/kmol；

I_{Lm}——提馏段底层塔板下降液体的焓，kJ/kmol。

若近似取 $I_{LW}=I_{Lm}$，且因 $V'=L'-W$，则

$$Q_B = V'(I_{VW} - I_{LW}) + Q_L \qquad (7.72)$$

加热介质消耗量可用下式计算：

$$q_{mh} = \frac{Q_B}{I_{B1} - I_{B2}} \qquad (7.73)$$

式中 q_{mh}——加热介质消耗量，kg/h；

I_{B1}、I_{B2}——加热介质进、出再沸器的焓，kJ/kg。

若用饱和蒸汽加热，且冷凝液在饱和温度下排出，则加热蒸汽消耗量可按下式计算：

$$q_{mh} = \frac{Q_B}{r} \qquad (7.74)$$

式中 r——加热蒸汽的汽化热，kJ/kg。

由式(7.72)可见，随着回流比 R 的增加，再沸器热流量 Q_B 随之增加，即精馏操作的能耗和操作费用随之升高。同时，若 F 和 D 以及 W 带入带出的热量相差不大时，则可忽略流入和流出物流所携带的热量和塔的热损失的影响，此时，再沸器加入塔内的热量近似等于冷凝器从塔顶移出的热量。

【例 7.12】 试对例 7.6 中泡点和露点两种进料下的如下项目进行计算：

（1）再沸器热负荷和加热蒸汽消耗量，设加热蒸汽的绝对压力为 200 kPa；

（2）全凝器的热负荷和冷却水的消耗量，设冷却水进、出口温度为 25℃ 和 35℃。

已知苯和甲苯的汽化热分别为 427 kJ/kg 及 410 kJ/kg，水的比热容为 4.17 kJ/(kg·℃)，绝对压力为 200 kPa 的饱和蒸汽的汽化热为 2 205 kJ/kg。再沸器及全凝器的热损失可忽略。

解：由例 7.6 可知，$F=140$ kmol/h，$D=69.26$ kmol/h，$W=70.74$ kmol/h，$x_F=0.5$，$x_D=0.98$，$x_W=0.03$，$R=4$。

（1）再沸器热负荷及加热蒸汽消耗量

① 泡点进料。由于釜残液中苯的含量很少，为简化起见，其焓按纯甲苯计算。

泡点进料时，$q=1$，则

$$V' = V = (R+1)D = 5 \times 69.26 \text{ kmol/h} = 346.3 \text{ kmol/h}$$

再沸器的热负荷为

$$Q_B = V'(I_{VW} - I_{LW}) = V'M_B r_B = 346.3 \times 92 \times 410 \text{ kJ/h} = 1.31 \times 10^7 \text{ kJ/h}$$

加热蒸汽消耗量为

$$q_{mh} = \frac{Q_B}{r} = \frac{1.31 \times 10^7}{2\,205} \text{ kg/h} = 5\,941.03 \text{ kg/h}$$

② 露点进料

此时 $q=0$,则
$$V'=V+(q-1)F=V-F=346.3 \text{ kmol/h}-140 \text{ kmol/h}=206.3 \text{ kmol/h}$$

再沸器的热负荷为
$$Q_B=206.3\times 92\times 410 \text{ kJ/h}=7.78\times 10^6 \text{ kJ/h}$$

加热蒸汽消耗量
$$q_{mh}=\frac{7.78\times 10^6}{2\,205} \text{ kg/h}=3\,528.34 \text{ kg/h}$$

(2) 冷凝器的热负荷及冷却水的消耗量

同理,馏出液中几乎为纯苯,其焓按纯苯计算。两种进料热状态下,全凝器的热负荷相同,即
$$Q_C=V(R+1)D(I_{VD}-I_{LD})=VM_Ar_A=346.3\times 78\times 427 \text{ kJ/h}=1.15\times 10^7 \text{ kJ/h}$$

冷却水消耗量为
$$q_{mC}=\frac{Q_C}{c_{pc}(t_2-t_1)}=\frac{1.15\times 10^7}{4.17(35-25)} \text{ kg/h}=2.76\times 10^6 \text{ kg/h}$$

由上面的计算结果看出,进料热状态不同,再沸器的热负荷即加热蒸汽消耗量也就不同,随着 q 值减小,Q_B 及 q_{mh} 均减小;全凝器的热负荷及冷却水消耗量则不受进料热状况的影响。

7.4.10 精馏过程的操作型计算

1. 操作型计算的命题

这类计算的任务是在连续精馏塔的设备条件(实际塔板数对应的理论板数和进料位置)已确定的条件下,寻求其在运行中的进料状况(包括进料量、组成及其热状况)、操作条件(包括回流比、塔釜汽化量和操作压力)与分离效果(x_D、x_W)之间的相互关系。例如,当进料热状况不变,而某一操作条件改变时,其产品组成将如何变化;或进料热状况改变而要使产品组成不变,应如何改变操作条件等。

2. 操作型计算的特点

分析求解精馏塔的操作型问题同设计型问题一样,也必须满足全塔物料衡算式和沿塔组成变化关系,后者又包括相平衡方程和精馏、提馏段操作线方程。众多变量之间的非线性关系形成了操作型计算的一个特点:进行此类问题的定量计算时,需要采用迭代(试差)法,即先假设一端的组成,再用物料衡算及逐板计算予以校核。板数较多的情况下需要借助计算机进行计算,或者采用简捷法进行估算。操作型计算的另一个特点是加料板位置(或其他操作条件)一般不满足最优化条件。

下面通过例题说明采用简捷法进行估算的解法。

【**例 7.13**】 用一连续操作的板式精馏塔分离乙苯-苯乙烯混合物,塔顶设全凝器,泡点回流,塔釜间接蒸汽加热。已知塔内共有 44 块实际塔板数,从塔顶向下数第 23 块实际板加料,塔的总板效率为 0.6。进料中乙苯的含量为 0.6(摩尔分数,下同),要求馏出液组成为

0.95,泡点进料。塔釜中最大汽化量为 75 kmol/h,操作条件下,精馏段的平均相对挥发度 $\alpha=1.45$,全塔平均相对挥发度 $\alpha=1.43$,试求馏出液的最大产量和乙苯的回收率。

解：(1) 馏出液的最大产量

在规定 x_F、x_D、q 和 V' 的前提下,精馏段理论板数增加,回流比便可减小,得到的馏出液流量 D 便较大。关键是选择加料口位置并确定操作回流比 R。

第 23 块实际板为加料板,则精馏段理论板数(含加料板) $N_{T1}=E_T N_F=0.6\times23=13.8$。为避免试差,利用吉利兰图确定回流比 R。

由于泡点进料,

$$x_q = x_F = 0.6$$

$$y_q = \frac{\alpha x_q}{1+(\alpha-1)x_q} = \frac{1.43\times0.6}{1+0.43\times0.6} = 0.682$$

$$R_{min} = \frac{x_D - y_q}{y_q - x_q} = \frac{0.95-0.682}{0.682-0.6} = 3.268$$

精馏段最少理论板数(含加料板)为

$$N_{min1} = \frac{\lg\left[\left(\frac{x_D}{1-x_D}\right)\bigg/\left(\frac{x_F}{1-x_F}\right)\right]}{\lg\alpha} = \frac{\lg\left[\left(\frac{0.95}{1-0.95}\right)\bigg/\left(\frac{0.6}{1-0.6}\right)\right]}{\lg1.45} = 6.833$$

则

$$\frac{N_{T1}-N_{min1}}{N_{T1}+1} = \frac{13.8-6.833}{13.8+1} = 0.471$$

查吉利兰图得

$$\frac{R-R_{min}}{R+1} = \frac{R-3.268}{R+1} = 0.17$$

解得

$$R = 4.142$$

由 $V=(R+1)D$ 得

$$D_{max} = \frac{V_{max}}{R+1} = \frac{75}{4.142+1}\text{ kmol/h} = 14.59 \text{ kmol/h}$$

(2) 乙苯的回收率

求塔顶易挥发组分回收率除已知条件外,还应该求出 x_W,而 x_W 需由全塔的理论板数 N_T、回流比 R 及最小回流比 R_{min} 来计算。

对全塔来说,$\frac{R-R_{min}}{R+1}=0.17$ 及 $\frac{N_T-N_{min}}{N_T+1}=0.471$ 均不变。全塔的理论板数为

$$N_T = E_T N_P = 0.6\times44 = 26.4 (\text{不含再沸器})$$

则

$$\frac{N_T-N_{min}}{N_T+1} = \frac{(26.4+1)-N_{min}}{(26.4+1)+1} = 0.471$$

解得

$$N_{min} = 14.02 (\text{含再沸器})$$

又由

$$N_{\min} = \frac{\lg\left[\left(\dfrac{x_D}{1-x_D}\right)\Big/\left(\dfrac{x_W}{1-x_W}\right)\right]}{\lg\alpha} = \frac{\lg\left[\left(\dfrac{0.95}{1-0.95}\right)\Big/\left(\dfrac{x_W}{1-x_W}\right)\right]}{\lg 1.43} = 14.02$$

解得

$$x_W = 0.127$$

所以

$$\eta_D = \frac{Dx_D}{Fx_F} \times 100\% = \frac{(x_F - x_W)x_D}{(x_D - x_W)x_F} \times 100\% = \frac{(0.6-0.127)\times 0.95}{(0.95-0.127)\times 0.6}\times 100\% = 91\%$$

7.4.11 精馏操作过程操作条件的选择和优化

精馏操作的基本要求就是要在现有的精馏装置和规定的物系条件下,达到预期的产品纯度(x_D,x_W)或组分的回收率 η_D,同时使设备具有较大的生产力,而且操作费用最低。为此,需要对精馏操作条件进行合理选择、优化和调节。下面就主要问题进行分析。

1. 进料位置

要使精馏塔保持稳定操作,塔内各板的气、液两相的组成和温度必须保持稳定,除了塔体保温良好和冷凝器、再沸器操作稳定外,料液应在塔内气、液两相组成相同或相近的板加入,避免组成相差太大,使物料混合而引起各板的气、液两相组成与其温度变化太大。例如,当泡点进料时,最适宜的加料板应在该板的液相组成等于或略低于料液的组成处。所以加料板的位置应在两条操作线交点的板上,此板为最适宜的进料塔板。提前进料和推迟进料,理论板数都会增加(参见图 7.22)。通常,精馏塔都会设置几个进料口,以适应生产上进料的组成和热状况的变化需求,保证能在最适宜或较适宜的进料塔板位置进料。

2. 最适宜回流比

回流比是影响精馏操作的一个关键因素,一方面影响精馏塔的分离效果,另一方面影响精馏过程的操作费用,所以,回流比是生产上用于调节控制操作的主要手段。对于固定的精馏塔来说,回流比增大,精馏段的液气比增大,操作线的斜率增加,传质的推动力增大;同时,提馏段气液比也增加,操作线斜率变小,传质的推动力也增大,所以,全塔推动力增大。在理论板数不变的情况下,导致 x_D 增加,x_W 减小。但是 R 增大,冷凝器和再沸器的热负荷也相应增大,从而冷却剂和加热剂的用量也随之增大,操作费用增加,而且此两项费用往往又是塔的操作费用的主要部分。最适宜的回流比是在设备投资和操作费用最低时的回流比。因此,在精馏操作时,应该调节控制回流比在适宜的条件下操作,不偏离适宜回流比太多。否则,长期在不适宜的回流比条件下操作运行,必然会降低其效益,这是在精馏操作中要特别注意的。

3. 精馏装置的物料平衡

维持精馏装置的物料平衡是保证塔稳定操作的必要条件。在给定进料条件和规定分离要求后,塔的采出量 D 和 W 就被唯一确定下来,并由全塔物料衡算关系确定:$F = D + W$,

$Fx_F = Dx_D + Wx_W$。

塔顶采出量 D 也必须满足关系：$Dx_D/(Fx_F) \leqslant 1$。如果塔顶有过多的采出量 D'（大于正常采出量），势必造成难挥发组分更多地进入塔顶，导致 x_D 下降，即塔顶产品不合格。此时在塔底，因塔顶采出量提高，塔釜中轻、重组分必遵循操作条件下的相平衡关系及物料衡算关系，首先是易挥发组分向塔顶转移，其次难挥发组分也向塔顶转移。其结果是，在塔釜的易挥发组分降至更低，或难挥发组分增至更浓，超过设计的分离指标，即过度分离，x_W 下降。

反之，如果塔顶采出量 D' 低于正常采出量 D，则会使部分易挥发组分不能按要求从塔顶采出，只能从塔底排出，导致塔顶过度分离（x_D 增大）、塔釜易挥发组分增多（x_W 增大），结果是塔底产品不合格，同时塔顶易挥发组分的回收率下降。

由以上分析可知，无论如何改变其他控制条件及改善塔的工作状态，均须满足系统的物料衡算关系。如果采出量不适宜，由于物料衡算关系的约束，必将导致塔一端的分离达不到设计要求。这时，无论采取其他什么措施，均无济于事。唯一有效的调整方法就是调整采出量至适宜值。

多数情况下，产生以上现象的现实原因都是进料流量 F 或 x_F 有变化，而采出量没有及时调整。显然当进料量增加或其中易挥发组分增多时，应适当增多采出量 D，以保证塔两端产品合格。进料组成 x_F 发生变化时，还需调整进料位置，以保证塔在最佳进料位置条件下的操作状态。

从另一个角度讲，塔顶产品的纯度也受到物料平衡关系的限制。当增加回流比时，x_D 增大，x_W 减小，若 R 增大到一定值时，x_W 趋近于零，则

$$x_{Dmax} = \frac{Fx_F}{D}$$

另外，塔顶产品 x_D 的最大值也受到精馏塔的塔板数限制。对塔板数一定的精馏操作，即使 R 增大到无穷大，x_D 也有一个最大值。在实际回流比下操作，x_D 不能超过这个最大值。

4. 进料热状况的影响

前面已经讨论过，进料热状况不同，会造成塔内精馏段和提馏段气、液两相流量的变动，从而影响最小回流比和完成规定分离任务所需要的理论板数，同时再沸器和冷凝器的热负荷都会发生改变。

对于操作中的精馏过程，若 q 值减小，则进料带入的热量增多，要保持全塔的热量平衡，可采取回流比 R 不变、减小塔釜供热量的措施（即塔釜上升的蒸汽量减小），或采取回流比 R 增加、塔釜供热量保持不变的措施。如果采取前一种措施，由于塔釜蒸发量减少，塔内提馏段上升蒸汽量也减少，使提馏段操作线斜率增大，操作线向平衡线靠近，完成规定的分离任务所需要的理论板数增加，这将会降低分离效果，对正常的生产状况来说是不可取的。如果采取后一种措施，即增加回流比 R，塔釜供热量不变，塔内提馏段上升蒸汽量也不变，但精馏段上升蒸汽量增加，精馏段操作线的斜率增大，操作线远离平衡线，完成规定分离任务所需要的理论板数减少，分离效果增大，但此时塔顶冷凝器的热负荷也相应增加，操作费用将增加。

反之，如果 q 值增加，当塔釜供热量不变，减小回流比 R，会使完成规定任务所需要的理论板数增加，降低分离效果（如 x_D 下降）；当回流比 R 不变，增大塔釜供热量，会使提馏段所需要塔板数减少（如 x_W 减少），操作费用增加。

因此，对操作中的精馏塔，应尽量保持其进料热状况稳定，或者变化不应太大，以免影响精馏塔操作的稳定性。

从全塔考虑，需加到塔内的热量最好全部从塔釜加入，从塔内取走的热量最好全部从塔顶冷凝器中取出，此时，总的消耗最小，因为回到塔釜的热量所产生的蒸汽和塔顶取走热量形成的冷凝液在塔内均能充分发挥作用。在工业生产中，精馏塔的进料热状况，往往由前一个工序所得物料的热状况决定。一般情况下，以泡点进料居多。

但从精馏塔的优化设计和有效利用能量的角度考虑，即考虑不同温位能量的价值不同，要具体分析不同精馏塔的操作温度(塔顶、塔底温度等)，选择最适宜的进料热状况。例如，对进料进行预热必然会减少塔釜的供热量。此时塔顶冷凝器的热负荷并不减少，但为保持 x_D 不变，必然需增大回流比，这样热负荷会变得更大，这需要增加塔釜蒸发量和塔顶冷凝器的冷凝量，增加值与塔顶的采出率 D/F 有关。D/F 不同，料液预热的影响也不一样。通过计算发现，当 D/F 较大时，加大料液的 q 值(进料变冷)，塔釜本身供热量增加的幅度要比冷凝器的热负荷下降的幅度大；而当 D/F 较小时，进料中的 q 值增大，使冷凝器的热负荷下降的幅度要比塔釜供热量增大的幅度大。

7.5 间歇精馏和特殊精馏

7.5.1 间歇精馏

对一些批量小、种类多、产品组成又经常变化且分离要求较高的液体混合物的分离，采用间歇精馏的操作方式比较灵活机动。间歇精馏的流程如图 7.10 所示。

间歇精馏又称分批精馏。在间歇精馏过程中，被处理物料一次性加入精馏釜中，然后加热汽化，自塔顶引出的蒸汽经冷凝后，一部分作为馏出液产品，另一部分作为回流送回塔内，待釜液组成降到规定值后，停止精馏操作，将釜液一次性排出，再进行下一批的精馏操作。由于间歇精馏结构简单、操作灵活方便，因此在精细化工、医药等生产中得到广泛应用。

间歇精馏与连续精馏在原理上基本一致，都是发生多次部分汽化和多次部分冷凝的过程，而且都有回流。间歇精馏又不同于连续精馏操作，它有自身的规律和特点。

(1) 间歇精馏为非稳态过程。由于釜中液相的组成随精馏过程的进行而不断降低，因此塔内操作参数(如温度、组成)不仅随位置而变，也随时间而变化。

(2) 间歇精馏在开始时，原料一次性加入釜中，在精馏过程中不再加料，恒为塔底饱和蒸汽进料，故间歇精馏塔只有精馏段，没有提馏段。与常规连续精馏比较，将同一物料分离达到相同塔顶产品流量和质量时，间歇精馏塔所需的理论板数要多；如果两者理论板数相同，则间歇精馏的能耗比常规连续精馏高。此外，间歇精馏所需塔釜容积较大，考虑其运行周期，也起到釜液储罐的作用。

间歇精馏主要用于以下场合：精馏的原料液是由分批生产得到的，这时分离过程也要分批进行；在实验室或科研室的精馏操作一般处理量较少，且原料的品种、组成及分离程度经常变化，采用间歇精馏更为灵活方便；多组分混合液的初步分离，要求获得不同馏分(组成范围)的产品，这时也可采用间歇精馏。

间歇精馏有两种基本操作方式：一种是通过不断加大回流比来保持馏出液组成恒定；

另一种是回流比保持恒定,馏出液组成逐渐减小。实际生产中,往往采用联合操作方式,即某一阶段(如操作初期)采用恒馏出液组成的操作,另一阶段(如操作后期)采用恒回流比下的操作。联合的方式可视具体情况而定。

7.5.1.1 恒定回流比的间歇精馏

在回流比恒定的间歇精馏过程中,釜液组成 x_W 和馏出液组成 x_D 同时降低,因此操作初期的馏出液组成必须高于平均组成,以保证馏出液的平均组成符合质量要求。通常,当釜液组成达到规定值后,即停止精馏操作。恒回流比下的间歇精馏主要计算如下内容。

1. 理论板层数的确定

间歇精馏理论板层数的确定原则与连续精馏完全相同。恒回流比间歇精馏时,馏出液组成和釜液组成具有对应的关系,计算中以操作初态为基准,此时釜液组成为 x_F,最初的馏出液组成为 x_{D1}。根据最小回流比的定义,由 x_{D1}、x_F 及气液平衡关系可求出 R_{min},即

$$R_{min} = \frac{x_{D1} - y_F}{y_F - x_F}$$

式中 y_F——与 x_F 呈平衡的气相组成,摩尔分数。

操作回流比可按 $R = (1.1 \sim 2)R_{min}$ 关系选取。在 x-y 图上,由 x_{D1}、x_F 和 R 即可图解求得理论板层数,如图 7.36 所示。图中表示需要 3 层理论板。

2. 确定操作参数

1) 确定操作过程中各瞬间 x_D 和 x_W 的关系

由于间歇精馏操作过程中回流比不变,因此各个操作瞬间的操作线斜率 $R/(R+1)$ 都相同,各操作线为彼此平行的直线。在馏出液的初始和终了组成的范围内任意选定若干 x_{Di} 值,通过各点 (x_{Di}, x_{Di}) 作一系列斜率为 $R/(R+1)$ 的平行线,这些直线分别为对应于某 x_{Di} 的瞬间操作线。然后,在每条操作线和平衡线间绘梯级,使其等于所规定的理论板层数,最后一个梯级所达到的液相组成,就是与 x_{Di} 相对应的 x_{Wi} 值,如图 7.37 所示。

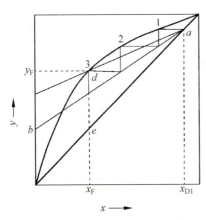

图 7.36 恒回流比间歇精馏时理论板层数的确定

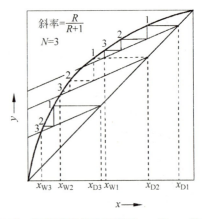

图 7.37 恒回流比间歇精馏时 x_D 和 x_W 的关系

2）确定操作过程中 x_D（或 x_W）与釜液量 W、馏出液量 D 间的关系

恒回流比间歇精馏时，x_D（或 x_W）与 W、D 间的关系应通过微分物料衡算得到。这一衡算结果与简单蒸馏时导出的式（7.24）相似，此时需将式（7.24）中的 y 和 x 用瞬时的 x_D 和 x_W 来代替，即

$$\ln \frac{F}{W_e} = \int_{x_{W_e}}^{x_F} \frac{\mathrm{d} x_W}{x_D - x_W} \tag{7.75}$$

式中 W_e——与釜液组成 x_{W_e} 相对应的釜液量，kmol。

式（7.75）等号右边积分项中 x_D 和 x_W 均为变量，它们之间的关系可用作图法求出，积分值则可用图解积分法或数值积分法求得，从而由该式可求出与任一 x_W 相对应的釜液量 W。

3）馏出液平均组成 x_{Dm} 的计算

对间歇精馏过程进行物料衡算：

总物料衡算

$$D = F - W$$

易发挥发组分衡算

$$D x_{Dm} = F x_F - W x_W$$

联立上两式，解得

$$x_{Dm} = \frac{F x_F - W x_W}{F - W} \tag{7.76}$$

4）每批精馏所需时间

由于间歇精馏过程中回流比恒定，故一批操作的汽化量 V 可按下式计算：

$$V = (R + 1) D$$

则每批精馏所需操作时间为

$$\tau = \frac{V}{V_h} \tag{7.77}$$

式中 V_h——汽化速率，kmol/h；

τ——每批精馏所需操作时间，h。

7.5.1.2 恒定馏出液组成的间歇精馏

间歇精馏时，釜液组成不断下降，为保持恒定的馏出液组成，回流比必须不断增大。在这种操作方式中，通常已知原料液量 F 和组成 x_F、馏出液组成 x_D 及最终的釜液组成 x_{W_e}，要求设计者确定理论板层数、回流比范围和汽化量等。

1. 确定理论板层数

对于馏出液组成恒定的间歇精馏，由于操作终了时釜液组成 x_{W_e} 最低，所要求的分离程度最高，因此需要的理论板层数应按精馏最终阶段进行计算。

由馏出液组成 x_D 和最终的釜残液组成 x_{W_e}，按下式求最小回流比，即

$$R_{\min} = \frac{x_D - y_{W_e}}{y_{W_e} - x_{W_e}}$$

式中 y_{We}——与 x_{We} 呈平衡的气相组成,摩尔分数。

由 $R=(1.1\sim2)R_{min}$ 的关系确定精馏最后阶段的操作回流比 R_e。在 $x\text{-}y$ 图上,由 x_D、x_{We} 和 R_e 即可图解求得理论板层数。图解方法如图 7.38 所示。图中表示需要 4 层理论板。

2. 确定有关操作参数

1) 确定 x_W 和 R 的关系

若已知精馏过程某一时刻下釜液组成 x_{W1},对应的 R 可采用试差作图的方法求得,即先假设一 R 值,然后在 $x\text{-}y$ 图上图解求理论板层数。若梯级数与给定的理论板层数相等,则 R 即为所求值,否则重设 R 值,直至满足要求为止,如图 7.39 所示。

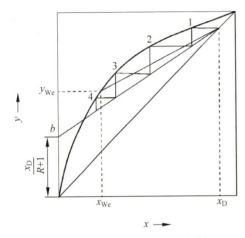

图 7.38　恒馏出液组成时间歇精馏
理论板层数的确定

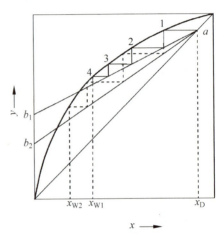

图 7.39　恒馏出液组成下间歇精馏的
R 和 x_W 的关系

2) 每批精馏所需时间

设在 $d\tau$ 时间内,溶液的汽化量为 dV kmol,馏出液量为 dD kmol,瞬间的回流比为 R,根据物料衡算可得

$$dV=(R+1)dD \tag{7.78}$$

一批操作中任一瞬间馏出液量 D 可由物料衡算得到(忽略塔内持液量),即

$$D=F\frac{x_F-x_W}{x_D-x_W} \tag{7.79}$$

对式(7.79)进行微分得

$$dD=F\frac{x_F-x_D}{(x_D-x_W)^2}dx_W$$

将上式代入式(7.78)得

$$dV=F(x_F-x_D)\frac{R+1}{(x_D-x_W)^2}dx_W$$

积分上式得到对应釜液组成 x_W 时的汽化总量为

$$V=\int_0^V dV=F(x_D-x_F)\int_{x_{We}}^{x_F}\frac{R+1}{(x_D-x_W)^2}dx_W \tag{7.80}$$

每批精馏所需时间仍可用式(7.77)计算。

【**例 7.14**】 在一常压间歇精馏塔中分离正庚烷-正辛烷混合液,已知该塔的理论板数为 8(含再沸器),进料量为 15 kmol,进料中含有的正庚烷摩尔分数为 0.4,要求塔顶正庚烷馏出液的平均摩尔组成为 0.9,终了时釜液中正庚烷摩尔分数为 0.1。常压下正庚烷-正辛烷混合液可视为理想溶液,平均相对挥发度为 2.16。求操作回流比。

解:操作初始时的馏出液组成 x_{Di} 应大于平均馏出液组成(0.9),设 $x_{Di}=0.984$。

操作线方程 $y_{n+1}=\dfrac{R}{R+1}x_n+\dfrac{x_D}{R+1}$,

相平衡方程 $x=\dfrac{y}{\alpha-(\alpha-1)y}=\dfrac{y}{2.16-1.16y}$。

假设回流比 $R=4.29$,用上述逐板计算法计算 8 次,从 $x_{Di}=0.984$ 开始算得 $x_8=0.4$。这一计算结果与已知的进料组成一致,说明所假设的回流比正确,以后操作即维持此回流比不变。

操作过程中 x_D 不断下降,每一瞬时的 x_D 必有一个釜液组成 x_W 与之对应。因此需要设一系列 x_D 值,并通过逐板计算求出一系列对应的 x_W 值,计算结果列于附表。

例 7.14 附表

馏出液 x_D	釜液 x_W	$1/(x_D-x_W)$
0.580	0.100	2.06
0.782	0.150	1.58
0.898	0.200	1.43
0.974	0.250	1.43
0.968	0.300	1.50
0.978	0.350	1.59
0.984	0.400	1.71

由数值积分得

$$\int_{x_{We}}^{x_F}\dfrac{1}{x_D-x_W}dx=0.468$$

由式(7.75)有

$$\dfrac{F}{W_e}=e^{0.468}=1.6$$

即

$$\dfrac{W_e}{F}=\dfrac{1}{1.6}$$

$$\dfrac{D}{F}=1-\dfrac{1}{1.6}=0.375$$

所以

$$D=F\times 0.375=5.6\text{ kmol}$$

馏出液的平均组成

$$x_{Dm} = \frac{Fx_F - W_e x_{We}}{D} = \frac{x_F - \frac{W_e}{F} x_{We}}{\frac{D}{F}} = \frac{0.4 - \frac{1}{1.6} \times 0.1}{0.375} = 0.90$$

此值与要求的馏出液平均组成一致，故以上假设的 $x_{Di}(0.984)$ 及所求的回流比(4.29)正确。

【例 7.15】 利用例 7.14 的数据，进行恒定馏出液组成为 0.9 的间歇精馏操作，操作终了时的回流比取该最小回流比的 1.32 倍，塔釜汽化率为 0.003 kmol/h，求精馏时间及塔釜总汽化量。

解：操作结束时的釜液摩尔分数 $x_{We} = 0.1$，则

$$y_{We} = \frac{\alpha x_{We}}{1+(\alpha-1)x_{We}} = \frac{2.16 \times 0.1}{1+1.16 \times 0.1} = 0.194$$

由 x_D 和 x_{We} 确定最小回流比 R_{min}：

$$R_{min} = \frac{x_D - y_{We}}{y_{We} - x_{We}} = \frac{0.90 - 0.194}{0.194 - 0.10} = 7.51$$

操作结束时的回流比为 $R = 1.32 \times 7.51 = 9.91$，则操作线方程为

$$y_{n+1} = \frac{R}{R+1} x_n + \frac{x_D}{R+1} = \frac{9.91}{9.91+1} x_n + \frac{0.9}{9.91+1} = 0.908 x_n + 0.082$$

相平衡方程

$$x = \frac{y}{\alpha - (\alpha-1)y} = \frac{y}{2.16 - 1.16y}$$

在保持馏出液组成不变的间歇过程中，每一瞬间的釜液组成必对应于一定的回流比。故可设一瞬间回流比 R，由 $x_D = 0.90$ 开始交替使用上述操作线方程和相平衡方程各 8 次，便可得到该瞬时的釜液组成 x_W。这样，假设一系列回流比可求出对应的釜液组成，结果列于附表中。

例 7.15 附表

回流比	1.79	2.16	2.64	3.30	4.30	6.10	9.91
釜液组成 x_W	0.40	0.35	0.30	0.25	0.20	0.15	0.10
$\frac{R+1}{(x_D-x_W)^2}dx$	11.18	10.43	10.10	10.19	10.84	12.62	17.19

该表同时列出 $\frac{R+1}{(x_D-x_W)^2}dx$，对其进行数值积分得

$$\int_{x_{We}}^{x_F} \frac{R+1}{(x_D-x_W)^2} dx = 3.39$$

$$\tau = \frac{F}{V_h}(x_D - x_F) \int_{x_{We}}^{x_F} \frac{R+1}{(x_D-x_W)^2} dx = \frac{15}{0.003}(0.9 - 0.4) \times 3.39 \text{ s} = 8\,475 \text{ s} = 2.35 \text{ h}$$

则塔釜汽化量

$$V = 2.35 \times 0.003 \text{ kmol} = 7.05 \text{ mol}$$

7.5.2 特殊精馏过程

前已述及,精馏操作是以液体混合物中各组分的相对挥发度差异为依据的,组分间挥发度差别越大越容易分离。但对于某些液体混合物,组分间的相对挥发度接近于1或形成恒沸物,以至于不宜或不能用一般精馏方法进行分离,此时需要采用特殊精馏方法。特殊精馏方法有恒沸精馏、萃取精馏、盐效应精馏、膜蒸馏、催化精馏、吸附精馏等。本节介绍的常用的恒沸精馏和萃取精馏,都是在液体混合物中加入第三组分使原两组分的相对挥发度增大,从而使其易于分离。根据第三组分所起作用的不同,又可以分为恒沸精馏和萃取精馏。

1. 恒沸精馏过程

若在两组分恒沸液中加入第三组分(称为夹带剂或恒沸剂),该组分能与原料液中的一个或两个组分形成新的恒沸液,从而使原料液能用普通精馏方法予以分离,这种精馏操作称为恒沸精馏。恒沸精馏可分离具有最低恒沸点的溶液、具有最高恒沸点的溶液以及挥发度相近的物系。

以常压下的乙醇-水溶液为例,其恒沸组成为乙醇占89.4%(摩尔分数,下同),沸点为78.3℃,故用一般精馏方法分离稀溶液只能得到工业酒精(组成接近恒沸组成,但略低)而不能得到无水酒精。若在原料液中加入适量的夹带剂苯,苯与原料液形成新的三元非均相恒沸液(相应的恒沸点为64.85℃,恒沸摩尔组成为苯 0.539、乙醇 0.228、水 0.233)。只要苯的加入量适当,原料液中的水可全部转入到三元恒沸液中,从而使乙醇-水混合液得以分离。图 7.40 为分离乙醇-水混合液的恒沸精馏流程示意图。

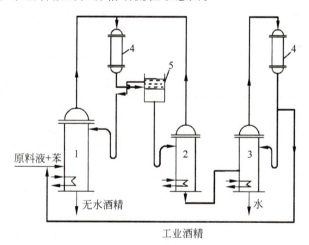

1—恒沸精馏塔;2—苯回收塔;3—乙醇回收塔;4—冷凝器;5—分层器。

图 7.40 乙醇-水恒沸精馏流程

由于常压下此三组分恒沸液的恒沸点为 64.85℃,故其由塔顶蒸出,塔底产品为近于纯态的乙醇。塔顶蒸汽进入冷凝器 4 中冷凝后,部分液相回流到塔1,其余的进入分层器5,在器内分为轻、重两层液体。轻相返回塔 1 作为补充回流,重相送入苯回收塔 2,以回收其中的苯。塔 2 的蒸汽由塔顶引出也进入冷凝器 4 中,塔 2 底部的产品为稀乙醇,被送到乙醇回收塔 3 中。塔 3 中塔顶产品为乙醇-水恒沸液,送回塔 1 作为原料,塔底产品几乎为纯水。

在操作中苯是循环使用的,但因有损耗,故隔一段时间后需补充一定量的苯。

乙醇-水恒沸精馏在技术上可行的原因在于:用恒沸剂带出的主要是二元混合物中含量较少的水,故恒沸剂用量和汽化量相对较小;蒸出的恒沸物能冷凝分层,使恒沸剂易于分离,循环使用。

在恒沸精馏中,需选择适宜的夹带剂。对夹带剂的要求是:①夹带剂应能与被分离组分形成新的恒沸液,最好其恒沸点比纯组分的沸点低,一般两者沸点差不小于10℃;②新恒沸液所含夹带剂的量越少越好,以便减少夹带剂用量及汽化、回收时所需的能量;③新恒沸液最好为非均相混合物,便于用分层法分离;④无毒性、无腐蚀性,热稳定性好;⑤来源容易,价格低廉。

恒沸精馏的问题在于:性能良好的恒沸剂比较难找;依靠恒沸剂以气相状态将组分带出,所以通常蒸发量大,能耗较大。

工业上恒沸精馏的实例主要有:用苯或戊烷或三氯乙烯为恒沸剂分离乙醇-水混合物,以丙酮或甲醇为恒沸剂分离苯-环己烷混合物,以异丙醚为恒沸剂分离水-醋酸混合物等。

2. 萃取精馏过程

萃取精馏和恒沸精馏相似,也是向原料液中加入第三组分(称为萃取剂或溶剂),以改变原有组分间的相对挥发度而达到分离要求的特殊精馏方法。但不同的是要求萃取剂的沸点较原料液中各组分的沸点高得多,且不与组分形成恒沸液,容易回收。

以常压下的苯和环己烷的分离为例,它们的沸点很接近(分别为80.1℃和80.73℃),相对挥发度为0.98,难以用普通精馏分离,或者说用普通精馏分离时需要足够多的理论板数或者很大的回流比,不经济。若在苯-环己烷溶液中加入萃取剂糠醛(沸点161.7℃),则由于糠醛分子与苯分子的作用力较强,可使苯由易挥发组分变为难挥发组分,原来两组分的相对挥发度发生显著的变化,且相对挥发度随萃取剂量加大而增高,如表7.1所示。

表7.1 不同糠醛浓度下苯-环己烷的相对挥发度

溶液中糠醛的摩尔分数	0	0.2	0.4	0.5	0.6	0.7
相对挥发度	0.98	1.38	1.86	2.07	2.36	2.7

图7.41为分离苯-环己烷溶液的萃取精馏流程示意图。原料液进入萃取精馏塔1中,萃取剂(糠醛)由塔1顶部加入,以便在每层板上都与苯相结合。塔顶蒸出的为环己烷蒸气。为回收微量的糠醛蒸气,在塔1上部设置回收段2(若萃取剂沸点很高,也可以不设回收段)。塔底釜液为苯-糠醛混合液,再将其送入苯回收塔3中。由于常压下苯的沸点为80.1℃,糠醛的沸点为161.7℃,故两者很容易分离。塔3中釜液为糠醛,可循环使用。在精馏过程中,萃取剂基本上不被汽化,也不与原料液形成恒沸液,这些都是有异于恒沸精馏的。

选择适宜萃取剂时,主要应考虑:①萃取剂应使原组分间相对挥发度发生显著的变化;②萃取剂的挥发性应低些,即其沸点应较原混合液中纯组分的沸点高,且不与原组分形成恒沸液;③无毒性、无腐蚀性,热稳定性好;④来源方便,价格低廉。

萃取精馏中萃取剂的加入量一般较多,以保证各层塔板上足够的添加剂浓度,而且萃取

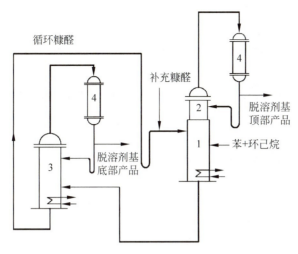

1—萃取精馏塔；2—萃取剂回收段；3—苯回收塔；4—冷凝器。

图 7.41　环己烷-苯的萃取精馏流程

精馏塔往往采用饱和蒸汽加料，以使精馏段和提馏段的添加剂浓度基本相同。

萃取精馏和恒沸精馏相比，有以下区别：

（1）恒沸精馏用的恒沸剂必须和被分离组分形成恒沸物，恒沸剂的选择不易。而萃取精馏用的萃取剂，其选择范围要广得多。

（2）恒沸精馏的恒沸剂以气态离塔，消耗的潜热较多。而萃取精馏时萃取剂基本不汽化。故一般来说，萃取精馏较经济。

（3）总压一定时，恒沸精馏形成的恒沸物，其组成和温度都是恒定的。而萃取精馏时，由于被分离组分的相对挥发度和萃取剂的配比有关，故其操作条件可在一定范围内变化，无论是设计还是操作都比较灵活和方便。但萃取剂必须不断地由塔顶加入，故萃取精馏不能简单地用于间歇操作，而恒沸精馏则无此限制。

（4）恒沸精馏时的操作温度一般比萃取精馏低，故适用于分离热敏性物料。

7.6　多组分精馏过程

在实际生产中常遇到多组分混合物的精馏问题。虽然双组分精馏的基本原理和许多关系式也都适用于多组分精馏过程，但由于多组分精馏的组分数目增多，需要获取的产品也多，所以导致分离系统的物流、能流、信息流和所需的设备都多，也即分离系统更为复杂。

多组分混合物精馏时组分间分割方式不同，将导致分离流程或分离序列不同，也造成各流程中操作条件、塔结构等的不同，最终导致生产成本不同。所以，研究多组分精馏分离序列的选择及进行相关的计算十分必要。

7.6.1　多组分精馏分离序列的选择

将一混合物完全分离成相对较纯组分产品的分离称为锐分离。对双组分混合物进行锐分离，需要一个精馏塔。对多组分混合物进行分离则需要多个塔，而且，由于这些塔中除最后那个塔可分出两个纯度较高的产品外,其余各塔都只能分出一个高纯度的产品,所以分离 n 个组分就需要 $n-1$ 个塔,这 $n-1$ 个塔又可以用不同方式组合成各种流程,即有 $n-1$ 个分离序列。对同一混合物要求达到相同的分离目标,不同的分离序列中各塔所需要的理论板数和结构也有所不同。

一般来说,混合物在一分离序列中,各组分汽化的总次数越多,则序列中物流所需要的汽化热越多,能耗就越高。以 A、B、C 三组分(按挥发度递减顺序)物系的分离为例,可有两种分离流程。方案一是根据挥发度递减的原则依次分出各组分,由于每个塔只需将其中一个组分从塔顶蒸出(汽化两次),因而再沸器和冷凝器的热负荷较小。称此序列为直接序列,也常称为顺序流程。方案二则正好相反,总汽化的次数要多(汽化 3 次)。

需要说明的是,精馏过程的能耗不只取决于组分汽化的次数,更主要取决于加入系统总的热流量。加入各塔再沸器的热流量取决于塔顶的采出量和操作回流比 R,所以,直接序列不一定能耗最低,还有可能存在能耗更低的分离序列。一般来说,按方案一确定的流程比较经济,但也应考虑其他因素,例如有些组分在加热过程中易分解或聚合,应在流程安排上减少其受热的次数,优先分出;有些对纯度要求很高的组分应从塔顶分出,因为少量杂质往往难以挥发而易留于塔釜中,等等。多组分精馏时多塔流程方案的选择是比较复杂的,通常需要经过计算、分析和比较多个方案后才能确定。

确定分离序列除考虑能耗等操作费用外,还应考虑设备投资费用等因素,例如:

(1) 混合物中的易腐蚀和有毒组分应尽早分离出,否则还需考虑后续设备材料的防腐问题及产品污染问题;

(2) 混合物中最难分离的组分最后分离出去,否则会造成第 1 塔的处理量最大,所需理论板数最多或回流比最大;显然,其塔径和塔高及能耗均最大;

(3) 混合物中含量很大的组分应先分出,否则会使全系统设备的尺寸普遍增大。

可见多组分分离序列存在优选问题,只有选择适宜的分离序列,才能使多组分分离的成本降至最低。当然,若不要求将混合物分离成纯组分,而只要求将进料分割成不同沸程的馏分(例如炼油工业中将原油分割成汽油、煤油、柴油和其他重馏分),则可在同一精馏塔中采用侧线引出的方法来实现。此外,分离少量多组分溶液,采用间歇精馏往往也是合适的。除了流程选择问题复杂外,多组分精馏时,由于组分数目较多,相平衡关系的计算更加复杂;加上各组分都有自己的操作方程,所以理论板层数计算难以采用图解法,而逐板计算法非常繁琐,没有计算机的帮助难以进行。此外,多组分精馏时对分离要求的规定和最小回流比的确定等亦与双组分精馏时有所不同。本节将以设计型计算为例讨论这些特点。

7.6.2 全塔物料衡算

多组分精馏和双组分精馏一样,根据进料的流量、组成及塔的分离要求,进行全塔的物料衡算,由此确定进料中各组分在塔两端产品中的分布。在确定进料板位置和理论板数时,需要从塔的一端向另一端或从塔的两端向塔中间进行逐级计算。在双组分精馏中,只要给定进料流量、进料组成和分离要求,即可确定进料中两组分在塔两端及全塔的分布和产品的采出量。然而,由于多组分进料中组分多,可能进入塔两端的组分数也多。由于系统自由度的约束,对一个塔只能任意规定两个组分的分离要求,也就是说,其余组分的分离情况已经确定。此时,可根据体系的相平衡关系,对系统进行严格的物料衡算和热量衡算,来确定塔两端及全塔的组成分布,但该计算过程十分繁琐和复杂。所以,本节只介绍全塔物料衡算的近似估算方法。

1. 关键组分及分离要求的规定

在待分离的多组分溶液中,选取工艺中最关心的两个组分(一般是选择挥发度相邻的两个组分),规定它们在塔顶和塔釜产品中的组成或回收率(即分离要求),那么在一定的分离条件下,所需的理论板层数和其他组分的组成也随之而定。由于所选定的两个组分对多组分溶液的分离起控制作用,故称它们为关键组分,其中挥发度相对高的组分称为轻关键组分,挥发度相对低的称为重关键组分。此外,在混合物中比轻关键组分轻的组分为轻非关键组分(或轻组分),比重关键组分重的组分为重非关键组分(或重组分)。在多组分精馏中,通过规定关键组分的分离要求,对塔的分离效果进行控制。

例如,分离由组分 A、B、C、D 和 E(按挥发度降低的顺序排列)所组成的混合液,根据分离要求,规定 B 为轻关键组分,C 为重关键组分。因此,在馏出液中有组分 A、B 和限量的 C,而重组分 D 和 E 在馏出液中只有极微量或完全不出现。同样,在釜液中有组分 E、D、C 和限量的 B,轻组分 A 在釜液中含量极微或不出现。

选择的分离序列不同,同样的进料,关键组分可能不同。

2. 全塔物料衡算

在多组分精馏中,一般先规定关键组分在塔顶和塔釜产品中的组成或回收率,其他组分的分配应通过物料衡算或近似估算得到。待求出理论板层数后,再核算塔顶和塔釜产品的组成。

总物料衡算

$$F = D + W \tag{7.81}$$

i 组分物料衡算

$$Fx_{Fi} = Dx_{Di} + Wx_{Wi} \tag{7.82}$$

归一方程

$$\sum x_{Fi} = 1; \quad \sum x_{Di} = 1; \quad \sum x_{Wi} = 1$$

若有 n 个组分,就可建立 n 个物料衡算方程。根据各组分间挥发度的差异,可按以下两种情况进行组分在产品中的预分配。

1) 清晰分割

若两关键组分的挥发度相差较大,且两者为相邻组分,此时可认为比重关键组分还重的组分全部在塔釜产品中,比轻关键组分还轻的组分全部在塔顶产品中,称此分割为清晰分割。清晰分割时,非关键组分在塔两端的分配可以通过物料衡算确定。

2) 非清晰分割

若分离的情况不满足清晰分割的条件,则一部分轻组分可能和轻关键组分等一起进入釜液,一部分重组分可能和重关键组分等一起进入馏出液,这种情况称为非清晰分割。

非清晰分割时,各组分在塔顶和塔釜产品中的分配情况不能用上述的物料衡算求得,但可用芬斯克全回流公式进行估算,这种分配方法称为亨斯得贝克(Hengstebeck)法。该法假设全回流时关键组分在两端产品中的分配关系也适用于非关键组分,且与有限回流比时

相同。当全回流时,对于轻、重关键组分,由芬斯克方程得

$$N_{min} = \frac{\lg\left[\left(\dfrac{x_1}{x_h}\right)_D \left(\dfrac{x_h}{x_1}\right)_W\right]}{\lg\alpha_{lh}} \tag{7.83}$$

式中　α_{lh}——轻关键组分对重关键组分的相对挥发度,下标 l、h 分别表示轻关键组分和重关键组分。

因

$$\left(\frac{x_1}{x_h}\right)_D = \frac{D_1}{D_h}, \quad \left(\frac{x_h}{x_1}\right)_W = \frac{W_h}{W_1}$$

式中　D_1、D_h——馏出液中轻、重关键组分的流量,kmol/h;
　　　W_1、W_h——釜液中轻、重关键组分的流量,kmol/h。

将上两式代入式(7.83)得

$$N_{min} = \frac{\lg\left[\left(\dfrac{D_1}{D_h}\right)\left(\dfrac{W_h}{W_1}\right)\right]}{\lg\alpha_{lh}} = \frac{\lg\left[\left(\dfrac{D}{W}\right)_1 \left(\dfrac{W}{D}\right)_h\right]}{\lg\alpha_{lh}} \tag{7.84}$$

式(7.84)为全回流下轻、重关键组分在塔顶和塔釜产品中的分配关系,根据前述假设,它也适用于任意组分 i 和重关键组分之间的分配,即

$$N_{min} = \frac{\lg\left[\left(\dfrac{D}{W}\right)_i \left(\dfrac{W}{D}\right)_h\right]}{\lg\alpha_{ih}} \tag{7.85}$$

式中　α_{ih}——非关键组分对重关键组分的相对挥发度,下标 i、h 分别表示非关键组分和重关键组分。

由式(7.84)及式(7.85)可得

$$\frac{\lg\left[\left(\dfrac{D}{W}\right)_1 \left(\dfrac{W}{D}\right)_h\right]}{\lg\alpha_{lh}} = \frac{\lg\left[\left(\dfrac{D}{W}\right)_i \left(\dfrac{W}{D}\right)_h\right]}{\lg\alpha_{ih}} \tag{7.86}$$

因 $\alpha_{hh}=1$,$\lg\alpha_{hh}=0$,故上式可改写为

$$\frac{\lg\left(\dfrac{D}{W}\right)_1 - \lg\left(\dfrac{D}{W}\right)_h}{\lg\alpha_{lh} - \lg\alpha_{hh}} = \frac{\lg\left(\dfrac{D}{W}\right)_i - \lg\left(\dfrac{D}{W}\right)_h}{\lg\alpha_{ih} - \lg\alpha_{hh}} \tag{7.87}$$

式(7.87)表示全回流下任意组分在两产品中的分配关系,根据前述假设,同样也可用于估算任意回流比下各组分在塔顶和塔釜中的分配。

7.6.3　简捷法求理论塔板数

用简捷法求理论塔板数时,基本原则是将多元精馏简化为轻、重关键组分的二元精馏,故可用芬斯克方程和吉利兰图求解。

1. 最小回流比

多元精馏的最小回流比不能简化为二元精馏来计算,它是一个复杂的问题,一般应用一些简化公式来估算,最常用的是恩得伍德(Underwood)方程,即

$$\sum_{i=1}^{n} \frac{\alpha_{ij} x_{Fi}}{\alpha_{ij} - \theta} = 1 - q \qquad (7.88)$$

$$R_{\min} = \frac{\alpha_{ij} x_{Di}}{\alpha_{ij} - \theta} - 1 \qquad (7.89)$$

式中 α_{ij}——组分 i 对组分 j（一般为重关键组分或重组分）的相对挥发度，可取塔顶和塔釜的几何平均值；

θ——式(7.88)的根，其值介于轻、重关键组分对基准组分的相对挥发度之间，需用试差法求解；

q——进料的热状况参数，意义同二元精馏。

应用此法的条件是：①各相对挥发度可取为常数，即多元物系为理想物系；②轻、重关键组分为相邻组分；③恒摩尔流。

2. 确定理论板层数

吉利兰关联图的用法与二元精馏并无不同，在得出该关联图时，所用数据已包括了不同组分数的多元精馏。

具体步骤如下：

(1) 根据分离要求确定关键组分；
(2) 根据进料组成和分离要求，估算轻、重关键组分在塔两端产品中的分布；
(3) 由体系性质及操作条件，计算各组分的平均相对挥发度；
(4) 由芬斯克方程(7.83)求 $N_{\min}$；
(5) 由式(7.88)及式(7.89)求最小回流比 $R_{\min}$，进而确定适宜回流比 R；
(6) 利用吉利兰图(图 7.26)求解理论板层数 N_T。

简捷法使理论板层数的计算大为简化，是一个十分方便的工程估算和分析方法，但其误差较大。此外，当采用计算机进行精馏塔的精细设计计算时，也可将运用简捷法计算出的理论板层数作为初值。所以，简捷计算法一般适用于初步设计和初步估算中。

【例 7.16】 设乙烷-丙烯精馏塔的进料组成如下：

例 7.16 附表

组分	C_2H_4(A)	C_2H_6(B)	C_3H_6(C)	C_4(D)	$\sum$
$x_{Fi}/\%$	34.14	2.82	50.17	12.87	100

若要求馏出液中丙烯组成小于 0.1%，釜液中乙烷组成小于 0.1%（以上均为摩尔分数），又已知进料流量为 100 kmol/h，试按清晰分割情况确定馏出液和釜液的组成。

解：根据题目要求，可确认乙烷 B 为轻关键组分、丙烯 C 为重关键组分。由清晰分割，可认为轻组分 A 在釜液中组成为 0，重组分 D 在馏出液中组成为 0，即 $x_{WA} = x_{DD} = 0$。

对全塔任一组分 i 作物料衡算，有

$$F_i = D_i + W_i, \quad 即 \quad F x_{Fi} = D x_{Di} + W x_{Wi}$$

式中 F_i——进料中组分 i 的流量，kmol/h；

D_i——馏出液中组分 i 的流量，kmol/h；

W_i——釜液中组分 i 的流量,kmol/h。

(1) 塔顶及塔釜产品流量 D、W

由各组分衡算可得

$$F_A = D_A + W_A = D_A$$
$$F_B = D_B + W_B = D_B + 0.001W$$
$$F_C = D_C + W_C = 0.001D + W_C$$
$$F_D = D_D + W_D = W_D$$

塔顶采出量

$$D = \sum D_i = D_A + D_B + D_C + D_D$$
$$= F_A + (F_B - 0.001W) + 0.001D + 0$$
$$= F_A + F_B - 0.001(F - D) + 0.001D$$

代入已知条件整理得

$$0.998D = F_A + F_B - 0.001F$$
$$0.998D = 34.14 + 2.82 - 0.001 \times 100$$

则

$$D = 36.934 \text{ kmol/h}$$
$$W = 100 \text{ kmol/h} - 36.934 \text{ kmol/h} = 63.066 \text{ kmol/h}$$

(2) 塔两端组成 x_D、x_W

$$x_{DA} = \frac{D_A}{D} = \frac{34.14}{36.934} = 0.924$$

同理:

$$x_{DB} = 0.075, \quad x_{DC} = 0.001, \quad x_{DD} = 0$$
$$x_{WA} = \frac{W_A}{W} = 0, \quad x_{WB} = 0.001, x_{WC} = 0.2035$$

当塔两端所有组分的组成确定后,即可选择一种方法计算所需理论板数,确定适宜的理论进料位置。

【例 7.17】 求例 7.16 条件下的最小回流比 $R_{\min}$。已知乙烷-丙烯精馏塔操作压力下各组分的平均相对挥发度(以重关键组分 C_3H_6 为基准组分) α_A、α_B、α_C、α_D 分别为 3.78、2.66、1.00 和 0.41,进料为泡点进料。

解: 已知的主要数据如下:

例 7.17 附表

	$C_2H_4(A)$	$C_2H_6(B)$	$C_3H_6(C)$	$C_4(D)$
x_{Fi}	0.3414	0.0282	0.5017	0.1287
x_{Di}	0.924	0.075	0.001	0
α_{ij}	3.78	2.66	1	0.41

因为是泡点进料,故 $q=1$,由式

$$\sum_{i=1}^{n} \frac{\alpha_{ij} x_{Fi}}{\alpha_{ij} - \theta} = 1 - q$$

有

$$\sum_{i=1}^{4} \frac{\alpha_{ij} x_{Fi}}{\alpha_{ij} - \theta} = 0$$

因为乙烷和丙烯分别为轻、重关键组分,故 θ 值在 1.00 和 2.66 之间。设 $\theta = 1.80$,代入上式,得

$$\sum_{i=1}^{4} \frac{\alpha_{ij} x_{Fi}}{\alpha_{ij} - \theta} = \frac{3.78 \times 0.3414}{3.78 - 1.8} + \frac{2.66 \times 0.0282}{2.66 - 1.8} + \frac{1 \times 0.5017}{1 - 1.8} + \frac{0.41 \times 0.1287}{0.41 - 1.8}$$
$$= 0.0739 > 0$$

重设 $\theta = 1.74$,得

$$\sum_{i=1}^{4} \frac{\alpha_{ij} x_{Fi}}{\alpha_{ij} - \theta} = -0.0035 \approx 0$$

故可认为 $\theta = 1.74$,则

$$R_{\min} = \sum_{i=1}^{4} \frac{\alpha_{ij} x_{Di}}{\alpha_{ij} - \theta} - 1 = \frac{3.78 \times 0.924}{3.78 - 1.74} + \frac{2.66 \times 0.075}{2.66 - 1.74} + \frac{1 \times 0.001}{1 - 1.74} - 1 = 0.928$$

本章主要符号说明

A, B, C——安托因常数

E_T——全塔效率

c_p——比定压热容,kJ/(kmol·K)

HETP——等板高度

I——物质的焓,kJ/kg

K——相平衡常数

M——摩尔质量,kg/kmol

N_T——理论板层数

p——系统总压力,kPa;组分分压,kPa

q——平衡蒸馏液化分率;进料热状况参数

R——回流比

r——平均摩尔汽化潜热,kJ/kmol

T——热力学温度,K

t——摄氏温度,℃

D——塔顶产品流量,kmol/h

W——塔釜产品流量,kmol/h;
　　瞬间釜液量,kmol

F——进料量,kmol/h

z——塔高,m

x——液相摩尔分数

y——气相摩尔分数

α——相对挥发度

ρ——密度,kg/m³

τ——时间,s

μ——黏度,Pa·s

η——组分回收率

下标

A——易挥发组分

B——难挥发组分

D——馏出液

F——原料液

W——釜液

h——重关键组分

i, j——任一组分

l——轻关键组分

n——塔板序号

L——液相

V——气相

min——最小

max——最大

本章能力目标

通过本章的学习,应掌握将流体力学的基本原理用于处理绕流和流体通过颗粒床层流动等复杂工程问题,即注意学习对复杂工程问题进行简化处理的思路和方法,同时应具备以下能力:①根据生产要求,选择和应用恰当的机械分离过程;②根据分离要求,选择适宜的机械分离方法;③根据给定的分离任务,初步完成机械分离设备的选型或设计,确定操作参数;④合理判断影响分离效果的各种因素,提出过程强化的初步思路。

学习提示

1. 互成平衡的气、液两相,其气相的露点和液相的泡点相等,但这与整个混合溶液的泡点、露点要分开。对于确定的混合溶液,其泡点(即开始气化温度)和露点(开始冷凝温度)是不相等的。压力降低,将使平衡温度下降,由于塔自下而上压力逐渐降低,这也是导致各板温度自下而上逐渐降低的原因之一。对于精馏塔而言,离开一块理论板的气、液两相温度相等,但塔顶上升蒸气温度 t_1 与回流温度 t_0(采用全凝器)或 t_0'(采用分凝器)并不相等。采用分凝器与采用全凝器相比,采用分凝器的馏出产品纯度更高,回流组成更低,这是因为分凝器相当于一块理论板。相平衡温度随气液相中轻组分浓度的增高而降低,所以塔顶采用分凝器时,回流温度更高一些,全塔也因轻组分浓度沿塔高逐渐增加而温度逐渐下降,塔顶温度最低(不包括回流罐),塔釜温度最高。

2. 在精馏塔的物料衡算中需注意维持精馏塔的正常操作必须满足物料衡算,因此塔顶馏出液量 D 及组成 x_D 的最大值均受物料衡算的限制: $x_{Dmax}=\dfrac{Fx_F}{D}$,$D_{max}=\dfrac{Fx_F}{x_D}$,如果不满足物料衡算,即使塔板数再多、效率再高也无法得到合格产品。回流比 R 的增加并不意味着馏出产品 D 的减少,也可能通过增加塔内的气液负荷来实现,R 增大对精馏段和提馏段的分离都是有利的,但以提高塔底加热速率、增加塔顶冷凝量及加大塔设备尺寸为代价。进料状况参数 q 的变化,主要改变提馏段操作线和适宜加料板的位置,而对精馏段操作线没有影响。对于多股进料和侧线出料的情况,由于加料和出料改变了塔内的液气比,故原则上每一塔段上有一条操作线,其斜率即该塔段内液相与气相的摩尔流量之比。

3. 注意区分理论板和传质单元的概念。通过一块理论板的气、液两相在离开时达到了相平衡,而通过一个传质单元的气相摩尔分数变化恰好等于该段填料层平均传质推动力,因此相当于一块理论板的填料层高度 HETP 与传质单元高度 H_{OG} 是有区别的,切勿混淆。总板效率 E_T 不等于默弗里单独效率 E_M,E_M 的定义是基于一块实际板,表示该实际板与理论板接近的程度,一般而言,塔内各板的 E_M 是不一样的;而 E_T 的定义则基于整个精馏塔,反映整个塔的分离效果,它不仅与塔内的传质效率有关,而且与整个塔的结构和操作状况有关。因此不能简单地将 E_M 和 E_T 等同起来。

4. 芬斯克方程与吉利兰捷算法。相对挥发度的大小固然可以衡量蒸馏方法分离液体混合物的难易程度,而实际蒸馏分离液体混合物是否可行,还要看完成既定分离任务所需塔板数。教学过程中,芬斯克方程虽然不是学习重点,但在实际应用中,可以用芬斯克方程来预判分离的难易程度。对于给定的分离物系和分离要求,可以先计算分离任务要求下全回流时的最小理论板层数,据得到的最小理论板层数来判断蒸馏分离过程的难易程度:最小理论板层数越少,蒸馏分离过程越容易实现;反之,最小理论板层数越多,蒸馏分离过程越难实现,这是较易理解的。

可以将吉利兰捷算法理解为芬斯克方程的深入,利用吉利兰捷算法可以对指定分离任务所需的理论板数作出大致估计,或者可以找出塔板数和回流比之间的大致关系,作为设计过程的经济分析。借助于芬斯克方程计算全回流下的最小理论板层数,借助于最小理论板层数、最小回收比和回流比进一步简单估算理论板数,这是芬斯克方程和吉利兰捷算法之间难以割舍的关系。

讨论题

1. 某精馏塔操作时,F、x_F、q、V 保持不变,增加回流比 R,试分析 x_D、x_W、D、L、L/V、L'、L'/V' 的变化趋势。

2. 操作时,加料热状态由原来的饱和液体进料改为冷液进料,且保持 F、x_F、回流比 R 和提馏段上升蒸气量 V' 不变,试分析 x_D、x_W、D、L、V、L/V、L'、L'/V' 的变化趋势。

3. 操作中的精馏塔,进料板并未在设计的最佳位置,而偏下了几块板。若操作条件 F、x_F、q、R、V' 均同设计值,试分析 L、V、L'、D、W、x_D、x_W 将如何变化。

4. 一操作中的精馏塔,若保持 F、x_F、q、D 不变,增大回流比 R,试分析 L、V、L'、V'、W、x_D、x_W 的变化趋势。

5. 一操作中的精馏塔,若保持 F、x_F、q、V' 不变,增大回流比 R,试分析 L、V、L'、D、W、x_D、x_W 的变化趋势。并与上一题进行对比。

6. 一精馏塔,冷液进料,由于前段工序的原因,进料量 F 增加,但 x_F、q、R、V' 仍不变,试分析 L、V、L'、D、W、x_D、x_W 的变化趋势。

7. 一正在运行中的精馏塔,因进料预热器内加热蒸汽压力降低致使进料 q 值增大。若 F、x_F、R、D 不变,则 L、V、L'、V'、W、x_D、x_W 将如何变化?

8. 一正在运行中的精馏塔,由于前段工序的原因,料液组成 x_F 下降,而 F、q、R、V' 不变。试分析 L、V、L'、D、W、x_D、x_W 的变化趋势。

9. 一操作中的乙苯-苯乙烯减压精馏塔,因故塔的真空度下降。若保持 F、x_F、q、R、V' 不变,试分析 L、V、L'、D、W、x_D、x_W 将如何变化。

10. 一分离甲醇-水混合液的精馏塔,泡点进料,塔釜采用直接蒸汽加热,如附图所示。若保持 F、x_F、q、R 不变,增大加热蒸汽量,则 L、V、L'、D、W、x_D、x_W 将如何变化?

11. 如附图所示的精馏塔,在塔中间某个位置抽出液体侧线产品 D',若保持 F、x_F、q、R、V' 不变,而 D' 增加,问 L、V、L'、L''、V'、D、W、x_D、x_D'、x_W 将如何变化。

12. 一操作中的精馏塔,进料 x_F、q 一定。为了满足扩大产量的要求,使进料量 F 增加(在不明显影响塔板效率范围内)。若保持 D/F 和回流比 R 不变,试分析 x_D、x_W 的变化。

13. 对一定分离任务,即物系、操作压强、进料组成、塔顶和塔底的浓度均已知,且回流比选定的条件下,试简述五种进料状态对所需理论板数和塔的热负荷的影响,并说明原因。

14. 精馏塔在一定条件下操作时,若将加料口向上移动两层塔板,则塔顶和塔底产品组成将有何变化?为什么?

15. 在精馏操作中,回流比 R 增大,则 x_D 增大,但是不可能无限增大,请说明原因。

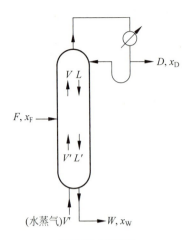

讨论题 10 附图

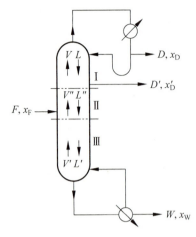

讨论题 11 附图

16. 某苯-甲苯精馏塔进料量为 1 000 kmol/h，浓度为 0.5，要求塔顶产品浓度不低于 0.9，塔釜浓度不大于 0.1（皆为苯的摩尔分数），泡点进料，间接蒸汽加热，回流比为 2，相对挥发度为 2.46，平均板效率为 0.55，如附图所示。求：(1)当满足以上工艺要求时，塔顶、塔底产品量各为多少？采出 560 kmol/h 是否可以？采出最大极限值是多少？当采出量为 535 kmol/h 时，若仍要满足原来的产品浓度要求，可采取什么措施？(2)仍用此塔来分离苯-甲苯体系，若在操作过程中进料浓度发生波动，由 0.5 降为 0.4，则：①在采出率 D/F 及回流比不变的情

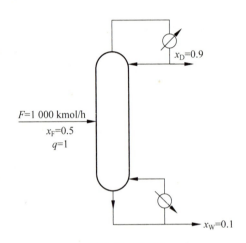

讨论题 16 附图

况下，产品浓度会发生什么变化？②回流比不变，采出率降为 0.4，产品浓度如何？③若要使塔顶、塔釜浓度保持 $x_D \geqslant 0.9, x_W \leqslant 0.1$，可采取什么措施？具体如何调节？(3)对于已确定的塔设备，在精馏操作中加热蒸汽发生波动，蒸汽量为原来的 4/5，此时会发生什么现象？若希望产品浓度不变，可采取什么措施？如何调节？

17. 分离苯-甲苯的精馏塔有 10 块塔板，总板效率为 0.6，泡点进料，进料量为 1 000 kmol/h，其浓度 $x_F=0.175$，要求塔顶产品浓度为 0.85，塔釜浓度为 0.1（均为苯的摩尔分数）。问：(1)该塔的操作回流比 R 为多少？有几种求解方法？试对这几种解法进行比较。(2)用该塔将塔顶产品浓度提高到 0.99，是否可行？若将塔顶产品浓度提高到 0.88，可采取何种措施？对其中较好的一种方案进行定性和定量分析。(3)当塔顶产品浓度为 0.85 时，最小回流比为多少？若塔顶冷凝器供应不足，回流比只能为最小回流比的 0.9 倍，该塔还能操作吗？(4)若回流管堵塞或回流泵损坏，使回流比为 0，此时塔顶、塔釜的组成及流量分别为多少？（假设塔板效率不变）

思考题

1. 蒸馏的目的是什么？蒸馏操作的基本依据是什么？
2. 简单蒸馏与平衡蒸馏有什么相同和不同？
3. 恒摩尔流假设指什么？其成立的条件是什么？
4. 在连续精馏塔内，精馏段和提馏段的作用分别是什么？
5. 分析精馏过程中回流比大小对操作费与设备费的影响，并说明适宜回流比如何确定。
6. 什么是理论板？默弗里板效率有何含义？
7. q 值的含义是什么？根据 q 的取值范围，有几种加料热状态？
8. 精馏塔在一定条件下操作，试问：回流液由饱和液体改为冷液时，塔顶产品组成有何变化？为什么？
9. 全回流与最小回流比的意义是什么？各有什么用处？一般适宜回流比为最小回流比的多少倍？
10. 精馏塔进料的热状况对提馏段操作线有何影响？
11. 精馏操作中，加大回流比对塔顶产品有何影响？为什么？
12. 理论板、实际板、板效率的关系如何？
13. 恒沸精馏和萃取精馏的主要异同点是什么？
14. 用芬克斯方程求出的 N 是什么条件下的理论板数？

习　题

一、填空题

1. 精馏塔分离某二元物系，当操作压强降低，系统的相对挥发度＿＿＿＿，溶液的泡点＿＿＿＿，塔顶蒸汽冷凝温度＿＿＿＿。(增大，减小，不变)

2. 精馏分离某二元组分混合液(F、x_F、q)，要求塔顶 x_D、轻组分回收率 η。设计时，若加大回流比 R，则精馏段液气比＿＿＿＿，提馏段液气比＿＿＿＿，所需理论板数 N_T＿＿＿＿，塔顶产品量 D＿＿＿＿，塔釜 x_W＿＿＿＿，塔顶冷凝量 Q_C＿＿＿＿，塔釜加热量 Q_B＿＿＿＿；若 R 太大，过程的调节余地将＿＿＿＿。(增大，减小，不变)

3. 精馏塔设计时，已知 F、x_F、x_D、x_W，进料热状况参数 $q=0.5$ 时，所需理论板层数为 N_T。试判断下列参数变化并定性绘出操作线的变化：

(1) 保持回流比不变，将进料热状况参数由 $q=0.5$ 改为 $q=1$，则塔釜加热量 Q_B＿＿＿＿，塔顶冷凝量 Q_C＿＿＿＿，所需理论板层数 N_T＿＿＿＿。(增大，减小，不变)

(2) 保持塔釜加热量不变，将进料热状况参数由 $q=0.5$ 改为 $q=1$，则塔顶冷凝量 Q_C＿＿＿＿，所需理论板层数 N_T＿＿＿＿。(增大，减小，不变)

(3) 保持回流比不变，将进料热状况参数由 $q=0.5$ 改为 $q=0$，则塔釜加热量 Q_B＿＿＿＿，塔顶冷凝量 Q_C＿＿＿＿，所需理论板层数 N_T＿＿＿＿。(增大，减小，不变)

4. 某精馏塔设计中,若将塔釜间接蒸汽加热改为直接蒸汽加热,而 F、D、F、x_D、q、R 不变,则 W _____ ,x_W _____ ,L'/V' _____ ,N_T _____ 。(增大,减小,不变)

5. 精馏塔设计时,若塔顶采用全凝器,所需理论板层数为 N_{T1},采用分凝器,所需理论板层数为 N_{T2},则 N_{T1} _____ N_{T2}。($<$,$=$,$>$)

6. 某精馏塔的实际回流比小于设计时的最小回流比,其结果如何?

7. 一精馏塔维持其他条件不变而增大回流比 R,则精馏段液气比 L/V _____ ,提馏段的液气比 L'/V' _____ ,x_D _____ ,x_W _____ 。(变大,变小,不变,不确定)

8. 连续精馏操作,原工况为泡点进料,现由于某种原因原料温度降低,使 $q>1$,进料浓度 x_F,塔顶采出率 D/F 及进料位置均保持不变。试判断:

(1) 塔釜蒸汽量 V' 保持不变,则塔釜加热量 Q_B _____ ,塔顶冷凝量 Q_C _____ ,x_D' _____ ,x_W' _____ 。(变大,变小,不变,不确定)

(2) 保持回流比 R 不变,则塔釜加热量 Q_B _____ ,塔顶冷凝量 Q_C _____ ,x_D' _____ ,x_W' _____ 。假设原加料板为最佳位置。(变大,变小,不变,不确定)

9. 某精馏塔在给定工况下操作,现维持进料条件(F、x_F、q)和塔釜加热量不变而将塔顶采出率 D/F 增大,则塔顶产品组成 x_D _____ ,塔底产品组成 x_W _____ 。(变大,变小,不变,不确定)

10. 某精馏塔维持其他条件不变,将加料板下移,则精馏段塔板数 _____ ,塔顶产品组成 x_D _____ ,塔底产品组成 x_W _____ 。(变大,变小,不变,不确定)

11. 精馏塔操作中,由于某种原因进料浓度 x_F 减小,进料量 F 与热状态 q 保持不变,塔釜蒸汽量 V' 不变,若欲维持塔顶产品 x_D 与塔底产品组成 x_W 不变,则 R _____ ,D _____ ,L/V _____ ,L'/V' _____ 。(增大,减小,不变)

12. 精馏塔操作中,保持 F、x_F、q、L 不变,而增大 V',则 R _____ ,x_D _____ ,x_W _____ ,L/V _____ ,L'/V' _____ 。(增大,减小,不变)

13. 精馏塔操作中,保持 F、x_F、q、R 不变,而增大 W,则 x_D _____ ,x_W _____ ,L/V _____ ,L'/V' _____ 。(增大,减小,不变)

14. 决定精馏塔分离能力大小的主要因素是: _____ (物性方面), _____ (设备方面), _____ (操作方面)。

15. 在 1 个大气压、96℃时,苯的饱和蒸气压 $P_A^0=160.5$ kPa,甲苯的饱和蒸气压 $P_B^0=65.66$ kPa,苯-甲苯混合溶液达到平衡时,液相组成 $x_A=$ _____ ,气相组成 $y_A=$ _____ ,相对挥发度 $\alpha=$ _____ 。

16. 1 个大气压、84℃时,苯的饱和蒸气压 $P_A^0=113.6$ kPa,甲苯的饱和蒸气压 $P_B^0=44.68$ kPa,苯-甲苯混合溶液达到平衡时,液相组成 $x_A=$ _____ ,气相组成 $y_A=$ _____ ,相对挥发度 $\alpha=$ _____ 。

17. 某理想混合液,其中一组平衡数据为 $x_A=0.376$,$y_A=0.596$,此时平均相对挥发度为 $\alpha=$ _____ 。

18. 某连续精馏塔,已知其精馏段操作线方程为 $y=0.78x+0.204$,则该塔的回流比 $R=$ _____ ,馏出液组成 $x_D=$ _____ 。

19. 某泡点进料的连续精馏塔,已知其精馏段操作线方程为 $y=0.80x+0.172$,提馏段操作线方程为 $y=1.25x-0.0187$,则回流比 $R=$ _____ ,馏出液组成 $x_D=$ _____ ,原

料组成 $x_f=$_____,釜液组成 $x_W=$_____。

20. 某二元理想溶液的连续精馏塔,提馏段操作线方程为 $y=1.3x-0.018$,系统的平均相对挥发度 $\alpha=2.5$,当 $x_W=0.06$(摩尔分数)时,从塔底数第二块理论板(塔底可视为第一块理论板)下降液体的组成(摩尔分数)为_____。

21. 分离要求一定,当回流比为一定时,在五种进料状况中,_____进料的 q 值最大,其温度_____,此时,提馏段操作线与平衡线之间的距离_____,分离所需的总理论板数_____。

二、分析及计算题

1. 试分别求含苯 0.3(摩尔分数)的苯-甲苯混合液在总压为 100 kPa 和 10 kPa 下的相对挥发度。苯-甲苯混合液可视为理想溶液。苯(A)和甲苯(B)的饱和蒸汽压和温度的关系(安托尼方程)为

$$\lg p_A^0 = 6.023 - \frac{1\,206.35}{t+220.24}$$

$$\lg p_B^0 = 6.078 - \frac{1\,343.94}{t+219.58}$$

式中 p^0 的单位为 kPa,t 的单位为℃。

2. 苯-甲苯混合液含苯 0.5(摩尔分数),在 101.3 kPa 下加热到 95℃,试求两相平衡组成和汽化率。苯和甲苯的饱和蒸汽压与温度的关系见习题 1。

3. 在常压(101.3 kPa)连续精馏塔中,分离苯-甲苯混合液,若塔顶最上一层理论板的上升蒸汽组成为 0.94(苯的摩尔分数,下同),塔底最下一层理论板的下降液体组成为 0.058,试求全塔平均相对挥发度。假设全塔压强恒定。两组分的饱和蒸汽压数据如下:

温度/℃	80.2	84.2	108.0	110.0
p_A^0/kPa	101.33	113.59	221.18	233.04
p_B^0/kPa	40.0	44.4	93.92	101.33

4. 在一常压连续精馏塔中分离苯-甲苯混合液。原料液流量为 100 kmol/h,组成为 0.5(苯摩尔分数,下同),泡点进料,馏出液组成为 0.9,釜残液组成为 0.1,操作回流比为 2.0。试求:(1)塔顶及塔底产品流量,kmol/h;(2)达到馏出液流量为 56 kmol/h 是否可行?最大馏出液流量为多少?(3)若馏出液流量为 54 kmol/h,x_D 要求不变,应采用什么措施?(定性分析)

5. 在连续精馏塔中分离两组分理想溶液,原料液流量为 100 kmol/h,组成为 0.3(易挥发组分摩尔分数),其精馏段和提馏段方程分别为 $y=0.714x+0.257$ 和 $y=1.686x-0.034\,3$,试求:(1)塔顶馏出液流量和精馏段下降液体流量,kmol/h;(2)进料热状况参数。

6. 在由一块理论板和塔釜构成的连续精馏塔中,分离甲醇-水溶液。原料液流量为 100 kmol/h,组成为 0.3(甲醇摩尔分数,下同),泡点进料,并加入塔釜中。馏出液组成为 0.8,塔顶采用全凝器,泡点回流,回流比为 3.0,试求馏出液流量,单位为 kmol/h。

甲醇-水溶液的 t-x-y 数据如下:

温度 $t/℃$	x	y	温度 $t/℃$	x	y
100	0.0	0.0	75.3	0.40	0.729
96.4	0.02	0.134	73.1	0.50	0.779
93.5	0.04	0.234	71.2	0.60	0.825
91.2	0.06	0.304	69.3	0.70	0.870
89.3	0.08	0.365	67.6	0.80	0.915
87.7	0.10	0.418	66.0	0.90	0.958
84.4	0.15	0.517	65.0	0.95	0.979
81.7	0.20	0.579	64.5	1.0	1.0
78.0	0.30	0.665			

7. 在常压连续精馏塔中,分离苯-甲苯混合液。原料液流量为 100 kmol/h,组成为 0.4(苯摩尔分数,下同),泡点进料。馏出液组成为 0.97,釜残液组成为 0.02。塔顶采用全凝器,泡点回流,操作回流比为 2.0,操作条件下物系的平均相对挥发度为 2.47。试:(1)用逐板计算法求理论板数;(2)求塔内循环的物料流量。

8. 在常压连续精馏塔中分离苯-甲苯混合液,原料液组成为 0.4(苯摩尔分数,下同),馏出液组成为 0.97,釜残液组成为 0.04,试分别求以下三种进料热状况下的最小回流比和全回流下的最小理论板数:(1)20℃下的冷液体;(2)饱和液体;(3)饱和蒸汽。假设操作条件下物系的平均相对挥发度为 2.47,原料液的泡点温度为 94℃,原料液的平均比热容为 1.85 kJ/(kg·℃),原料的汽化热为 354 kJ/kg。

9. 在连续精馏塔中分离平均相对挥发度为 2.0 的理想物系。若精馏段中某一层塔板的液相默弗里效率 E_{ML} 为 50%,从其下一层板上升的气相组成为 0.38(易挥发组分摩尔分数,下同),从其上一层下降的液相组成为 0.4,回流比为 1.0,试求离开该板的气、液相组成。

10. 有两股苯-甲苯混合液,摩尔流量比为 1:3,组成依次为 0.6 和 0.3(苯摩尔分数,下同),进料状态分别为饱和蒸汽和饱和液体,分别从适宜位置加入精馏塔中进行分离。要求塔顶产品组成为 0.9,塔底产品组成为 0.05。在操作条件下两组分的相对挥发度为 2.47,试求该精馏过程的最小回流比 R_{min}。

11. 在常压连续精馏塔中分离苯-甲苯混合液,原料液流量为 100 kmol/h,泡点下进料,进料组成为 0.4(苯摩尔分数,下同),回流比取为最小回流比的 1.2 倍。若要求馏出液组成为 0.9,苯的回收率为 90%,试分别求出泡点下和 20℃下回流时的精馏段操作线和提馏段操作线方程。物系的平均相对挥发度为 2.47。假设回流液泡点温度为 83℃,回流液的平均比热容为 140 kJ/(kmol·℃),汽化热为 $3.2×10^4$ kJ/kmol。

12. 在常压连续精馏塔中分离苯-甲苯混合液,原料液流量为 100 kmol/h,组成为 0.44(苯摩尔分数,下同),馏出液组成为 0.975,釜残液组成为 0.023 5,操作回流比为 3.5。采用全凝器,泡点回流,物系的平均相对挥发度为 2.47。试分别求泡点进料和气液混合物(液相分率为 1/3)时以下各项:(1)理论板数和进料位置;(2)再沸器热负荷和加热蒸汽消耗量(设加热蒸汽绝压为 200 kPa);(3)全凝器热负荷和冷却水消耗量(设冷却水进、出口温度为 25℃和 35℃)。

已知苯和甲苯的汽化热为 427 kJ/kg 及 410 kJ/kg,水的比热容为 4.17 kJ/(kg·℃),绝压为 200 kPa 的饱和蒸汽潜热为 2 205 kJ/kg。再沸器和全凝器的热损失可忽略。

13. 在连续精馏塔中分离两组分理想溶液,原料液组成为 0.5(易挥发组分摩尔分数,下同),泡点进料。塔顶采用分凝器和全凝器,分凝器向塔内提供泡点温度的回流液,其组成为 0.88,从全凝器得到塔顶产品,其组成为 0.95。要求易挥发组分的回收率为 96%,并测得离开塔顶第一层理论板的液相组成为 0.79,试求:(1)操作回流比为最小回流比的倍数;(2)若馏出液流量为 50 kmol/h,求所需的原料液流量。

14. 在常压连续提馏塔中,分离两组分理想溶液,该物系平均相对挥发度为 2.0。原料液流量为 100 kmol/h,进料热状况参数 q 为 0.8,馏出液流量为 60 kmol/h,釜残液组成为 0.01(易挥发组分摩尔分数),试求:(1)操作线方程;(2)由塔内最下一层理论板下流的液相组成 x'_N。

15. 在一常压连续精馏塔中共有 13 层理论板(包括再沸器),用来分离苯-甲苯混合液。原料液组成为 0.44(苯摩尔分数,下同),饱和液体进料。馏出液组成为 0.975,釜残液组成为 0.023 5。物系的平均相对挥发度为 2.46,试估算操作回流比。

吉利兰回归方程为
$$Y = 0.545\,827 - 0.591\,422X + 0.002\,743/X$$
式中 $X = \dfrac{R - R_{\min}}{R+1}$, $Y = \dfrac{N_T - N_{\min}}{N_T + 1}$。

16. 在常压连续精馏塔中,分离甲醇-水混合液。原料液组成为 0.3(甲醇摩尔分数,下同),冷液进料($q = 1.2$),馏出液组成为 0.9,甲醇回收率为 90%,回流比为 2.0,试分别写出以下两种加热方式时的操作线方程:(1)间接蒸汽加热;(2)直接蒸汽加热。

17. 在具有两层理论板的提馏塔中,分离水溶液中的易挥发组分。原料液流量为 100 kmol/h,组成为 0.2(易挥发组分摩尔分数),q 为 1.15 的冷液进料。在操作范围内平衡关系可视为 $y = 3x$。塔底用直接蒸汽加热,饱和蒸汽用量为 50 kmol/h,试求馏出液组成和易挥发组分的回收率。

18. 组成为 0.6(易挥发组分摩尔分数,下同)、流量为 100 kmol/h 和组成为 0.2、流量为 200 kmol/h 的两股乙醇-水溶液,分别在适宜的位置加入一常压连续精馏塔,进料均为泡点液体,要求馏出液和釜液中乙醇的组成分别为 0.8 和 0.002,设操作回流比为 2,试求:(1)馏出液和釜液的流量;(2)利用图解法求所需理论塔板数。

19. 在连续精馏塔中分离两组分理想溶液,原料液流量为 100 kmol/h,组成为 0.5(易挥发组分的摩尔分数,下同),饱和蒸汽进料。馏出液组成为 0.95,釜残液组成为 0.1。物系的平均挥发度为 2.0。塔顶采用全凝器,泡点回流。塔釜间接蒸汽加热。塔釜的汽化量为最小汽化量的 1.5 倍,试求:(1)塔釜汽化量;(2)从塔顶往下计第 2 层理论板下降的液相组成。

20. 在常压下对苯-甲苯混合液进行蒸馏,原料液量为 100 kmol/h,组成为 0.7(苯摩尔分数,下同),塔顶产品组成为 0.8。物系的平均相对挥发度为 2.46,试分别求出平衡蒸馏和简单蒸馏两种操作方式下的汽化率。

21. 在常压连续精馏塔中分离某两组分理想溶液。若已知精馏塔的理论板数 N_T 和加料位置,原料液组成为 x_F,进料热状况参数为 q,回流比为 R,物系的平均相对挥发度为 α,试写出预估 x_D 和 x_W 的步骤。

22. 在常压连续精馏塔中分离两组分理想溶液。该物系的平均相对挥发度为 2.5。原料液组成为 0.35(易挥发组分摩尔分数,下同),饱和蒸汽加料。塔顶采出率 D/F 为 40%,且已知精馏段操作线为 $y = 0.75x + 0.20$,试求:(1)提馏段操作线方程;(2)若塔顶第 1 块板下降的液相组成为 0.7,求该板的气相默弗里效率 E_{MV1}。

23. 在常压精馏塔中分离某两组分理想溶液,物系的平均相对挥发度为 2.0。馏出液组成为 0.94(易挥发组分摩尔分数,下同),釜残液组成为 0.04,釜残液流量为 150 kmol/h,回流比为最小回流比的 1.2 倍。且已知进料方程(q 线方程)为 $y=6x-1.5$。试求精馏段操作线方程和提馏段操作线方程。

24. 试证明精馏塔以气相和液相表示的默弗里板效率之间符合以下关系:

$$E_{MV} = \frac{E_{ML}}{E_{ML} + \frac{mV}{L}(1-E_{ML})}$$

25. 常压下在一连续操作的精馏塔内分离苯和甲苯混合物,如本题附图所示。已知原料液含苯 0.45(摩尔分数,下同),气液混合进料,气、液相各占一半。要求塔顶产品中含苯不低于 92%,塔釜残液含苯不高于 0.03。操作条件下相对挥发度可取为 2.4,操作回流比为最小的 1.4 倍。塔顶蒸汽进入分凝器后,凝液作为回流液流入塔内,冷凝的蒸汽进入全凝器冷凝后作为产品。试求:(1)q 线方程;(2)精馏段操作线方程及提馏段操作线方程;(3)回流液组成及第 1 块塔板上升的蒸汽组成。

26. 常压下在一连续操作的精馏塔内分离苯和甲苯混合物。塔顶设全凝器,塔釜间接蒸汽加热,相对挥发度可取为 2.50。进料量为 140 kmol/h,进料组成 $x_F=0.5$(摩尔分数,下同),饱和液体进料,塔顶馏出液中苯的回收率为 0.98,塔釜采出液中甲苯回收率为 0.95,提馏段液气比为 5/4,求:(1)塔顶馏出液组成 x_D 和釜液组成 x_W;(2)提馏段操作线方程;(3)该塔的操作回流比和最小回流比;(4)再沸器是釜式再沸器,试求进入再沸器的液体组成。

27. 在一连续精馏塔中分离苯-甲苯溶液。塔釜为间接蒸汽加热,塔顶采用全凝器,泡点回流。进料中含苯 35%(摩尔分数,下同),进料量为 100 kmol/h,以饱和蒸汽状态进入塔中部。塔顶馏出液量为 40 kmol/h,要求塔釜液含苯量不高于 5%,采用的回流比 $R=1.54R_{min}$,系统的相对挥发度为 2.5。

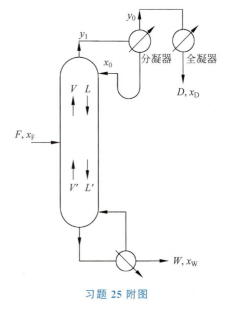

习题 25 附图

(1) 分别写出此塔精馏段及提馏段的操作线方程;

(2) 已知塔顶第 1 块板以液相组成表示的默弗里板效率为 0.54,求离开塔顶第 2 块板升入第 1 块板的气相组成;

(3) 当塔釜停止供应蒸汽,保持前面计算所用的回流比不变,若塔板数为无限多,问釜残液的浓度为多大?

28. 一连续常压精馏塔,分离某两组分混合液,相对挥发度为 2.3。已知进料量为 100 kmol/h,进料中轻组分组成为 0.45(摩尔分数,下同),馏出液中轻组分组成为 0.92,塔顶产品中轻组分的回收率为 94%,泡点进料,操作回流比为 3。塔顶冷凝器为全凝器,塔釜间接蒸汽加热。试求:(1)塔顶及塔底产品的流量;(2)提馏段操作线方程,并计算塔釜以上第 1 块理论板上升蒸汽的组成(设塔釜为第 $n+1$ 块板,则塔釜以上第 1 块板为第 n 块板);(3)从塔顶数起的第 2 块理论板上升蒸汽的组成。

29. 用一精馏塔分离某二元理想混合物,进料量为 100 kmol/h,其中易挥发组分的摩尔分数为 0.4,进料为饱和蒸汽,塔顶设全凝器,泡点回流,塔釜用间接蒸汽加热。已知两组分的相对挥发度为 3.0,精馏段的操作线方程为 $y_{n+1}=0.75x_n+0.2375$,塔顶易挥发组分的回收率为 0.95。试求:(1)操作回流比与最小回流比的比值;(2)塔顶、塔底产品流量以及易挥发组分的组成;(3)提馏段方程;(4)从塔底向上第 2 块理论板上升的蒸汽组成;(5)若塔顶第 1 块实际板的液相默弗里板效率为 0.68,求塔顶第 2 块实际板上升蒸汽的组成。

30. 简要分析精馏分离进行全回流操作时理论板最少的原因,写出计算最少理论板 N_{min} 的芬斯克方程的简要推导过程,并用芬斯克方程计算最少理论板适用的场合。

第 7 章习题答案

第 8 章

气液传质设备

本章重点

1. 掌握气液传质设备的类型与使用要求；
2. 掌握板式塔的结构与流体力学性能；
3. 掌握塔板上气、液两相的接触状态，气体通过塔板的压降，塔板上的液面落差，塔板上的异常操作现象，塔板的负荷性能图；
4. 掌握常用板式塔设备的结构与特点及筛板塔的工艺设计内容，包括计算塔高、塔径、溢流装置的结构与尺寸，确定塔板板面布置，塔板流体力学校核及绘制负荷性能图；
5. 掌握填料塔结构及填料塔的流体力学性能；
6. 掌握填料塔的内件。

8.1 概 述

吸收和蒸馏过程，虽是基于不同原理的分离过程，但同属于气液间的传质过程，具有共同的特点，所用的设备皆应提供充分的气液接触，并在接触传质后能够迅速分离，因此可以在同样的设备中进行。本章所述的"气"泛指吸收中的气相和蒸馏中的蒸汽相。

1. 气液传质设备的类型

气液传质设备一般为塔器，主要有板式塔和填料塔两种。板式塔的主要特征为气、液两相在塔板上以气体鼓泡和液体喷射状态完成气液接触传热、传质，是明显的逐级接触过程；填料塔中气液接触主要发生在填料表面，并没有明显的分级，而是连续的微分接触过程。无论是板式塔还是填料塔都可以应用于蒸馏和吸收，至于具体的选用，需根据工艺本身的需求而定。传统上蒸馏多选用板式塔，吸收多选用填料塔；物料处理量大、塔径较大时采用板式塔，而直径在 0.8 m 以下时多采用填料塔。近些年随着技术的发展，直径在 3 m 以上的填料塔已很常见，直径在 10 m 以上的塔也已有工业应用。

2. 气液传质设备的使用要求

从工程目的出发，气液传质设备主要有以下使用要求。

（1）分离效率 即单位压降设备的分离效果，对板式塔以板效率来表示，对填料塔以等板高度来表示。一般来讲，接触充分、适当湍动、提供尽可能大的相接触面积，都可以提高传质速率，从而提高分离效率。

（2）操作弹性 表现为对物料的适应性及对负荷波动的适应性。当塔内气、液两相流量在操作中发生明显的变化时,还能正常操作以及体现出正常的流体力学性能和分离效率。

(3) 通量　单位截面积的生产能力,表征气液传质设备的处理能力和允许的空塔气速,决定了一定生产任务条件下塔设备的直径大小。

8.2　板　式　塔

8.2.1　板式塔的结构

如图 8.1 所示,板式塔由圆筒形壳体和塔内装有的多层水平塔板组成。按照塔板上气、液两相流动通道设置的不同,塔板可分为有降液管式塔板(也称溢流式塔板或错流式塔板)及无降液管式塔板(也称穿流式塔板或逆流式塔板)两类,如图 8.2 所示。

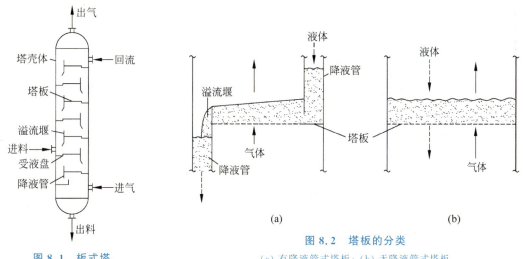

图 8.1　板式塔

图 8.2　塔板的分类
(a) 有降液管式塔板；(b) 无降液管式塔板

对于有降液管的塔板,操作时,塔内液体依靠重力作用,从上层塔板经降液管流到下层塔板的受液盘,然后横向流过塔板,从另一侧的降液管流至下一层塔板。溢流堰的作用是使塔板上保持一定厚度的液层。气体则在压力差的推动下,自下而上穿过各层塔板的气体通道(泡罩、筛孔或浮阀等),分散成小股气流,鼓泡通过各层塔板的液层。在塔板上,气、液两相密切接触,进行热量和质量的交换。此种情形下,液相为连续相,气相为分散相。

无降液管的塔板也称穿流塔板,其结构特征是塔板上无降液管,气、液两相均通过分布在塔板上的通道穿过塔板,两相呈逆流流动。这种塔的结构简单,造价低廉,但其塔板效率较低,操作弹性很小,一般仅用于一些特殊场合。以下主要介绍有降液管的塔板。

为实现气、液两相间充分的传质,板式塔应保证每块塔板上气液充分接触,即有足够大且不断更新的相际接触表面,接触传质后又能迅速充分地分离。板式塔的结构设计以及塔板构造都是在体现这一思想。

(1) 筛孔　筛孔是塔板上的气体通道。气体通道的形式很多,对塔板的性能影响极大,各种塔板的主要区别就在于气体通道的形式不同。最简单的塔板形式是筛板塔,它是在塔板上均匀地冲出许多圆形小孔供气流穿过。上升的气体经筛孔分散后穿过板上液层,与液体接触传质。

(2) 溢流堰　为保证气、液两相有足够的接触表面,塔板上必须有一定厚度的液体,为此,在塔板液体的出口端设有溢流堰。塔板上的液层厚度很大程度上由堰高决定。

(3) 降液管　为液体自上层塔板流至下层塔板的通道,每块塔板通常附有一个降液管。正常工作时,液体从上层塔板的降液管流出,横向流过开有筛孔的塔板,翻越溢流堰,进入该板的降液管,流向下层塔板。降液管的下端必须保证液封,使液体能从降液管流出,而气体不能窜入降液管。为此,降液管下缘的缝隙(降液管底隙高度)必须小于堰高。

8.2.2　板式塔的流体力学性能

气、液两相的传热和传质与其在塔板上的流动状况密切相关,其中气速和液体流动速度有着非常大的影响。为了保证板式塔的正常操作,使其具有较高的分离效率,必须使塔内的各项流体力学指标满足一定的条件。

1. 塔板上气、液两相的接触状态

塔板上气、液两相的接触状态是决定板上两相流体力学及传质和传热规律的重要因素。如图 8.3 所示,当液体流量一定时,随着气速的增加,可以出现四种不同的接触状态。

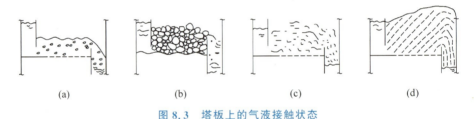

图 8.3　塔板上的气液接触状态
(a) 鼓泡状态;(b) 蜂窝状态;(c) 泡沫状态;(d) 喷射状态

(1) 鼓泡接触状态　当气速较低时,气体以鼓泡形式通过液层。由于气泡的数量不多,形成的气液混合物基本上以液体为主,两相接触面积为气泡表面,由于气泡不密集,接触面积不大,表面得不到更新,传质效率很低。

(2) 蜂窝接触状态　随着气速的增加,气泡的数量不断增加。气泡互相碰撞,形成多面体结构,气泡间以液膜相隔,呈蜂窝状。板上为以气体为主的气液混合物。由于气泡不易破裂,表面得不到更新,所以此种状态下传质效率仍然较低,不利于传热和传质。

(3) 泡沫接触状态　当气速继续增加,气泡数量急剧增加,气泡不断发生碰撞、破裂、再生,此时板上液体大部分以液膜的形式存在于气泡之间,形成一些直径较小、扰动十分剧烈的动态泡沫,塔板上清液层高度非常小。泡沫接触状态下的两相传质面积并不只是气泡表面,还包括了大量的液膜表面。泡沫接触状态的表面积大,并不断更新,为两相传热与传质提供了良好的条件。此时液体仍为连续相,气体为分散相。

(4) 喷射接触状态　当气速继续增加,由于气体动能很大,把板上的液体向上喷成大小不等的液滴,直径较大的液滴受重力作用又落回到板上,直径较小的液滴被气体带走,形成液沫夹带。此时塔板上的气体为连续相,液体为分散相,两相传质的面积是液滴的外表面。由于液滴回到塔板上又被分散,这种液滴的反复形成和聚集,使传质面积大大增加,而且表面不断更新,有利于传质与传热进行,也是一种较好的接触状态。

在喷射接触状态下,液体是分散相而气体是连续相,这是喷射接触状态和泡沫接触状态的根本区别。喷射接触状态气速高、液沫夹带较多,若控制不好,会破坏传质过程,但通量大,生产能力大。

2. 气体通过塔板的压降

气体通过塔板的总压降包括每块塔板的干板阻力(即板上各部件所造成的局部阻力)以及板上充气液层的静压力及液体的表面张力。

一般来说塔板压降增大,会使塔板上气、液两相的接触时间延长,传质充分,塔板效率升高;但压降增大也会使塔釜压力升高,塔釜温度随之升高,能耗增加,操作费用增大;对减压操作的板式塔,过大的压降也会导致塔顶更高的真空度。因此,进行塔板设计时,应综合考虑,在保证较高效率的前提下,力求减小塔板压降,以降低能耗和改善塔的操作。

3. 塔板上的液面落差

当液体横向流过塔板时,要克服流动阻力,故塔板进口处的液面比出口处液面稍高,这个高度差即为液面落差,以 Δ 表示,如图 8.4 所示。液面落差与液相流动阻力有关,主要是板上的摩擦阻力和板上部件(如泡罩、浮阀等)的局部阻力。液面落差将导致板上液层厚度 h_{ow} 和气流分布的不均匀,从而造成漏液现象,使塔板的效率下降。因此,在塔板设计中应尽量减小液面落差。

液面落差的大小与塔板结构有关。泡罩塔板结构复杂,液体在板面上流动阻力大,故液面落差较大;筛板板面结构简单,液面落差较小。除此之外,液面落差还与塔径和液体流量有关,当塔径很大或液相流量很大时,也会造成较大的液面落差。为此,对于直径较大的塔,设计中常采用双溢流或阶梯溢流等溢流形式来减小液面落差。

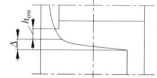

图 8.4 液面落差示意图

4. 塔板上的异常操作现象

塔板的异常操作现象包括漏液、液沫夹带和气泡夹带以及液泛等,是使塔板效率降低甚至使操作无法进行的重要因素。因此,需了解这些异常操作现象并在设计和操作中避免这些现象的出现。

1) 漏液

在正常操作的塔板上,液体横向流过塔板,然后经降液管流下。当气速较低时,气体通过筛孔的动压不足以阻止板上液体经筛孔流下,这种现象称为漏液。漏液现象的单孔实验表明,对于普通筛孔及界面张力不是很小的物系,只要筛孔中有气体通过,液体就不可能从筛孔落下,即同一个筛孔不可能有气体和液体同时通过。因此,要避免漏液,气体必须分布均匀,使每一个筛孔都有气体通过。

气体是否分布均匀与流动阻力有关。前已述及,气体穿过塔板的阻力主要有两部分,即干板阻力和液层阻力。干板阻力在结构上是均匀的,但是液面落差以及液层的起伏波动造成了液层阻力的不均匀,从而引起气流的不均匀分布。

当总阻力以干板阻力为主时,液层阻力可忽略,则气流分布均匀;反之,若液层阻力占比较大,则阻力分布不均匀就非常严重,气流分布就很不均匀,导致部分筛孔漏液。

除结构性因素以外,气速是决定是否漏液的主要因素,干板阻力随气速的增大而急剧增加,液层阻力则与气速关系较小。因此,当气速由高逐渐降低到某一值时,将发生明显漏液。若漏液量较少则属正常情况,一般不会影响传质效果,但严重的漏液将导致气、液两相在塔板上的接触时间减少,塔板效率下降,严重时会使塔板不能积液而无法正常操作。通常,为保证塔板的正常操作,漏液量应不大于液体流量的10%。漏液量达到10%的气体速度称为漏液速度,它是板式塔操作气速的下限。

在塔板液体入口处,液层较厚,往往出现漏液,为此常在塔板液体入口处留出一条不开孔的区域,称为安定区。

2) 液沫夹带和气泡夹带

气体穿过液层时,部分液体被分散成微小液滴,气体夹带着这些液滴在板间的空间上升,如液滴来不及沉降分离,则将随气体进入上层塔板,这种现象称为液沫夹带。同样,越过溢流堰进入降液管的液体夹带的气泡若来不及释放,将被带至下块塔板,称为气泡夹带。显然无论液沫夹带还是气泡夹带,都使得在板上已经分离的气相或液相与待分离的气、液相重新混合,造成返混,降低塔板效率。为维持正常操作,需将液沫夹带限制在一定范围,一般允许的液沫夹带量为 $e_V<0.1$ kg(液)/kg(气)。

影响液沫夹带量的因素很多,最主要的是空塔气速和塔板间距。对于沉降速度小于板上气速的小液滴,则无论塔板间距多大,都将被气流带至上层塔板;沉降速度大于气流速度的大液滴,空塔气速减小及塔板间距增大,都会使其回落,减少夹带量。

与液沫夹带相比,气泡夹带所产生的气体夹带量与气体总量相比很小,一般不会给传质带来很大的危害。其主要危害在于降低了降液管内泡沫层的平均密度,使降液管的通过能力下降,严重时会造成液泛。为避免严重的气泡夹带,一般在靠近溢流堰的狭长区域不开孔,使液体在进入降液管前有一定的时间脱除气泡,这一区域称为出口安定区。除此之外,液体在降液管内还应有足够的停留时间以脱除气泡,这也是确定降液管面积或溢流堰长度的主要依据。

3) 液泛

塔板正常操作时,在板上维持一定厚度的液层,以和气体进行接触传质。如果由于某种原因,导致液体充满塔板之间的空间,使塔的正常操作受到破坏,这种现象称为液泛。

当液沫夹带比较严重时,液体被气体夹带到上一层塔板上的量剧增,超过了塔板的流通能力,使上层塔板液相流动不畅,液体难以流到下层塔板,在塔板上积累,最终充满两板之间的空间,这种由于液沫夹带量过大引起的液泛称为液沫夹带液泛。

当气速过大使液相流动阻力增加比较大时,降液管内液体不能顺利向下流动,管内液体必然积累,致使管内液位增高而越过溢流堰顶部,两板间液体相连,塔板产生积液,最终导致塔内充满液体,这种由于降液管内充满液体而引起的液泛称为降液管液泛。

上述两种形成液泛的现象是相互关联相互影响的,过量的液沫夹带,将导致板上液层增厚,引起塔板压降增大,促使降液管液面升高,引起降液管液泛;同样,当发生降液管液泛时,板上液层增厚,塔板空间减小,液滴来不及沉降,也会引起过量液沫夹带。液泛现象,无论是夹带液泛还是降液管液泛,都会导致塔内积液。在操作时,气体流量不变而塔板压降持续增大,将预示液泛的发生。

液泛的形成与气、液两相的流量相关。对一定的液体流量,气速过大会形成液泛;反之,对一定的气体流量,液量过大也可能发生液泛。液泛时的气速称为泛点气速,正常操作气速应控制在泛点气速之下。

5. 塔板的负荷性能

对一定的物系和一定的塔结构,必相应有一个适宜的气、液相流量范围。气体流量过小,将产生严重的漏液,使塔板效率急剧下降进而无法正常工作;气体流量过大,会因严重的液沫夹带或发生液泛而使塔无法正常操作。液相流量变化也有类似的结果。液体流量过小,板上液流严重不均而使板效率急剧下降;液体流量过大,则板效率因液面落差过大而下降。

如图 8.5 所示,塔内气、液相流量正常的可操作范围一般用负荷性能图来表示,横坐标为液相负荷 L,纵坐标为气相负荷 V。

负荷性能图由以下 5 条线组成。

(1) 漏液线 线 1 为漏液线,又称气相负荷下限线。若操作的气相负荷低于此线,将发生严重的漏液现象。塔板的适宜操作区应在该线以上。

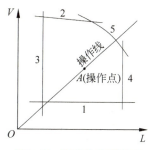

图 8.5 塔板负荷性能图

(2) 液沫夹带线 线 2 为液沫夹带线,又称气相负荷上限线。若操作的气相负荷超过此线,表明液沫夹带现象严重。塔板的适宜操作区应在该线以下。

(3) 液相负荷下限线 线 3 为液相负荷下限线。若操作的液相负荷低于此线,表明液体流量过低,板上液流不能均匀分布,使塔板效率下降。塔板的适宜操作区应在该线以右。

(4) 液相负荷上限线 线 4 为液相负荷上限线。若操作的液相负荷高于此线,表明液体流量过大,此时液体在降液管内停留时间过短,进入降液管内的气泡来不及与液相分离而被带入下层塔板,造成气泡夹带。塔板的适宜操作区应在该线以左。

(5) 液泛线 线 5 为液泛线。若操作的气液负荷超过此线,塔内将发生液泛现象,使塔不能正常操作。塔板的适宜操作区在该线以下。

在塔板的负荷性能图中,由五条线所包围的区域称为塔板的适宜操作区。操作时的气相负荷 V 与液相负荷 L 在负荷性能图上的坐标点称为操作点。在连续精馏塔中,回流比为定值,故操作的气液比 V/L 也为定值。因此,每层塔板上的操作点沿通过原点、斜率为 V/L 的直线而变化,该直线称为操作线。操作线与负荷性能图上曲线的两个交点分别表示塔的上下操作极限,两极限的气体流量之比称为塔板的操作弹性。设计时,应使操作点尽可能位于适宜操作区的中央,若操作点紧靠某一条边界线,则负荷稍有波动时,塔的正常操作即被破坏。

应予指出,当分离物系和分离任务确定后,操作点的位置即固定,但负荷性能图中各条线的相应位置随着塔板的结构尺寸变化。因此,在设计塔板时,根据操作点在负荷性能图中的位置,适当调整塔板结构参数,可改进负荷性能图,以满足所需的操作弹性。例如:加大板间距可使液泛线上移,减小塔板开孔率可使漏液线下移,增加降液管面积可使液相负荷上限线右移等。

塔板负荷性能图在板式塔的设计及操作中具有重要的意义。通常,当塔板设计好后要作出塔板负荷性能图,以检验设计的合理性。对于操作中的板式塔,也需作出负荷性能图,以分析操作状况是否合理。当板式塔操作出现问题时,通过塔板负荷性能图可分析问题所在,为问题的解决提供依据。

8.2.3 塔板类型

1. 泡罩塔板

泡罩塔板是工业上应用最早的塔板,其结构如图 8.6 所示,它主要由升气管及泡罩构成。泡罩安装在升气管的顶部,分圆形和条形两种,以圆形泡罩使用较广。泡罩的下部周边开有长条型或锯齿型齿缝。操作时,液体横向流过塔板,塔板上的液层高度高于泡罩缝隙形成液封。气体经升气管穿过塔板,在泡罩顶部回转并沿泡罩齿缝进入液层,由于齿缝的作用,气体被分散成许多细小的气泡或流股,促进传质;而升气管的使用使得泡罩塔板即便在较低的气速下也不至于发生严重漏液,因而具有很大的操作弹性。

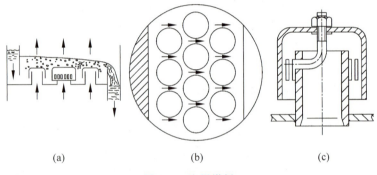

图 8.6 泡罩塔板
(a) 泡罩塔板操作示意图;(b) 泡罩塔板平面图;(c) 圆形泡罩

泡罩塔板由于操作弹性较大,对物料适应性强,历史上曾经被广泛应用。但由于其结构复杂、造价高、塔板压降大、板效率较低,目前已逐渐被其他类型的塔板所取代,应用逐渐减少。

2. 筛孔塔板

筛孔塔板简称筛板,其结构如图 8.7 所示。塔板的气相通道是在塔板上冲压出的均匀分布的小孔,称为筛孔,筛孔直径一般为 3~8 mm,在塔板上呈正三角形排列。塔板上设置溢流堰,使板上能保持一定厚度的液层。

操作时,气体经筛孔分散成小股气流,鼓泡通过液层进行传热和传质。通过筛孔上升的气流速度,应该控制在能够阻止液体经筛孔向下泄漏的范围内。

筛板塔的突出优点是结构简单、造价低、塔板阻力小、传质效率高。以往因筛板塔的设计和操作精度要求较高,工业上应用较为谨慎,近年来,由于设计和控制水平的不断提高,筛板塔的操作变得非常精确,故应用日趋广泛。

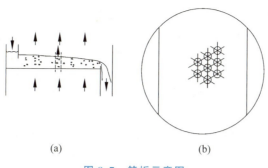

图 8.7 筛板示意图

(a) 筛板操作示意图；(b) 筛孔布置图

3. 浮阀塔板

浮阀塔板的结构特点是在塔板上开有若干个阀孔，每个阀孔装有一个可上下浮动的阀片，称为浮阀，浮阀的开度可以根据气体通过阀孔的气速自动调整。浮阀的最大开度由插入阀孔的三条阀腿限定。最小开度由阀片周边冲出的几个略向下弯曲的定距片限定。

操作时，浮阀开度随气体负荷而变，在低气量时，开度较小，气体仍能以足够的气速通过缝隙，避免过多的漏液；在高气量时，阀片自动浮起，开度增大，使气速不致过大，因此浮阀塔板的操作弹性极大，生产能力大，塔板效率高，兼具了泡罩和筛板的优点而被广泛应用。

浮阀塔板的主要缺点是，长期使用后，浮阀由于频繁活动易脱落或出现卡死的现象，塔板效率和操作弹性将会下降。为避免腐蚀或浮阀与阀孔被粘住，浮阀和塔板一般采用不锈钢材料。阀的类型很多，国内常用的有如图 8.8 所示的 F1 型、V-4 型及 T 型等。

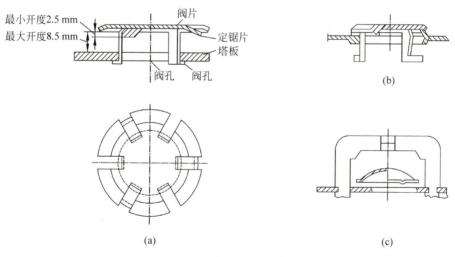

图 8.8 几种浮阀型式

(a) F1 型浮阀；(b) V-4 型浮阀；(c) T 型浮阀

4. 舌型塔板

上述几种塔板，气体以泡沫状态和液体接触，液相为连续相，气相为分散相，当气体垂直向上穿过液层时,将使分散形成的液滴或泡沫具有一定向上的初速度。若气速过高,会造成较为严重的液沫夹带,使塔板效率下降,从而使其生产能力受到一定的限制。针对这一缺点,近年来研究者开发出了舌型塔板,如图 8.9 所示。舌型塔板的主要特点是,气体通道中的气流方向和塔板倾斜一个较小的角度,并和液流方向一致。操作时,上升的气流沿舌片喷出,其喷出速度可达 20~30 m/s,当液体流过每排舌孔时,被喷出的气流强烈扰动而形成液沫,被斜向喷射到液层上方,喷射的液流冲至降液管上方的塔壁后流入降液管中,流到下一层塔板。板上气液接触处于喷射接触状态,效率和生产能力都有大幅提升。

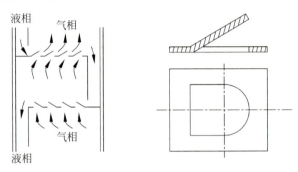

图 8.9　舌型塔板示意图

为提高舌型塔板的操作弹性,可采用浮动舌片,这种塔板称为浮舌塔板,如图 8.10 所示。浮舌塔板兼有浮阀塔板和固定舌型塔板的特点,具有处理能力大、压降低、操作弹性大等优点。

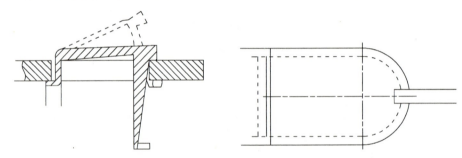

图 8.10　浮舌塔板的舌片

除以上介绍的几种比较常见的塔板类型外,已经使用或正在开发的还有很多其他类型的塔板,比如斜孔塔板、网孔塔板、垂直筛板、导向筛板等,可参阅有关文献。

8.2.4　板式塔工艺设计

无论采用筛孔塔板还是浮阀塔板,板式塔的设计原则与步骤均类似,现以筛板塔为例说明。设计内容包括计算塔高、塔径、溢流装置的结构与尺寸,确定塔板板面布置、塔板流体力学校核及绘制负荷性能图。

1. 塔高的设计计算

第 7 章中已指出,板式塔的高度包括所有塔板的有效段及塔顶和塔底的高度。气液接触的有效段高度为

$$Z = (N_P - 1) H_T \tag{8.1}$$

式中　Z——塔的有效段高度,m;
　　　N_P——实际塔板数;
　　　H_T——板间距,m。

板间距多取经验值,在设计过程中可参照表 8.1 选取。

表 8.1　不同塔径的板间距参考值

塔径 D/mm	800～1 200	1 400～2 400	2 600～6 600
板间距 H_T/mm	300、350、400、450、500	400、450、500、550、600、650、700	450、500、550、600、650、700、750、800

因安装检修需要,在塔体人孔处板间距不应小于 600～700 mm;进料板与其上一块塔板之间的距离应比一般板间距稍大一些。

2. 塔径的设计计算

塔径的设计常以避免塔内气、液两相的异常流动为原则,即使塔内气体的速度低于发生过量液沫夹带液泛的气速,然后根据该空塔气速确定塔径。因此须首先确定在给定的气、液流量条件下的液泛气速 u_{max}。对于液泛气速的计算大都以苏德斯和布朗对液滴进行力平衡分析获得的方程为基础。对悬浮于气流中的液滴进行受力分析,显然液滴能够回落的最大气速即为液泛气速,则

$$u_{max} = \sqrt{\frac{4d_p g(\rho_L - \rho_g)}{3\zeta \rho_g}} \tag{8.2}$$

式中　u_{max}——液泛气速,m/s;
　　　d_p——液滴直径,m;
　　　ζ——阻力系数。

由于气、液两相在塔板上接触所形成的液滴直径以及阻力系数都未知,故将所有未知变量合并,使上式变为

$$u_{max} = C\sqrt{\frac{\rho_L - \rho_g}{\rho_g}} \tag{8.3}$$

式中　ρ_L、ρ_g——塔内液体、气体的密度,kg/m³;
　　　C——气体负荷因子,m/s。

气体负荷因子与很多因素有关,不同的方法会关联出不同的方程,目前应用最为广泛的是史密斯关联图。如图 8.11 所示,图中横坐标 $(V_L/V_g)\sqrt{\rho_L/\rho_g}$ 称为气液动能参数,反映气液两相流量与密度的影响;V_L、V_g 分别为塔内气、液两相的体积流量,m³/h;H_T 为板间距,h_L 为塔板液层高度,$(H_T - h_L)$ 为板上的气相空间(分离空间)高度,$(H_T - h_L)$ 越大,C 值越大,从而 u_{max} 就越大,这是因为分离空间的增大使液沫夹带减少,允许的最大气速就可以提高。纵坐标 C_{20} 表示液相表面张力 $\sigma = 0.020$ N/m 时的气体负荷因子,当塔内液相表面张力不同时,应作如下校正:

$$\frac{C_{20}}{C} = \left(\frac{0.020}{\sigma}\right)^{0.2} \tag{8.4}$$

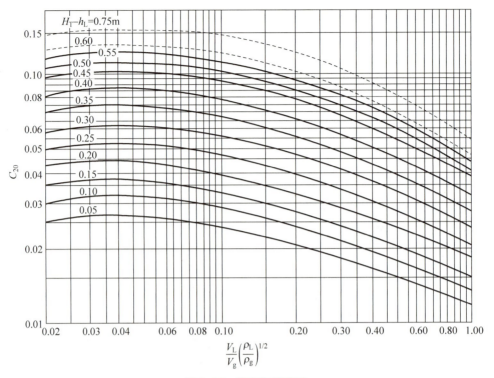

图 8.11 史密斯关联图

式中 C_{20}——表面张力为 0.020 N/m 时的气体负荷因子，m/s；

C——表面张力为 σ 时的气体负荷因子，m/s；

σ——与 C 相对应的液体表面张力，N/m。

设计中，板上液层高度 h_L 由设计者选定。对常压塔一般取为 0.05～0.1 m；对减压塔一般取为 0.025～0.03 m。

通常空塔气速取最大允许气速的 60%～80%，即

$$u = (0.6 \sim 0.8) u_{\max} \tag{8.5}$$

由此获得实际操作空塔气速后可按下式计算塔径：

$$D = \sqrt{\frac{4V_g}{\pi u}} \tag{8.6}$$

式中 D——精馏塔内径，m；

u——空塔气速，m/s；

V_g——塔内上升蒸气的体积流量，m^3/s。

按式(8.6)计算出塔径，然后根据塔径系列标准进行圆整。当塔径小 1 m 时，塔径为 100 mm 的倍数，如 600 mm、700 mm、800 mm 等；当塔径超过 1 m 时，则为 200 mm 的倍数，如 1 200 mm、1 400 mm、1 600 mm 等。

应予指出，以上计算所得的塔径只是初估值，还要根据流体力学原则进行校验。另外，对精馏过程，精馏段和提馏段的气液负荷及物性是不同的，故设计时，两段应分别计算，若二者相差不大，取较大者为塔径；若相差较大，应采用变径塔。

3. 溢流装置的设计计算

当塔径较小时，一般采用单溢流；塔径较大或液流阻力较大时，为防止液面落差过大，常采用双溢流、阶梯溢流等多程型溢流形式，如图 8.12 所示。使用多程型溢流形式，会使得塔板结构变得复杂，难以保证塔板上各部分气、液两相的均匀分布，根据实际经验，一般塔径小于 2 m 时采用单溢流，大于 2.2 m 时才考虑双溢流等形式。

以单溢流为例，溢流装置主要包括溢流堰、降液管和受液盘。工业上多使用弓形降液管，如图 8.13 所示，溢流装置的设计参数包括溢流堰的堰长 l_w、堰高 h_w、弓形降液管的宽度 W_d、截面积 A_f、降液管底隙高度 h_0 等。

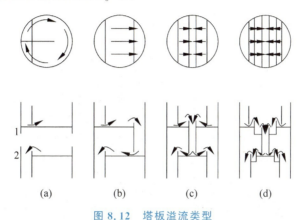

图 8.12　塔板溢流类型
(a) U 型溢流；(b) 单溢流；(c) 双溢流；(d) 阶梯式溢流

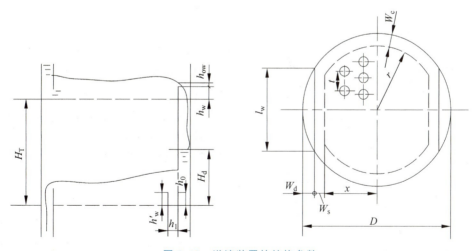

图 8.13　溢流装置的结构参数

1) 堰长 l_w

堰长 l_w 一般根据经验确定，对常用的弓形降液管，可取塔径的 0.6～0.8 倍，即

$$l_w = (0.6 \sim 0.8)D \tag{8.7}$$

2) 堰高 h_w

溢流堰的作用是维持塔板上一定的液层高度，使液体均匀地横向流过塔板。溢流堰的

主要型式有平直堰、齿型堰两种。

堰高 h_w 和溢流堰上清液层高度 h_{ow} 是塔板液体通道上的两个重要参数。史密斯关联图中关联的板上清液层高度 h_L 为堰高 h_w 与堰上液层高度 h_{ow} 之和：

$$h_L = h_w + h_{ow} \tag{8.8}$$

堰上液层高度 h_{ow} 取决于液体流量及堰长的大小，对于平直堰可由下式计算：

$$h_{ow} = 0.00284 E \left(\frac{V_L}{l_w}\right)^{\frac{2}{3}} \tag{8.9}$$

式中　V_L——液体流量，m³/h；

　　　l_w——堰长，m；

　　　E——液流收缩系数，可由图 8.14 查得。

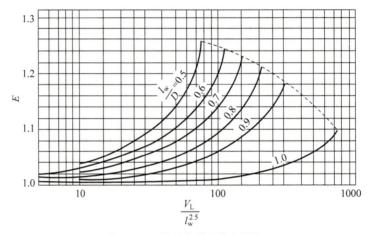

图 8.14　液流收缩系数计算图

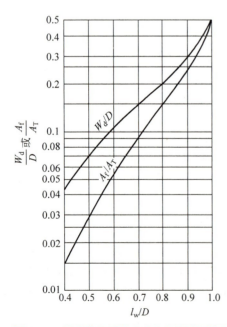

图 8.15　弓形降液管的宽度与面积关系图

根据设计经验，取 $E=1$ 时所引起的误差能满足工程设计要求。

前已述及，板上液层高度 h_L 对常压塔可在 $0.05\sim 0.1$ m 的范围内选取，因此，在求出 h_{ow} 之后即可按式(8.8)确定 h_w。

常压塔一般应保持塔板上清液层高度 h_L 在 $50\sim 100$ mm。堰上液层高度 h_{ow} 应大于 6 mm，若小于此值须采用齿形堰；h_{ow} 也不宜大于 $60\sim 70$ mm，否则应改用双溢流型式。对减压塔或要求压降很小的情况，也可将 h_L 降低至 25 mm 以下，此时堰高 h_w 可低至 $6\sim 15$ mm。

3）弓形降液管

弓形降液管的设计参数有降液管宽度 W_d 及截面积 A_f。可根据堰长与塔径之比 l_w/D 或塔的横截面积 A_T 由图 8.15 查得。

前已述及，液体在降液管内应有足够的停留

时间,使液体中夹带的气泡得以分离。由实践经验可知,液体在降液管内的停留时间不应小于 3~5 s,对于高压下操作的塔及易起泡的物系,停留时间应更长一些。为此在确定降液管尺寸后,应按下式校验降液管内停留时间 τ:

$$\tau = \frac{3\,600 A_f H_T}{V_L} \geqslant 3 \sim 5$$

如果不能满足停留时间要求,应调整降液管尺寸或板间距,直至满足要求。

4) 降液管底隙高度 h_0

降液管底隙高度 h_0 是降液管底部到受液盘的距离,其确定原则是:保证流体流经此处时的阻力不太大,同时又要有良好的液封。h_0 一般按下式计算:

$$h_0 = \frac{V_L}{3\,600 l_w u_0'} \tag{8.10}$$

式中 u_0'——液体通过底隙时的流速,m/s。

根据经验,一般取 $u_0' = 0.07 \sim 0.25$ m/s。

降液管底隙高度 h_0 应低于出口堰高 h_w,才能保证降液管底端有良好的液封,一般应低于 6 mm。因此,为简便起见,有时也按 $h_0 = h_w - 6$ mm 确定 h_0。此外,h_0 也不宜小于 20~25 mm,否则易堵塞或因安装偏差而使液流不畅,造成液泛。设计中,对直径较小的塔,h_0 取 25~30 mm,对直径较大的塔 $h_0 > 40$ mm。

5) 受液盘

塔板上接受上一层流下液体的部位称为受液盘,受液盘有两种形式:平直受液盘和凹形受液盘。平直受液盘一般需在塔板上设置进口堰,以保证降液管液封,但设置进口堰既占用板面,又易使沉淀物淤积。工业上常采用凹形受液盘,深度一般在 50 mm 以上,有侧线采出时,宜取深些。

4. 塔板板面布置

以单溢流型为例,通常塔板上的面积可分为四个区域,如图 8.16 所示。

(1) 溢流区 降液管和受液盘所占的区域。

(2) 鼓泡区 气、液两相进行接触的有效区域。筛孔均布置于此区域内。

(3) 无效区 靠近塔壁的一圈边缘区域,也称边缘区,一般用于安装塔板的边梁。其宽度 W_c 视塔板的支撑需要而定。小塔一般为 30~50 mm,大塔一般为 50~70 mm。有时在塔板上沿塔壁设置旁流挡板,防止边缘漏液。

(4) 安定区 溢流区与鼓泡区之间的不开孔区域,也称破沫区。此区域不开气体通道,其作用有两方面:一方面是在液体进入降液管之前,有

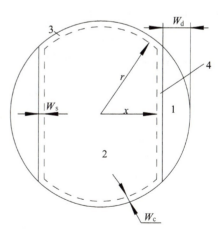

1—溢流区;2—鼓泡区;
3—无效区;4—安定区。

图 8.16 塔板布置示意图

一段不鼓泡的安定地带,以免液体大量夹带气泡进入降液管;另一方面是在液体入口处,由于液面落差,液层较厚,有一段不开孔的安定区域,可减少漏液。安定区宽度以 W_s 表示。溢流堰前 W_s 取 70~100 mm,进口堰后 W_s 取 50~100 mm。直径小于 1 m 的塔,W_s 可适当减小。

为便于设计加工,塔板的结构参数已逐步得到系列化和标准化。设计时可参考有关手册。

5. 筛孔的计算及其排列

1) 筛孔直径

筛孔直径是影响气相分散和气液接触的重要工艺尺寸,对于泡沫态操作的筛板,筛孔直径 d_0 通常取 $3\sim 8$ mm,以 5 mm 左右为最适宜。而对于以喷射态操作的筛板,其筛孔直径 d_0 为 $12\sim 25$ mm。因大孔径筛板加工简单、造价低,且不易堵塞,只要设计合理、操作得当,便可获得满意的分离效果以及较高的生产能力,这也是筛孔塔板的发展趋势。

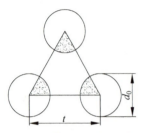

图 8.17 筛孔正三角形排列

2) 筛孔的排列和筛孔数

设计时,筛孔通常按正三角形排列,如图 8.17 所示,相邻两筛孔中心的距离称为孔中心距 t,一般为 $(2.5\sim 5)d_0$。筛孔的总面积 A_0 与鼓泡区面积 A_a 之比称为开孔率,以 φ 表示。对正三角形排列的筛孔开孔率按下式计算:

$$\varphi = \frac{0.5 \times 0.7854 d_0^2}{0.5 t^2 \sin 60°} = 0.907 \left(\frac{d_0}{t}\right)^2 \tag{8.11}$$

根据开孔率的定义,又可写为

$$\varphi = \frac{0.7854 d_0^2 n}{A_a} \tag{8.12}$$

联立式(8.11)与式(8.12),可确定筛孔数目 n 为

$$n = \frac{1.15 A_a}{t^2} \tag{8.13}$$

式中 A_a——鼓泡区面积,m^2;
t——孔中心距,m。

对常见的单流型弓形降液管塔板,鼓泡区(或称开孔区)面积 A_a 由下式确定:

$$A_a = 2\left(X\sqrt{r^2 - X^2} + \frac{\pi}{180}r^2 \arcsin \frac{X}{r}\right) \tag{8.14}$$

$$X = \frac{D}{2} - (W_d + W_s), \quad r = \frac{D}{2} - W_c$$

式中 W_d——弓形降液管宽度,m;
W_s——安定区宽度,m;
W_c——无效区宽度,m;
$\arcsin \frac{X}{r}$——以度数表示的反正弦函数。

按以上步骤确定的塔高、塔径及筛板工艺尺寸,还需通过流体力学校验,若不合理则需进行调整。

6. 塔板流体力学校核

1) 塔板压降

前已述及,气体通过筛板的压降为每块塔板的干板阻力、板上充气液层的静压力及液体

的表面张力,即

$$\Delta p_p = \Delta p_c + \Delta p_l + \Delta p_\sigma \tag{8.15}$$

式中 Δp_p——气体通过每层筛板的压降,Pa;
Δp_c——气体克服干板阻力所产生的压降,Pa;
Δp_l——气体克服板上充气液层的静压力所产生的压降,Pa;
Δp_σ——气体克服液体表面张力所产生的压降,Pa。

习惯上,常把上述压降以塔内液体的液柱高度来表示,故上式又可写成

$$h_p = h_c + h_l + h_\sigma \tag{8.16}$$

式中 h_p——与 Δp_p 相当的液柱高度 $\left(h_p = \dfrac{\Delta p_p}{\rho_L g}\right)$,m;

h_c——与 Δp_c 相当的液柱高度 $\left(h_c = \dfrac{\Delta p_c}{\rho_L g}\right)$,m;

h_l——与 Δp_l 相当的液柱高度 $\left(h_l = \dfrac{\Delta p_l}{\rho_L g}\right)$,m;

h_σ——与 Δp_σ 相当的液柱高度 $\left(h_\sigma = \dfrac{\Delta p_\sigma}{\rho_L g}\right)$,m。

(1) 干板压降

气体通过干板与通过孔板的流动情况极为相似,可由流体力学的有关内容进行推导,其结果为

$$h_c = \dfrac{1}{2g}\left(\dfrac{u_0}{c_0}\right)^2 \left(\dfrac{\rho_g}{\rho_L}\right) \tag{8.17}$$

式中 u_0——气体通过筛孔的速度,m/s,可由鼓泡区面积和开孔率以及气体流量计算;
c_0——孔流系数,当 $d_0 < 10$ mm 时,其值由图 8.18 查出;当 $d_0 \geqslant 10$ mm 时,其值由图 8.18 查出后再乘以 1.15 的校正系数。

(2) 气体通过充气液层的压降

气体通过充气液层的压降与板上清液层的高度 h_L 及气泡的状况等许多因素有关,其计算方法很多,设计中常采用下式估算:

$$h_l = \beta h_L = \beta(h_{ow} + h_w) \tag{8.18}$$

式中 β——充气系数,为反映板上液层充气程度的因素,其值从图 8.19 查取,通常可取 $\beta = 0.5 \sim 0.6$。

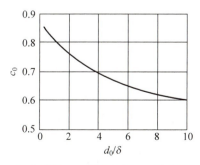

c_0—孔流系数;d_0—筛孔直径;δ—筛板厚度。

图 8.18 干筛孔的流量系数

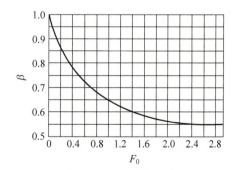

图 8.19 充气系数 β 和动能因子 F_0 的关系

图 8.19 的横坐标 F_0 称为气相动能因子,单位为 $kg^{\frac{1}{2}}/(m^{\frac{1}{2}} \cdot s)$,由下式计算:

$$F_0 = u_a \sqrt{\rho_g} \tag{8.19}$$

式中 u_a——以有效分离区面积为基准的气体速率,$u_a = \dfrac{V_g}{A_T - 2A_f}$,m/s;

A_T——塔的横截面积,$A_T = 0.7854D^2$,m^2。

(3) 液体表面张力所产生的压降

气体克服液体表面张力引起的压降 h_σ 可按下式估算:

$$h_\sigma = \dfrac{4\sigma}{g\rho_L d_0} \tag{8.20}$$

式中 σ——液体的表面张力,N/m。

一般 h_σ 的值很小,计算时可忽略不计。

2) 液面落差

筛板上没有突起的气液接触元件,液体流动的阻力小,故液面落差小,通常可忽略不计。只有当液体流量很大及液体流程很长时,才需要考虑液面落差的影响。

3) 液泛

前已述及,液泛分为降液管液泛和液沫夹带液泛两种情况。在筛板的流体力学验算中通常对降液管液泛进行验算。为使液体能由上层塔板稳定地流入下层塔板,降液管内须维持一定的液层高度 H_d,降液管内液层高度用来克服相邻两层塔板间的压降、板上清液层阻力和液体流过降液管的阻力,因此,可用下式计算 H_d:

$$H_d = h_p + h_L + h_d \tag{8.21}$$

式中 H_d——降液管内清液层高度,m;

h_p——与上升气体通过一层塔板的压降所相当的液柱高度,m;

h_d——与液体流过降液管的压降相当的液柱高度,m。

式(8.21)中的 h_p 可由式(8.16)计算,h_L 已知,而 h_d 主要是由降液管底隙处的局部阻力造成,可按下式估算:

塔板上不设进口堰

$$h_d = 0.153 \left(\dfrac{V_L}{l_w h_0}\right)^2 = 0.153(u'_0)^2 \tag{8.22}$$

塔板上设进口堰

$$h_d = 0.2 \left(\dfrac{V_L}{l_w h_0}\right)^2 = 0.2(u'_0)^2 \tag{8.23}$$

式中 V_L——板上液体体积流量,m^3/s。

u'_0——流体流过降液管底隙时的流速,m/s。

按式(8.21)可算出降液管中清液层高度 H_d,而降液管中液体和泡沫的实际高度大于此值。为防止液泛,应保证降液管中泡沫液体总高度不能超过上层塔板的出口堰,即

$$H_d \leqslant \varphi(H_T + h_w) \tag{8.24}$$

式中 φ——安全系数。对易发泡物系,$\varphi = 0.3 \sim 0.5$;对不易发泡物系,$\varphi = 0.6 \sim 0.7$。

4) 漏液

当气体通过筛孔的气速较小,气体的动能不足以阻止液体向下流动时,便会发生漏液现

象。根据经验,当相对漏液量(漏液量/液流量)小于 10%时对塔板效率影响不大。相对漏液量为 10%时的气速称为漏液点气速,它是塔板操作气速的下限,以 $u_{0,\min}$ 表示。漏液量与气体通过筛孔的动能因子有关,根据实验观察,筛板塔相对漏液量为 10%时的动能因子为 $F_0=8\sim10$。因此可据式(8.19)计算漏液点的气速。

应予指出,计算筛板塔漏液点气速有不同的方法,但用动能因子计算漏液点气速,方法简单,有足够的准确性。

气体通过筛孔的实际速度 u_0 与漏液点气速 $u_{0,\min}$ 之比称为稳定系数,即

$$K=\frac{u_0}{u_{0,\min}} \tag{8.25}$$

式中 K——稳定系数,无因次。K 值的适宜范围为 1.5~2。

5)液沫夹带

液沫夹带造成液相在塔板间的返混,为保证板效率的基本稳定,通常将液沫夹带量限制在一定范围内,设计中规定液沫夹带量 e_V 要低于 0.1 kg(液)/kg(气)。

计算液沫夹带量有不同的方法,设计中常采用下式估算:

$$e_V=\frac{5.7\times 10^{-6}}{\sigma}\left(\frac{u_a}{H_T-h_f}\right)^{3.2} \tag{8.26}$$

式中 e_V——液沫夹带量,kg(液)/kg(气);

σ——液体表面张力,N/m;

h_f——塔板上鼓泡层高度,m。

h_f 可按板上清液层高度 h_L 估算,一般取 $h_f=2.5h_L$。

6)降液管内停留时间 τ

进入降液管的液体是带有气泡的气液混合物,在降液管中应将气体分离出来以免气泡夹带到下层塔板,这就要求混合物在降液管内有足够长的分离时间。一般规定在降液管内清液的停留时间不小于 3~5 s,对严重起泡物系,应不小于 7 s。此停留时间可根据液体体积流量与其所通过空间的体积之间的关系计算:

$$\tau=\frac{A_f H_d}{V_L}\geqslant 3\sim 5 \tag{8.27}$$

式中 τ——液体在降液管内停留时间,s;

H_d——降液管内清液高度,m。

按以上方法进行流体力学校验后,还应绘制负荷性能图,详见例 8.1。

【例 8.1】 在一常压操作的连续精馏塔内分离某二元混合物。经过工艺计算,已得出精馏段的有关工艺参数如下:气相流量 $V_g=1.15$ m³/s;液相流量 $V_L=0.005$ m³/s;气相密度 $\rho_g=2.76$ kg/m³;液相密度 $\rho_L=876$ kg/m³;液相表面张力 $\sigma_L=0.0205$ N/m。

试根据上述工艺条件完成筛板塔的设计计算。

解:1)设计计算

(1)塔径计算

取板间距 $H_T=0.45$ m,板上液层高度 $h_L=0.07$ m,则分离空间为

$$H_T-h_L=0.45\text{ m}-0.07\text{ m}=0.38\text{ m}$$

气液动能参数 $\dfrac{V_L}{V_g}\left(\dfrac{\rho_L}{\rho_g}\right)^{1/2} = \dfrac{0.005\times 3\,600}{1.15\times 3\,600}\left(\dfrac{876}{2.76}\right)^{1/2} = 0.077$

查图 8.11 得 $C_{20} = 0.078$ m/s，则

$$C = C_{20}\left(\dfrac{\sigma_L}{0.020}\right)^{0.2} = 0.078\left(\dfrac{0.020\,5}{0.020}\right)^{0.2} = 0.078$$

故

$$u_{\max} = 0.078\sqrt{\dfrac{876-2.76}{2.76}}\ \text{m/s} = 1.387\ \text{m/s}$$

取安全系数为 0.6，则空塔气速为

$$u = 0.6 u_{\max} = 0.6 \times 1.387\ \text{m/s} = 0.832\ \text{m/s}$$

$$D = \sqrt{\dfrac{4V_g}{\pi u}} = \sqrt{\dfrac{4\times 1.15}{3.14\times 0.832}}\ \text{m} = 1.327\ \text{m}$$

按标准塔径圆整后为 $D = 1.4$ m。
对照表 8.1，所选板间距合适。

塔截面积 $\quad A_T = \dfrac{\pi}{4}D^2 = \dfrac{3.14}{4}\times 1.4^2\ \text{m}^2 = 1.539\ \text{m}^2$

实际空塔气速 $\quad u = \dfrac{1.15}{1.539}\ \text{m/s} = 0.747\ \text{m/s}$

(2) 溢流装置设计

因塔径较小，可采用单溢流弓形降液管，凹形受液盘。各项计算如下：

① 堰长 l_w

$$l_w = 0.7D = 0.7\times 1.4\ \text{m} = 0.98\ \text{m}$$

② 堰高 h_w

由 $h_w = h_L - h_{ow}$，堰上液层高度 h_{ow} 可由式(8.9)计算，即

$$h_{ow} = 0.002\,84 E\left(\dfrac{V_L}{l_w}\right)^{2/3}$$

近似取 $E = 1$，则

$$h_{ow} = 0.002\,84\times 1\times\left(\dfrac{0.005\times 3\,600}{0.98}\right)^{2/3}\ \text{m} = 0.02\ \text{m}$$

故 $\quad h_w = 0.07\ \text{m} - 0.02\ \text{m} = 0.05\ \text{m}$

③ 弓形降液管宽度 W_d 和截面积 A_f

由 $l_w/D = 0.7$，查图 8.15，得 $\dfrac{A_f}{A_T} = 0.09$，$\dfrac{W_d}{D} = 0.15$。故

$$A_f = 0.09 A_T = 0.09\times 1.539\ \text{m}^2 = 0.139\ \text{m}^2$$

$$W_d = 0.15 D = 0.15\times 1.4\ \text{m} = 0.21\ \text{m}$$

降液管中液体停留时间校核：

$$\tau = \dfrac{3\,600 A_f H_T}{V_L} = \dfrac{3\,600\times 0.139\times 0.45}{0.005\times 3\,600}\ \text{s} = 12.51\ \text{s} > 5\ \text{s}$$

故降液管设计合理。

④ 降液管底隙高度 h_0

$$h_0 = \frac{V_L}{3600 L_w u_0'}, \quad \text{取} \ u_0' = 0.12 \ \text{m/s}$$

则
$$h_0 = \frac{0.005 \times 3600}{3600 \times 0.98 \times 0.12} \ \text{m} = 0.043 \ \text{m}$$

$$h_w - h_0 = 0.05 \ \text{m} - 0.043 \ \text{m} = 0.007 \ \text{m} > 0.006 \ \text{m}$$

故降液管底隙高度设计合理。

(3) 塔板布置设计

取安定区宽度 $W_s = 0.07$ m，无效区宽度 $W_c = 0.05$ m。塔板选用厚度 $\delta = 4$ mm 碳钢板，筛孔直径 $d_0 = 4$ mm。筛孔按正三角形排列，取孔中心距 $t = 3d_0 = 3 \times 4$ mm $= 12$ mm。

筛孔数目 n 可依式(8.13)计算，即

$$n = \frac{1.155 A_a}{t^2}$$

其中
$$A_a = 2\left(X\sqrt{r^2 - X^2} + \frac{\pi r^2}{180} \arcsin \frac{X}{r}\right)$$

$$X = \frac{D}{2} - (W_d + W_s) = \frac{1.4 \ \text{m}}{2} - (0.21 \ \text{m} + 0.07 \ \text{m}) = 0.42 \ \text{m}$$

$$r = \frac{D}{2} - W_c = \frac{1.4 \ \text{m}}{2} - 0.05 \ \text{m} = 0.65 \ \text{m}$$

则
$$A_a = 2 \times \left(0.42 \times \sqrt{0.65^2 - 0.42^2} + \frac{3.14 \times 0.65^2}{180} \arcsin \frac{0.42}{0.65}\right) \ \text{m}^2 = 1.01 \ \text{m}^2$$

$$n = \frac{1.155 \times 1.01}{0.012^2} \ \text{个} = 8\,101 \ \text{个}$$

开孔率
$$\varphi = 0.907 \left(\frac{d_0}{t}\right)^2 = 0.907 \times \left(\frac{0.004}{0.012}\right)^2 = 0.1 = 10\%$$

2) 流体力学验算

(1) 塔板压降

气体通过一层塔板的压降可由式(8.16)计算，即

$$h_p = h_c + h_l + h_\sigma$$

干板压降 h_c 由式(8.17)计算，即

$$h_c = 0.051 \left(\frac{u_0}{c_0}\right)^2 \left(\frac{\rho_g}{\rho_L}\right)$$

气体通过筛孔的速度为

$$u_0 = \frac{V_g}{\frac{\pi}{4} d_0^2 n} = \frac{1.15}{\frac{\pi}{4} \times 0.004^2 \times 8\,101} \ \text{m/s} = 11.30 \ \text{m/s}$$

查图 8.18 得，孔流系数 $C_0 = 0.8$，故

$$h_c = 0.051 \left(\frac{11.30}{0.8}\right)^2 \left(\frac{2.76}{876}\right) \ \text{m 液柱} = 0.032 \ \text{m 液柱}$$

气体通过充气液层的压降由式(8.18)计算，即 $h_l = \beta h_L$。

$$u_a = \frac{V_g}{A_T - 2A_f} = \frac{1.15}{1.539 - 2 \times 0.139} \text{ m/s} = 0.912 \text{ m/s}$$

$$F_0 = 0.912\sqrt{2.76} = 1.515 \text{ kg}^{\frac{1}{2}}/(\text{m}^{\frac{1}{2}} \cdot \text{s})$$

查图 8.19，得 $\beta = 0.59$，故

$$h_1 = 0.59 \times 0.07 \text{ m 液柱} = 0.041\ 3 \text{ m 液柱}$$

忽略液体表面张力所产生的压降 h_σ，则

$$h_p = (0.032 + 0.041\ 3) \text{ m 液柱} = 0.073\ 3 \text{ m 液柱}$$

即每层塔板的压降 $\Delta p_p = h_p \rho_L g = 0.073\ 3 \times 876 \times 9.81 \text{ Pa} = 629.9 \text{ Pa}$

（2）液面落差

对于筛板塔，液面落差很小，且本例的塔径和液流量均不大，故可忽略液面落差的影响。

（3）液泛

为防止塔内发生液泛，降液管内液层高 H_d 应服从式(8.24)，即 $H_d \leq \varphi(H_T + h_w)$。取 $\varphi = 0.5$，则

$$\varphi(H_T + h_w) = 0.5 \times (0.45 + 0.05) \text{ m} = 0.25 \text{ m}$$

因为 $H_d = h_p + h_L + h_d$，而板上不设进口堰，h_d 可由式(8.22)计算，即

$$h_d = 0.153(u_0')^2 = 0.153 \times (0.12)^2 \text{ m 液柱} = 0.002 \text{ m 液柱}$$

则 $H_d = (0.073\ 3 + 0.07 + 0.002) \text{ m 液柱} = 0.145\ 3 \text{ m 液柱} \leq \varphi(H_T + h_w) = 0.25 \text{ m 液柱}$

故不会发生液泛现象。

（4）漏液

对筛板塔，取漏液量10%时的气相动能因子 $F_0 = 10 \text{ kg}^{\frac{1}{2}}/(\text{m}^{\frac{1}{2}} \cdot \text{s})$，则

$$u_{0,\min} = \frac{F_0}{\sqrt{\rho_g}} = \frac{10}{\sqrt{2.76}} \text{ m/s} = 6.02 \text{ m/s}$$

已知实际孔速 $u_0 = 11.30 \text{ m/s}$，则稳定系数

$$K = \frac{u_0}{u_{0,\min}} = \frac{11.30}{6.02} = 1.88$$

因 $1.5 < K < 2$，故无明显漏液。

（5）液沫夹带

由式(8.26)计算液沫夹带量。由 $u_a = 0.912 \text{ m/s}$，$h_f = 2.5 h_L = 2.5 \times 0.07 \text{ m} = 0.175 \text{ m}$，得

$$e_V = \frac{5.7 \times 10^{-6}}{20.5 \times 10^{-3}} \left(\frac{0.912}{0.45 - 0.175}\right)^{3.2} \text{ kg(液)/kg(气)}$$

$$= 0.012\ 89 \text{ kg(液)/kg(气)} < 0.1 \text{ kg(液)/kg(气)}$$

故液沫夹带量 e_V 在允许范围内。

3）塔板负荷性能图

（1）漏液线

前已求得 $u_{0,\min} = 6.02 \text{ m/s}$，故最小气相流量

$$V_{g,\min} = \frac{\pi}{4} d_0^2 n u_{0,\min} = 0.785 \times 0.004^2 \times 8\ 101 \times 6.02 \text{ m}^3/\text{s} = 0.613 \text{ m}^3/\text{s}$$

据此可作出与液体流量无关的水平漏液线 1。

(2) 液沫夹带线

以 $e_V = 0.1$ kg(液)/kg(气)为限,求 V_g-V_L 关系如下。

$$e_V = \frac{5.7 \times 10^{-6}}{\sigma}\left(\frac{u_a}{H_T - h_f}\right)^{3.2}$$

$$u_a = \frac{V_g}{A_T - 2A_f} = \frac{V_g}{1.539 - 2 \times 0.139} = \frac{V_g}{1.261}$$

$$h_f = 2.5 h_L = 2.5(h_w + h_{ow}) = 2.5 \times \left[0.05 + 0.00284\left(\frac{3600 V_L}{0.98}\right)^{\frac{2}{3}}\right] = 0.125 + 1.69 V_L^{\frac{2}{3}}$$

故

$$H_T - h_f = 0.45 - (0.125 + 1.69 V_L^{\frac{2}{3}}) = 0.325 - 1.69 V_L^{\frac{2}{3}}$$

$$e_V = \frac{5.7 \times 10^{-6}}{0.0205}\left[\frac{V_g}{1.261(0.325 - 1.69 V_L^{\frac{2}{3}})}\right]^{3.2} = 0.1 \Rightarrow V_g = 2.578 - 13.4 V_L^{\frac{2}{3}}$$

由上式即可作出液沫夹带线 2。

(3) 液相负荷下限线

对于平直堰,取堰上液层高度 $h_{ow} = 0.006$ m 作为最小液相流量。

由式(8.9)得

$$h_{ow} = 0.00284 E\left(\frac{3600 V_L}{l_w}\right)^{\frac{2}{3}} \text{ m} = 0.006 \text{ m}$$

取 $E = 1$,则

$$V_{L,\min} = \left(\frac{0.006}{0.00284}\right)^{\frac{3}{2}} \frac{0.98}{3600} \text{ m}^3/\text{s} = 0.00084 \text{ m}^3/\text{s}$$

据此可作出与气体流量无关的垂直液相负荷下限线 3。

(4) 液相负荷上限线

以 $\tau = 5$ s 作为液体在降液管中停留时间的下限,则

$$\tau = \frac{A_f H_T}{V_L} = 5 \text{ s}$$

$$V_{L,\max} = \frac{A_f H_T}{\tau} = \frac{0.139 \times 0.45}{5} \text{ m}^3/\text{s} = 0.0125 \text{ m}^3/\text{s}$$

据此可作出与气体流量无关的垂直液相负荷上限线 4。

(5) 液泛线

令 $H_d = \varphi(H_T + h_w)$,由 $H_d = h_p + h_L + h_d$,$h_p = h_c + h_1 + h_\sigma$,$h_1 = \beta h_L$,$h_L = h_w + h_{ow}$,得

$$\varphi H_T + (\varphi - \beta - 1) h_w = (\beta + 1) h_{ow} + h_c + h_d + h_\sigma$$

忽略 h_σ,将 h_{ow} 与 V_L、h_d 与 V_L、h_c 与 V_L 的关系代入上式,并整理得

$$a' V_g^2 = b' - c' V_L^2 - d' V_L^{2/3}$$

式中,$a' = \dfrac{0.051}{(A_0 C_0)^2}\left(\dfrac{\rho_g}{\rho_L}\right)$;其中 $A_0 = \dfrac{\pi}{4} d_0^2 n$,$b' = \varphi H_T + (\varphi - \beta - 1) h_w$,$c' = 0.153/(l_w h_0)^2$,$d' = 2.84 \times 10^{-3} E(1+\beta)\left(\dfrac{3600}{l_w}\right)^{\frac{2}{3}}$。

将有关数据代入,得 $a' = 0.0243$,$b' = 0.1705$,$c' = 86.16$,$d' = 1.078$,故

$$V_g^2 = 7.016 - 3546V_L^2 - 44.36V_L^{2/3}$$

由上式即可作出液泛线 5。

根据以上各线方程,可作出筛板塔的负荷性能图,如例 8.1 附图所示。

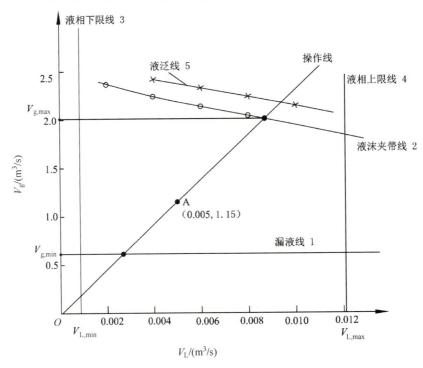

例 8.1 附图

在负荷性能图上作出操作点 $A(0.005, 1.15)$,连接 OA 并延长即为操作线,由操作线与负荷性能曲线的交点分别可以读出 $V_{g,\min} = 0.613 \text{ m}^3/\text{s}$,$V_{g,\max} = 2.010 \text{ m}^3/\text{s}$,故操作弹性为

$$\frac{V_{g,\max}}{V_{g,\min}} = \frac{2.010}{0.613} = 3.279$$

设计结果汇总于例 8.1 附表。

例 8.1 附表 筛板塔设计计算结果

序号	项目	数值	序号	项目	数值
1	塔径 D/m	1.4	13	安定区宽度 W_s/m	0.07
2	板间距 H_T/m	0.45	14	边缘区宽度 W_c/m	0.05
3	溢流型式	单溢流	15	鼓泡区面积 A_a/m^2	1.01
4	降液管型式	弓形	16	开孔率 φ	10%
5	堰长 l_w/m	0.98	17	空塔气速 u/(m/s)	0.747
6	堰高 h_w/m	0.05	18	筛孔气速 u_0/(m/s)	11.30
7	板上液层高度 h_L/m	0.07	19	稳定系数 K	1.88
8	堰上液层高度 h_{ow}/m	0.02	20	每层塔板压降 Δp/Pa	629.9
9	降液管底隙高度 h_0/m	0.043	21	气相负荷上限 $V_{g,\max}$/(m^3/s)	2.010
10	筛孔直径 d_0/m	0.004	22	气相负荷下限 $V_{g,\min}$/(m^3/s)	0.613
11	筛孔数目/个	8 101	23	操作弹性	3.279
12	孔心距 t/m	0.012			

8.3 填 料 塔

典型填料塔的结构如图 8.20 所示。塔体是一直立式圆筒,底部装有填料支承板,填料以乱堆或整砌的方式放置在支承板上。填料的上方安装填料压板,以防被上升气流吹动。操作时,液体从塔顶经液体分布器喷淋到填料上,并沿填料表面呈膜状向下流动。填料层较高时,由于沟流、壁流现象的影响,可能会使得液体汇集,需将填料分段,液体汇集后重新分布。气体从塔底送入,自下而上通过填料层的空隙,由塔顶排出。在填料表面上,气、液两相密切接触进行传质。填料塔属于连续接触式气液传质设备,两相组成沿塔高连续变化,在正常操作状态下,气相为连续相,液相为分散相。

8.3.1 填料及填料性能

填料的种类很多,根据装填方式的不同,可分为散装填料和规整填料。

1. 散装填料

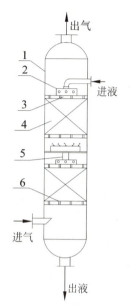

1—塔壳体;2—液体分布器;3—填料压板;
4—填料;5—液体再分布装置;6—填料支撑板。
图 8.20 填料塔的结构示意图

散装填料具有一定的几何形状和尺寸,可以在塔内乱堆或整砌。根据几何形状不同,又可分为环形填料、鞍形填料、环鞍形填料及球形填料等。几种较为典型的散装填料如图 8.21 所示。

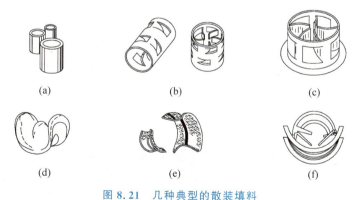

图 8.21 几种典型的散装填料
(a) 拉西环;(b) 鲍尔环;(c) 阶梯环;(d) 弧鞍;(e) 矩鞍;(f) 环矩鞍

(1) 拉西环填料 拉西环于 1914 年由拉西(F. Rashching)发明,为外径与高度相等的圆环,可由金属或陶瓷制成。拉西环的均匀性较差,填料层中的液体存在着比较严重的沟流和壁流现象,传质效率低,目前工业上的应用已日趋减少。

(2) 鲍尔环填料　鲍尔环是对拉西环的改进，在拉西环的侧壁上开出两排长方形的窗孔，被切开的环壁的一侧仍与壁面相连，另一侧向环内弯曲在环中心相搭。鲍尔环由于环壁开孔，其环内空间及环内表面的利用率被大大提高，气流阻力小，解决了沟流和壁流问题。与拉西环相比，鲍尔环的气体通量可增加50％以上，传质效率提高30％左右。鲍尔环是一种应用较广的填料。

(3) 阶梯环填料　阶梯环是对鲍尔环的改进，与鲍尔环相比，阶梯环高度减少了一半并在一端增加了一个锥形翻边。这种结构使填料之间由线接触为主变成以点接触为主，床层均匀且孔隙率大，液体由上层填料流向下层填料时，通过接触点后重新布膜，促进液膜的表面更新，有利于传质效率的提高。阶梯环的综合性能优于鲍尔环，成为目前所使用的环形填料中最为优良的一种。

(4) 弧鞍填料　弧鞍填料属鞍型填料的一种，其形状如同马鞍，一般采用瓷质材料制成。弧鞍填料的特点是表面全部敞开，不分内外，液体在表面两侧均匀流动，表面利用率高，流道呈弧形，流动阻力小。弧鞍填料的强度较差，容易破碎，工业生产中应用不多。

(5) 矩鞍填料　将弧鞍填料两端的弧形面改为矩形面，且两面大小不等，即成为矩鞍填料。矩鞍填料堆积时不会套叠，液体分布较均匀。矩鞍填料一般采用瓷质材料制成，其性能优于拉西环。目前，国内绝大多数应用瓷拉西环的场合，均已被陶瓷矩鞍填料所取代。

(6) 金属环矩鞍填料　环矩鞍填料（国外称为Intalox）是兼顾环形和鞍形结构特点而设计出的一种新型填料，该填料一般以金属材质制成，故又称为金属环矩鞍填料。环矩鞍填料将环形填料和鞍形填料两者的优点集于一体，其综合性能优于鲍尔环和阶梯环，在散装填料中应用较多。

除上述几种较典型的散装填料外，近年来不断有构型独特的新型填料被开发出来，如θ环、共轭环、海尔环填料等。工业上常用的散装填料的特性数据可查阅有关手册。

2. 规整填料

规整填料是由许多相同尺寸和形状的材料组成的填料单元，以整砌的方式装填在塔内。规整填料种类很多，根据其几何结构可分为格栅填料、波纹填料、脉冲填料等。

(1) 格栅填料　格栅填料是以条状单元体经一定规则组合而成的，具有多种结构形式。其中如图8.22(a)所示的格里奇格栅填料最具代表性。格栅填料的比表面积小，传质效率低，一般应用较少。

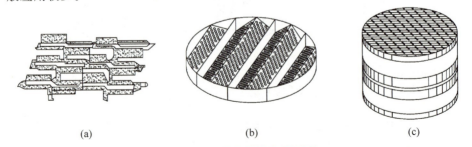

图8.22　几种典型的规整填料

(a) 格里奇格栅填料；(b) 冲压孔板波纹填料；(c) 压延孔板波纹填料

（2）波纹填料　目前工业上应用的规整填料绝大部分为波纹填料,是将金属丝网或多孔板压制成波纹状并叠成圆筒形放入塔内。主要有冲压孔板波纹填料和压延孔板波纹填料等,如图 8.22(b)、(c)所示,以金属制成居多。波纹填料空隙率高、压降低、分离效率很高,全塔液体分布良好,特别适用于精密精馏及真空精馏装置,为难分离物系、热敏性物系的精馏提供了有效的手段。尽管造价高,但波纹填料因其性能优良仍得到了广泛的应用。波纹填料不适于处理黏度大、易聚合或有悬浮物的物料。

工业上常用规整填料的特性参数可参阅有关手册。

3. 填料的性能评价参数

填料的性能评价参数主要包括比表面积、空隙率、填料因子、几何形状等。

（1）比表面积　单位体积填料所具有的表面积称为比表面积,以 a 表示,其单位为 m^2/m^3。填料的比表面积越大,所提供的气液传质面积越大。小尺寸的填料具有较大的比表面积,但填料过小不仅造价高而且流动阻力大。

（2）空隙率　单位体积填料中的空隙体积称为空隙率,以 e 表示,其单位为 m^3/m^3。填料的空隙率越大,气体通过时压降越低。对于各向同性的填料层,其空隙率等于填料塔的自由截面积的百分率。

（3）填料因子　填料的比表面积与空隙率的三次方的比值,即 a/e^3,称为填料因子,以 f 表示,其单位为 $1/m$。填料因子分为干填料因子与湿填料因子,填料未被液体润湿时的 a/e^3 称为干填料因子,它反映填料的几何特性;填料被液体润湿后,填料表面覆盖了一层液膜,a 和 e 均发生相应的变化,此时的 a/e^3 称为湿填料因子,它表示填料的流体力学性能,f 值越小,表明流动阻力越小。

（4）填料的几何形状　虽然填料形状目前尚难以定量表达,但比表面积和空隙率大致接近而形状不同的填料在流体力学和传质性能上可能有显著的差别。形状理想的填料为气、液两相提供了合适的通道,气体流动压降低,液膜表面更新迅速。因此新型填料的开发主要是改进填料的形状。

8.3.2　填料塔的流体力学性能

填料塔的流体力学性能主要包括填料层的持液量、填料层的压降、液泛、填料表面的润湿及返混等。

1. 填料层的持液量

填料层的持液量是指在一定操作条件下,在单位体积填料层内所积存的液体体积,以 H_t(m^3 液体)/(m^3 填料)表示。持液量可分为静持液量 H_s、动持液量 H_o 和总持液量 H_t。静持液量是指当填料被充分润湿后,停止气、液两相进料,并经排液至无滴液流出时存留于填料层中的液体量,其取决于填料和流体的特性,与气液负荷无关。动持液量是指填料塔停止气、液两相进料时流出的液体量,它与填料、液体特性及气液负荷有关。总持液量是指在一定操作条件下存留于填料层中的液体总量。显然,总持液量为静持液量和动持液量之和。

填料层的持液量可由实验测出,也可由经验公式计算。一般来说,适当的持液量对填料塔操作的稳定性和传质是有益的,但持液量过大,将减少填料层的空隙和气相流通截面,使压降增大,处理能力下降。

2. 填料层的压降

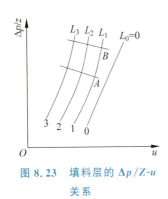

图 8.23 填料层的 $\Delta p/Z$-u 关系

在逆流操作的填料塔中,从塔顶喷淋下来的液体,依靠重力在填料表面成膜状向下流动,上升气体与下降液膜的摩擦阻力形成了填料层的压降。填料层压降与液体喷淋量及气速有关,在一定的气速下,液体喷淋量越大,压降越大;在一定的液体喷淋量下,气速越大,压降也越大,如图 8.23 所示。

在图 8.23 中,直线 0 表示无液体喷淋($L_0 = 0$)时,干填料的 $\Delta p/Z$-u 关系,称为干填料压降线,干填料压降线为直线。曲线 1、2、3 表示不同液体喷淋量 L_1、L_2、L_3($L_1 < L_2 < L_3$)下,填料层的 $\Delta p/Z$-u 关系,称为填料操作压降线。

图 8.23 表明,在一定的喷淋量下,压降随空塔气速的变化曲线大致可分为三个区域。A 点以前气相负荷较小,气体流动对液膜的曳力很小,液体流动不受气流的影响,填料表面上覆盖的液膜厚度基本不变,因而填料层的持液量不变,该区域称为恒持液量区。此时 $\Delta p/Z$-u 为一直线,且基本与干填料压降线平行。A 点以后,气体对液膜的曳力较大,对液膜流动产生阻滞作用,使液膜增厚,填料层的持液量随气速的增加而增大,此现象称为拦液。开始发生拦液现象时的空塔气速称为载点气速,曲线上的转折点 A 称为载点。若气速继续增大,到达图中 B 点时,由于液体不能顺利向下流动,使填料层的持液量不断增大,填料层内几乎充满液体,气体通道变小,气速增加很小,引起压降的剧增,此现象称为液泛,开始发生液泛现象时的气速称为泛点气速,以 u_F 表示,曲线上的点 B 称为泛点。从载点到泛点的区域称为载液区,泛点以上的区域称为液泛区。通常情况下,填料塔应在载液区操作,即操作气速应控制在载点气速和泛点气速之间。

应予指出,在同样的气液负荷下,不同填料的 $\Delta p/Z$-u 关系曲线有所差异,但其基本形状相近。对于某些填料,载点与泛点并不明显。

气体通过填料层的压降已有多种计算方法,但是由于过程的复杂性,各种计算方法均存在较大的误差。目前大多是以埃克特(Eckert)泛点气速关联图计算填料层压降,如图 8.24 所示。

埃克特关联图上的泛点线下部是一组等压线,用于计算散堆填料在不同操作条件下气体通过填料层时的压降。但需注意,利用埃克特关联图计算压降时,应使用压降填料因子。各种不同填料的压降填料因子见表 8.2。

表 8.2 几种常见填料的压降填料因子　　　　　　　　　　m^{-1}

填料类型	填料型号				
	D_g16	D_g25	D_g38	D_g50	D_g76
瓷拉西环	1 050	576	450	288	—
瓷矩鞍	700	215	140	160	—
塑料鲍尔环	343	232	114	125/110	62
金属鲍尔环	306	—	114	98	—
塑料阶梯环	—	176	116	89	—
金属阶梯环	—	—	118	82	—
金属环矩鞍		138	93.4	71	36

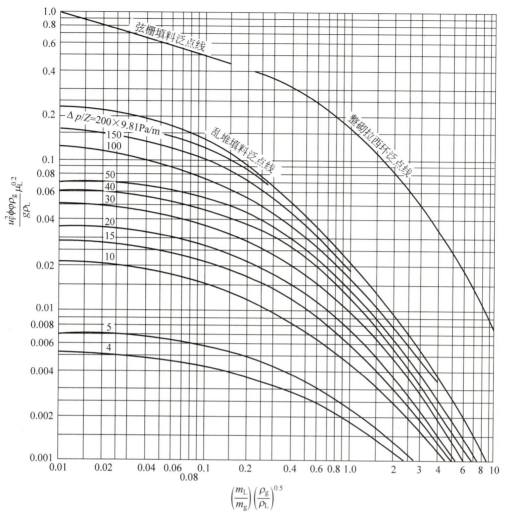

图 8.24 埃克特关联图

3. 泛点率

填料塔的泛点率是指塔内操作气速与泛点气速的比值。尽管在泛点附近操作时具有较高的传质效率,但由于泛点附近流体力学性能极不稳定,极易液泛,操作难度非常大,故一般要求泛点率在 50%~80%,易起泡物系可低至 40%。泛点气速主要和填料的特性、流体的物性及操作的液气比等因素有关,其计算方法目前广泛使用的是埃克特关联图和贝恩-霍根(Bain-Hougen)关联式。

对于散装乱堆填料,常采用埃克特关联图计算泛点气速。如图 8.24 所示,该关联图横坐标以 X 表示,纵坐标以 Y 表示:

$$X = \left(\frac{m_L}{m_g}\right)\left(\frac{\rho_g}{\rho_L}\right)^{0.5} \tag{8.28}$$

$$Y = \frac{u_F^2 \phi \varphi \rho_g}{g \rho_L} \mu_L^{0.2} \tag{8.29}$$

式中　m_L——液体的质量流量,kg/s;
　　　m_g——气体的质量流量,kg/s;
　　　ρ_L——液体密度,kg/m³;
　　　ρ_g——气体密度,kg/m³;
　　　ϕ——实验填料因子;
　　　φ——液体密度矫正系数,为水的密度与液体密度之比;
　　　μ_L——液体的黏度,Pa·s。

在使用埃克特关联图时,填料因子 ϕ 是个经验值,研究表明,在计算某一气速下的压降和计算泛点气速时采用泛点填料因子可使误差减小。表 8.3 为常见填料的泛点填料因子。

按埃克特关联图求得 Y 后,即可计算泛点气速:

$$u_F = \left(\frac{Yg\rho_L}{\phi\varphi\rho_g} \mu_L^{-0.2} \right)^{\frac{1}{2}} \tag{8.30}$$

表 8.3　常见填料的泛点填料因子　　　　　　　　m⁻¹

填料类型	填料型号				
	$D_g 16$	$D_g 25$	$D_g 38$	$D_g 50$	$D_g 76$
瓷拉西环	1 300	832	600	410	—
瓷矩鞍	1 100	550	200	226	—
塑料鲍尔环	550	280	184	140	92
金属鲍尔环	410	—	117	160	—
塑料阶梯环	—	260	170	127	—
金属阶梯环	—	260	160	140	—
金属环矩鞍	—	170	150	135	120

4. 填料塔内的气、液两相流动

填料塔中气、液两相间的传质主要是在填料表面流动的液膜上进行的。要形成液膜,填料表面必须被液体充分润湿,而填料表面的润湿状况取决于塔内的液体喷淋密度及填料材质的表面润湿性能。实际操作时采用的液体喷淋密度应大于某一最小值,以保证填料表面的充分润湿。若喷淋密度过小,可采用增大回流比或采用液体再循环的方法加大液体流量,也可通过减小塔径予以补偿。填料表面润湿性能与填料的材质有关,就常用的陶瓷、金属、塑料三种材质而言,以陶瓷填料的润湿性能最好,塑料填料的润湿性能最差。

液体在填料层内流动所经历的路径是随机的,由填料表面构成的液体通道极不规则,这有助于液膜的湍动,特别是当液体自一个填料通过接触点流至下一个填料时,原来液膜内层的液体可能转到表层,产生表面更新,这是塔内气液传质的有利因素。

在填料塔内,气、液两相的逆流并不呈理想的活塞流状态,而是存在着不同程度的返混。造成返混现象的原因很多,如填料层内的气液分布不均;气体和液体在填料层内的沟流、壁流;液体喷淋密度过大时所造成的气体局部向下运动;塔内气液的湍流脉动使气液微团停留时间不一致等。填料塔内流体的返混使得传质平均推动力变小,传质效率降低。因此,由于返混的影响,按理想的活塞流设计的填料层高度需适当加高,以保证预期的分离效果。

8.3.3 填料塔的内件

填料塔的内件主要有填料支承装置、填料压紧装置、液体分布装置、液体收集再分布装置等。合理地选择和设计塔内件,对保证填料塔的正常操作及优良的传质性能十分重要。

1. 填料支承装置

填料支承装置的作用是支承塔内的填料,常用的填料支承装置有栅板型、孔管型、驼峰型等,如图 8.25 所示。支承装置的选择,主要的依据是塔径、填料种类及型号、塔体及填料的材质、气液流率等。

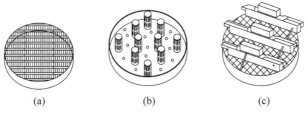

图 8.25 填料支承装置
(a) 栅板型;(b) 孔管型;(c) 驼峰型

2. 填料压紧装置

为防止气相负荷突然变动或气相负荷较大时填料发生松动,在填料上方安装压紧装置。填料压紧装置分为填料压板和床层限制板两大类。填料压板自由放置于填料层上端,靠自身重量将填料压紧,如图 8.26 所示,适用于陶瓷、石墨等制成的易发生破碎的散装填料。床层限制板固定在塔壁上,用于用金属、塑料等制成的不易发生破碎的散装填料及所有规整填料。填料压紧装置不能影响液体分布器的安装和使用。

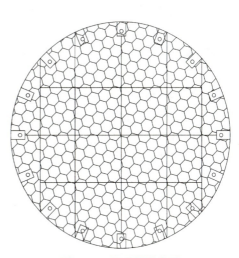

图 8.26 填料压紧装置

3. 液体分布装置

为使进入塔内的液体能够均匀地分布在填料层上,填料塔塔顶一般设置液体的初始分布器,液体分布装置的种类多样,从结构型式上可分为多孔型液体分布器和溢流型液体分布器。

多孔型分布器主要有排管式、槽式、盘式等类型。其共同特点是利用分布器下方的孔将液体均匀地分布在填料层上;溢流式液体分布器是在溢流槽的上部开有一定量的溢流口,用来使液体均匀分布,如图 8.27 所示。

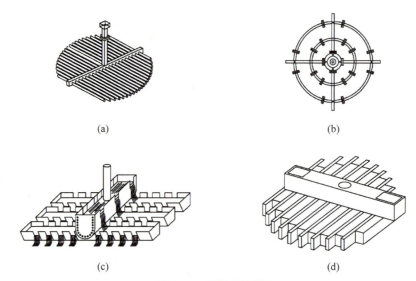

图 8.27 液体分布器

(a) 多孔板式分布器；(b) 多孔管式分布器；(c) 溢流槽式分布器；(d) 槽式分布器

4. 液体收集及再分布装置

液体沿填料层向下流动时，由于沟流和壁流将导致填料层内气液分布不均，使传质效率下降。为减弱这种影响，可间隔一定高度在填料层内设置液体收集及再分布装置，将液体收集后重新分布。每段填料层的高度因填料而异，对拉西环填料可为塔径的 2.5～3 倍，对鲍尔环及鞍型填料可为塔径的 5～10 倍，但通常每段填料层高度最多不超过 6 m。对于整砌填料，因液体沿竖直方向向下流动，不存在偏流现象，填料不必分层安装，也无须设置再分布装置，但对液体的初始分布有较高的要求。相比之下，乱堆填料因自动分布液体的能力，对液体的初始分布没有过于苛刻的要求，却因偏流需要考虑液体再分布。

液体再分布装置的型式很多，最简单的液体再分布装置为截锥式再分布器。如考虑填料的分段装卸，再分布器之上可另设支撑板。

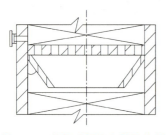

图 8.28 截锥式再分布器结构图

如图 8.28 所示，截锥式再分布器结构简单，安装方便，但它只起到将壁流向中心汇集的作用，无液体再分布的功能，一般用于直径小于 0.8 m 的塔中。

在通常情况下，一般将液体收集器及液体分布器同时使用，构成液体收集及再分布装置。液体收集器将上层填料流下的液体收集，然后送至液体分布器进行液体再分布。常用的液体收集器为斜板式液体收集器。因兼有集液和分液的功能，故多孔盘式液体分布器是优良的液体收集及再分布装置。有关其他类型的液体分布及再分布装置，可查阅相关手册进行了解。

5. 除沫器

除沫器用来除去填料层顶部气体中夹带的液滴，安装在液体分布器上方。当塔内气速不大,工艺过程又无严格要求时,一般可不设除沫器。

除沫器的种类很多,常见的有折板除沫器、丝网除沫器、旋流板除沫器等。折板除沫器阻力较小,只能除去 50 μm 以上的液滴;丝网除沫器是用金属丝或塑料丝编结而成,可除去 5 μm 的微小液滴,压降稍高,造价高;旋流板除沫器造价比丝网便宜,除沫效果比折板好。

本章主要符号说明

A_a——鼓泡区面积,m^2

A_T——塔的横截面积,m^2

A_f——弓形降液管的横截面积,m^2

c_0——孔流系数

C_{20}——表面张力为 0.020 N/m 时的气体负荷因子

d_0——筛孔直径,m

E——液流收缩系数

e_V——液沫夹带量,kg 液体/kg 干气体

H_d——降液管内清液层高度,m

H_T——板间距,m

h_d——与液体流过降液管的压降相当的液柱高度,m

h_f——板上鼓泡层高度,m

h_L——板上清液层高度,m

h_{ow}——堰上液层高度,m

h_p——与气体通过一层塔板的压降相当的液柱高度,m

h_w——堰高,m

h_0——降液管底隙高度,m

h_σ——液体表面张力引起的压降,m

N_T——理论塔板数(不包括再沸器)

N_p——实际塔板数

n——筛孔数目

t——孔中心距,m

u——气体的空塔速度,m/s

u_a——按面积 A_T-2A_f 计算的气体速率,m/s

u_0——通过筛孔的气速;设计条件下的气速,m/s

$u_{0,min}$——漏液点气速,m/s

V_g——干气体流量,kmol/h 或 kg/h;塔内气体的体积流量,m^3/s;板上气体的体积流量,m^3/s

V_L——液体流量,kmol/h 或 kg/h;板上液体体积流量,m^3/s

V_0——直接加热蒸汽流量,kmol/h

W_c——塔板上无效区宽度,m

W_d——弓形降液管宽度,m

W_s——安定区宽度,m

$x_A、x_B$——溶液中组分 A、B 的摩尔分数

Z——塔的有效段高度,m

β——充气系数

δ——板厚,m

$\rho_L、\rho_g$——塔内液体、气体的密度,kg/m^3

σ——液体表面张力,N/m

τ——液体在降液管内停留时间,s

φ——开孔率;安全系数

本章能力目标

通过本章的学习,应掌握板式塔和填料塔的基本结构和性能,塔内流体的流动和传质特点以及塔的设计计算的思路和方法,并能够根据分离要求,初步完成板式塔的塔径、塔高和塔板的设计计算及绘制板式塔的负荷性能图。

学习提示

1. 液体在筛板塔上的流动型式确定后,完整的筛板设计必须确定的主要结构参数包括:塔径;板间距;溢流堰的型式、长度和高度;降液管型式,降液管底部与塔板间距的距离;液体进、出口安定区的宽度,边缘区宽度;筛孔直径,孔间距。

筛板塔的各种性能是由上述各设计参数共同决定的,因此,上述各参数不是独立的,而是通过液沫夹带、液泛、漏液、板压降等流动现象相互关联的。塔板设计的基本程序是:

①选择板间距,初步确定塔径;②根据初选塔径,对筛板塔进行具体结构设计;③对所设计的塔板进行流体力学校核,必要时,可调整某些结构参数。

2. 填料塔内填料的形状特殊,填料层内气、液两相的流动复杂。填料塔的流体力学性能主要包括填料层的持液量、填料层压降等。填料层压降决定了填料塔的动力消耗。散堆填料,其填料层压降可采用埃克特关联图计算。填料塔内气、液两相分布应均匀,可使平均传质推动力增大,传质效率增大。操作中应避免填料塔的发生液泛,而影响液泛的因素有:填料的特性,主要是填料因子;流体的物理性质;液气比。

填料塔泛点气速是确定填料塔的操作气速及计算填料塔塔径的关键,散堆填料泛点气速通常采用埃克特关联图计算。用埃克特关联图计算泛点气速和填料层压降时,所需的填料因子应采用湿填料因子,分别是压降填料因子和泛点填料因子。

讨论题

1. 评价塔板性能优劣的指标有哪些?开发新型塔板应考虑哪些问题?
2. 如何提高板式塔的传质速率和塔板效率?
3. 筛板塔负荷性能图受哪几个条件约束?什么是操作弹性?
4. 填料塔的泛点率是什么?泛点率的提出有什么实际意义?

思考题

1. 鼓泡、泡沫、喷射这三种气液接触状态各有什么特点?
2. 什么是载点、泛点?
3. 填料塔、板式塔各适用于什么场合?
4. 填料塔的流体力学性能包括哪些方面?对填料塔的传质过程有何影响?

习 题

1. 塔板上有哪些异常操作现象?它们是如何形成的?如何避免这些异常操作现象的发生?
2. 塔板负荷性能图的意义是什么?
3. 塔板有哪些主要类型?各有什么特点?如何选择塔板类型?
4. 填料有哪些主要类型?各有什么特点?应如何选择?
5. 评价填料性能的指标有哪些方面?开发新型填料应注意哪些问题?

第 9 章

萃 取

本章重点
1. 掌握萃取的基本概念和原理;
2. 掌握液液相平衡在三角形相图上的表示方法;
3. 能用三角形相图对单级萃取过程进行分析和计算。

9.1 概 述

液液萃取是分离均相液体混合物的一种方法,利用液体混合物中各组分在某溶剂中溶解度的不同而实现分离,亦称溶剂萃取,简称萃取或抽提。选用的溶剂称为萃取剂,以 S 表示;原料液中易溶于 S 的组分,称为溶质,以 A 表示;难溶于 S 的组分称为原溶剂(或稀释剂),以 B 表示。至于利用液体溶剂溶解固体原料中可溶性组分,使溶质组分脱离不溶性固体的分离过程称为固液萃取或浸取,不在本书讨论范围。

如果萃取过程中,萃取剂与原料液中的有关组分不发生化学反应,则称之为物理萃取,反之则称为化学萃取。

9.1.1 萃取过程原理

萃取操作的基本过程如图 9.1 所示。将一定量的萃取剂加入原料液中,然后加以搅拌使原料液与萃取剂充分混合,溶质通过相界面由原料液向萃取剂中扩散,所以萃取操作与精馏、吸收等过程一样,也属于两相间的传质过程。搅拌停止后,两液相因密度不同而分层:一层以萃取剂 S 为主,并溶有较多的溶质,称为萃取相,以 E 表示,其中溶质 A 的质量分数以 y 表示;另一层以原溶剂 B 为主,且含有少量未被萃取完的溶质,称为萃余相,以 R 表示,R 相中溶质 A 的质量分数以 x 表示。若萃取剂 S 和 B 为部分互溶,则萃取相中还含有少量的 B,萃余相中亦含有少量的 S。由于溶质 A 比原溶剂 B 更易溶于萃取剂 S,因此经过萃取操作以后,溶质 A 相对于溶质 B 在萃取相中得到了富集,即

$$\frac{y_A}{y_B} > \frac{x_A}{x_B} \tag{9.1}$$

为回收萃取剂,需对萃取相 E 和萃余相 R 分别进行分离。通常采用蒸馏的方法,有时也可采用结晶等其他方法。脱除萃取剂后的萃取相和萃余相分别称为萃取液和萃余液,以 E′和 R′表示,溶质 A 在萃取液和萃余液中的组成分别表示为 y'_A、x'_A,则

$$y'_A > x'_A \tag{9.2}$$

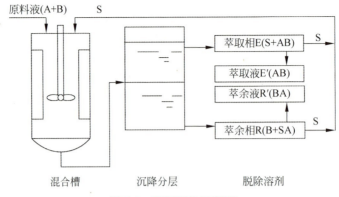

图 9.1 萃取操作示意图

萃取过程本身并没有直接完成分离任务,而只是将一个难于分离的混合物转变为两个更易于分离的混合物。因此,萃取过程经济上是否优越还取决于溶剂回收的难易程度。

一般地,在下述情况下可以考虑采用萃取方法:

(1) 原料液中各组分间相对挥发度接近于1,若采用蒸馏方法很不经济;
(2) 原料液在蒸馏时形成恒沸物,用普通蒸馏方法不能达到所需的纯度;
(3) 原料液中易挥发组分含量很低,若采用蒸馏方法须将大量B组分汽化,能耗较大;
(4) 原料液中需分离的组分是热敏性物质,蒸馏时易于分解、聚合或发生其他变化。

9.1.2 萃取剂的选择

选择合适的萃取剂是保证萃取操作能够正常进行且经济合理的关键。萃取剂选择的首要因素是选择性。

萃取剂的选择性是指萃取剂S对原料液中两个组分溶解能力的差异。主要用选择性系数来评价。

萃取剂选择性系数以 β 表示,其定义式为

$$\beta = \frac{\text{萃取相中 A 的质量分数}}{\text{萃取相中 B 的质量分数}} \Big/ \frac{\text{萃余相中 A 的质量分数}}{\text{萃余相中 B 的质量分数}} \tag{9.3}$$

即

$$\beta = \frac{y_A}{y_B} \Big/ \frac{x_A}{x_B} \tag{9.4}$$

由 β 的定义可知,选择性系数颇似蒸馏中的相对挥发度。若 $\beta>1$,说明组分A在萃取相中的相对含量比萃余相中的高,即组分A、B得到了一定程度的分离。选择性系数越大,组分A、B的分离也就越容易,相应的萃取剂的选择性也就越高;若 $\beta=1$,则由式(9.4)可知,萃取相和萃余相在脱除萃取剂S后将具有相同的组成,并且等于原料液的组成,说明A、B两组分不能用此萃取剂分离,换言之所选择的萃取剂是不适宜的。

萃取剂的选择性越高,则完成一定的分离任务所需的萃取剂用量也就越少,相应的用于回收溶剂操作的能耗也就越低。

当组分B、S完全不互溶时, $y_B=0$,则选择性系数趋于无穷大,显然这是最理想的情况。此时,萃取过程类似吸收过程,区别仅仅是吸收是气液传质过程,萃取是液液传质过程,这一

区别使萃取过程设备结构不同于吸收。但就过程的数学描述和计算而言,两者并无区别,可以参照吸收章节所述的方法进行处理。

选择合适的萃取剂除了选择性以外还需考虑以下因素。

(1) 萃取剂对溶质的溶解能力。较强的溶解能力使单位产品的溶剂用量可以减少,后继的分离能耗也可以降低。

(2) 萃取剂回收的难易与经济性。萃取后的 E 相和 R 相,通常以蒸馏的方法进行分离。萃取剂回收的难易直接影响萃取操作的费用,从而在很大程度上决定萃取过程的经济性。因此,要求萃取剂 S 与原料液中的组分的相对挥发度要大,不应形成恒沸物。

(3) 萃取剂的其他物性。为使两相在萃取器中能较快地分层,要求萃取剂与被分离混合物有较大的密度差和较低的黏度;为使分层阻力小且不易乳化,需要适中的界面张力。此外,选择萃取剂时,还应考虑诸如萃取剂的化学稳定性和热稳定性、腐蚀性,以及价格和燃爆性能等因素。

通常,很难找到能同时满足上述所有要求的萃取剂,这就需要根据实际情况加以权衡,以保证满足主要要求。

9.2 液液相平衡

9.2.1 三角形坐标图及杠杆规则

萃取过程的传质是在两液相之间进行的,其传质过程受溶质在萃取相和萃余相中的分配平衡关系的制约。平衡关系可以用图示法表示,也可以用数学解析式表达。萃取计算中各组分的浓度常用质量分数来表示,因涉及三组分物系,图示表达时通常需用三角形坐标图。

1. 三角形坐标图

三角形坐标图有等边三角形坐标图、等腰直角三角形坐标图和非等腰直角三角形坐标图等,通常采用等腰直角三角形坐标图。如图 9.2 所示,三角形坐标图中,三个顶点分别表示三个纯组分;三条边上的任一点代表一个二元混合物系,第三组分的组成为零。例如 AB 边上的 E 点,表示由 A、B 组成的二元混合物系,由图可读得:A 的组成为 0.40,则 B 的组成为(1.0−0.40)= 0.60,S 的组成为 0;三角形坐标图内任一点代表一个三元混合物系。例如 M 点即表示由 A、B、S 三个组分组成的混合物系。其组成可按下法确定:过物系点 M 分别作各顶点对边的平行线 EM、MG、MK,则由点 E、G、K 可直接读得 A、B、S 的组成分别为:0.4、0.3、0.3。在实际应用时,需注意三元物系组成的归一性。

2. 杠杆规则

如图 9.3 所示,将质量为 m_R(kg)的混合物系 R 与质量为 m_E(kg)的混合物系 E 相混合,得到一个质量为 m_M(kg)的新混合物系 M,其在三角形坐标图中分别以点 R、E 和 M 表示。M 点称为和点,R 点与 E 点称为差点。

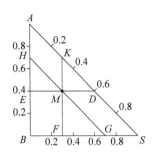
图 9.2 组成在三角形坐标图上的表示方法

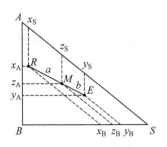
图 9.3 杠杆规则的应用

和点 M 与差点 E、R 之间的关系可用杠杆规则描述。

1) 和点 M 与差点 E、R 共线

即：和点在两差点的连线上；一个差点在另一差点与和点连线的延长线上。

2) E 相与 R 相的质量和线段 MR 与 ME 成比例

即符合杠杆原理，以 R 为支点可得 R、E 两点之间的关系

$$\frac{E}{R} = \frac{\overline{MR}}{\overline{ME}} \tag{9.5}$$

由式(9.5)并结合三角形相似定理可得

$$\frac{E}{M} = \frac{\overline{MR}}{\overline{RE}} \tag{9.6}$$

$$\frac{R}{M} = \frac{\overline{ME}}{\overline{RE}} \tag{9.7}$$

式中　E、R——混合液 E、混合液 R 的质量，kg；

　　　$\overline{MR}$、$\overline{ME}$、$\overline{RE}$——线段 MR、ME、RE 的长度，m。

根据杠杆规则，若已知两个差点，则可确定和点；若已知和点和一个差点，则可确定另一个差点。

9.2.2　平衡曲线

根据萃取操作中各组分互溶性的不同，可将三元物系分为以下两种物系，即：

(1) 第一类物系，溶质 A 可完全溶于 B 及 S，但 B 与 S 部分互溶或完全不互溶；

(2) 第二类物系，溶质 A 可完全溶于 B，但 A 与 S 及 B 与 S 部分互溶，即形成两对部分互溶体系。

在萃取操作中，第一类物系较为常见，以下主要讨论这类物系的相平衡关系。

1. 溶解度曲线及联结线

萃取操作的溶解度曲线及联结线图由实验测得，首先取适量的 B 和 S 充分搅拌、分层，获得两个互成平衡的液相，称为共轭相。以原溶剂为主的相为萃余相，以 R_0 表示；以萃取剂为主的相为萃取相，以 E_0 表示。恒温条件下，在混合器中加入质量为 m_{A1}（kg）的纯物质 A，重新搅拌、分层，得到新的一对共轭相 $R_1 - E_1$。重复上述过程，继续加入质量为 m_{A2}、

m_{A3}、$\cdots$、m_{An} 的纯 A,可以得到共轭相 R_2-E_2,R_3-E_3,$\cdots$,R_n-E_n,直到加入的溶质使得混合液恰好变成均匀的一相而不分层。如图 9.4 所示,将各对共轭数据绘制于三角形坐标系中,其中正好变成均相的组成点用 P 表示,称为混溶点或分层点;连接两共轭液相相点的直线称为联结线;连接各共轭相的相点及 P 点的圆滑曲线即为实验温度下该三元物系的溶解度曲线。

溶解度曲线将三角形相图分为两个区域:曲线以内的区域为两相区,以外的区域为均相区。位于两相区内的混合物可以分成两个互相平衡的液相,显然萃取操作只能在两相区内进行。

一定温度下第二类物系的溶解度曲线和联结线如图 9.5 所示。

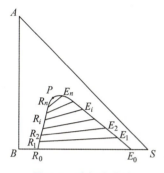

图 9.4 溶解度曲线

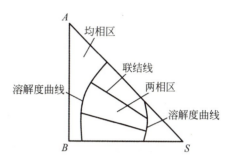

图 9.5 第二类物系的溶解度曲线和联结线

通常联结线的斜率随混合液的组成变化而变化,但同一物系其联结线的斜率方向一般是一致的,有少数物系,例如吡啶-氯苯-水,当混合液组成变化时,其联结线的斜率会有较大的变化,如图 9.6 所示。

压力对相平衡关系的影响较小,一般可忽略,温度对液体溶解度的影响较大。通常物系的温度升高,溶质在溶剂中的溶解度增大,反之减小。因此,温度明显地影响溶解度曲线的形状、联结线的斜率和两相区面积。图 9.7 所示为温度对第一类物系溶解度曲线和联结线的影响。显然,温度升高,分层区面积减小,不利于萃取分离的进行。虽然较低温度下两相区面积较大,但过低的温度会使液体黏度增大,扩散系数减小,不利于传质。因此萃取操作须选择适宜的操作温度。

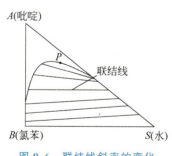

图 9.6 联结线斜率的变化

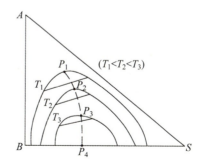

图 9.7 温度对互溶度的影响(一类物系)

2. 辅助曲线和临界混溶点

一定温度下,体系的溶解度曲线由实验测得,使用时,若要计算与已知液相相平衡的共轭相需借助辅助曲线。

辅助曲线的作法如图 9.8 所示,通过已知点 R_1、R_2、$\cdots$、R_n 分别作 BS 边的平行线,再通过相应联结线的另一端点 E_1、E_2、$\cdots$、E_n 分别作 AB 边的平行线,各线分别相交于点 F、G、J、H、$\cdots$,连接这些交点所得的平滑曲线即为辅助曲线。利用辅助曲线可求任何已知平衡液相的共轭相。

辅助曲线与溶解度曲线的交点为 P,显然通过 P 点的联结线无限短,即该点所代表的平衡液相无共轭相,相当于该系统的临界状态,故称点 P 为临界混溶点。临界混溶点一般并不在溶解度曲线的顶点,其准确位置的实验测定也比较困难。当已知的连接线很

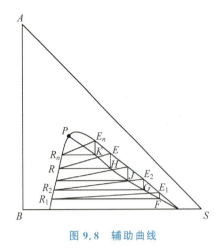

图 9.8 辅助曲线

短即共轭相非常接近临界混溶点时,可用外延辅助曲线的方法确定临界混溶点。

一定温度下的三元物系溶解度曲线和共轭相的平衡组成均须通过实验获得,也可从手册或有关专著中查得。

3. 分配系数和分配曲线

一定温度下,某组分在互相平衡的 E 相与 R 相中的组成之比称为该组分的分配系数,以 k 表示,即

溶质 A

$$k_A = \frac{y_A}{x_A} \tag{9.8}$$

原溶剂 B

$$k_B = \frac{y_B}{x_B} \tag{9.9}$$

式中　y_A、y_B——萃取相 E 中组分 A、B 的质量分数;

　　　x_A、x_B——萃余相 R 中组分 A、B 的质量分数。

分配系数 k 表达了溶质在两个平衡液相中的分配关系。显然,k_A 值越大,萃取分离的效果越好。k_A 值与联结线的斜率有关。同一物系,其 k_A 值随温度和组成而变。

类似于精馏和吸收中的气、液相平衡,可将组分 A 在平衡的两个液相中的组成 y_A、x_A 之间的关系在直角坐标中表示,所得曲线称为分配曲线。

图 9.9 为分配曲线的作法,以 x_A 为横坐标,以 y_A 为纵坐标,将三角形坐标中萃取相和萃余相中 A 的组成转换到直角坐标图中,得到表示这一对共轭相组成的点 N。每一对共轭相可得一个点,将这些点连接起来即可得到曲线 ONP,称为分配曲线。曲线上的 P 点即为临界混溶点。

分配曲线表达了溶质 A 在互成平衡的 E 相与 R 相中的分配关系,也可以用某种函数形式来表达,即

$$y_A = f(x_A) \tag{9.10}$$

上式中只关注 A 组分在两相中的分配问题,而实际上在三角形相图中,临界混溶点右

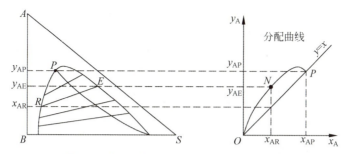

图 9.9 有一对组分部分互溶时的分配曲线

方的溶解度曲线还表达了平衡状态下 E 相中溶质浓度 y_A 和溶剂浓度 y_S 之间的关系,即

$$y_S = \varphi_1(y_A) \tag{9.11}$$

类似地,临界混溶点左侧的溶解度曲线还表示了 R 相中溶质浓度 x_A 与溶剂浓度 x_S 之间的关系,即

$$x_S = \varphi_2(x_A) \tag{9.12}$$

若三组分溶液处于两相区,则平衡的两相中同一组分的浓度关系由分配曲线决定,而每一相中 A、S 的浓度关系必满足溶解度曲线的函数关系。这样,处于平衡的两相虽然有 6 个浓度,但只有一个自由度。例如,一旦指定 E 相中 A 组分的浓度 y_A,可由式(9.10)~式(9.12)确定 x_A、y_S、x_S。两相中的 B 组分浓度由各自的归一条件决定。

【例 9.1】 A、B、S 三元物系的相平衡关系如本题附图所示,现将 50 kg 的 S 与 50 kg 的 B 混合,试求:

(1) 该混合物是否分成两相?两相的组成及质量各为多少?

(2) 在混合物中至少加入多少 A,才能使混合物变为均相?

(3) 从此均相混合物中除去 30 kg 的 S,剩余液体的质量与组成各为多少?

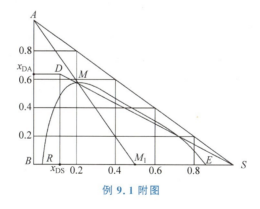

例 9.1 附图

解:(1) 从图可知,表征原混合物组成的点 M_1 位于两相区,故混合物分成两相 R 与 E,R 中含组分 S 为 4%,含组分 B 为 96%;E 中含组分 S 为 85%,含组分 B 为 15%。根据杠杆规则

$$\frac{E}{M_1} = \frac{\overline{M_1R}}{\overline{RE}} = \frac{0.5 - 0.04}{0.85 - 0.04} = 0.568$$

$$E = 0.568 M_1 = 0.568 \times (50 + 50) \text{ kg} = 56.8 \text{ kg}$$

$$R = M_1 - E = 43.2 \text{ kg}$$

（2）根据杠杆规则，在原混合物 M_1 中逐渐加入组分 A，其组成沿直线 AM_1 变化，而溶解度曲线是单相区与两相区的分界线，根据直线 AM_1 与溶解度曲线的交点 M 就可求出组分 A 的最小加入量。由图可知，混合物 M 含 S 为 21%，故

$$\frac{A}{M_1} = \frac{\overline{M_1M}}{\overline{AM}} = \frac{0.5 - 0.21}{0.21 - 0} = 1.38$$

$$A = 1.38 M_1 = 1.38 \times 100 \text{ kg} = 138 \text{ kg}$$

（3）从混合物 M 中除去 30 kg 的 S，其差点 D 必落在 SM 的延长线上，根据杠杆规则

$$\frac{S}{M} = \frac{\overline{DM}}{\overline{DS}} = \frac{0.21 - x_{DS}}{1 - x_{DS}} = \frac{30}{100 + 138}$$

$$x_{DS} = 0.0961$$

直线 SM 与垂线 $x_{DS} = 0.0961$ 的交点即为差点 D，由 D 点坐标读得 $x_{DA} = 0.66$。剩余液体的质量 $D = M - S = 238 \text{ kg} - 30 \text{ kg} = 208 \text{ kg}$。

9.3 单级萃取

根据两相接触方式的不同，萃取设备可分为逐级接触式和连续接触式两类。本书主要讨论逐级接触萃取过程的计算，对连续接触萃取过程的计算则仅作简要介绍。

在逐级接触萃取过程计算中，无论是单级还是多级萃取，均假设各级为理论级，即离开每一级的萃取相与萃余相互呈平衡，但在实际操作中，受流体流动和传质条件的限制，很难达到平衡。萃取理论级的概念类似于蒸馏中的理论板，实际需要的级数也需要引入级效率进行校正。级效率目前尚无准确的理论计算方法，一般通过实验测定。

单级萃取是指原料液和萃取剂只进行一次接触，具有一个理论级的萃取分离过程，其流程如图 9.1 所示，可间歇操作也可连续操作。

在单级萃取过程的设计型问题中，操作条件下的相平衡数据、原料液用量 F 及组成 x_F、萃取剂的组成 y_S 一般为已知，萃余相的组成 x_R 由工艺要求所规定，可以联立物料衡算方程和相平衡方程计算萃取剂用量 S、萃取相的量 E 及萃余相的量 R 及萃取相组成 y_E。

1. 解析计算

对如图 9.1 所示的萃取过程作质量衡算。

总衡算：

$$M = F + S = R + E \tag{9.13}$$

组分 A 的质量衡算：

$$F x_F + S y_S = R x_R + E y_E = M x_M \tag{9.14}$$

联立求解式(9.13)和式(9.14)得

$$S = F \frac{x_F - x_M}{x_M - y_S} \tag{9.15}$$

$$E = M \frac{x_M - x_R}{y_E - x_R} \tag{9.16}$$

$$R = M - E \tag{9.17}$$

同理,可得萃取液和萃余液的量 E'、R',即

$$E' = M \frac{x_F - x'_R}{y'_E - x'_R} \tag{9.18}$$

$$R' = F - E' \tag{9.19}$$

因已设定萃取过程达到相平衡,可结合相平衡方程对萃取过程进行求解。

2. 图解法

解析计算最大的问题是溶解度曲线及分配曲线难以用数学表达式拟合,而且所得的数学表达式皆为非线性,给计算求解带来很大的麻烦。采用基于杠杆规则的三角形坐标图解法则可方便地完成计算。如图 9.10 所示,图解计算时,可先由规定的萃余相含量 x_R 确定萃余相组成点 R,进而使用辅助曲线确定萃取相的组成点 E;然后根据原料液和萃取剂的组成确定点 F、S(若为纯溶剂,则为顶点 S)。

由于 M 点既是点 F、S 的和点又是点 R、E 的和点,因此,两条连线 FS 和 RE 的交点即为混合后的总物料组成点。

根据杠杆规则

$$S = F \times \frac{\overline{MF}}{\overline{MS}} \tag{9.20}$$

$$M = F + S = R + E \tag{9.21}$$

$$E = M \times \frac{\overline{RM}}{\overline{RE}} \tag{9.22}$$

$$R = M - E \tag{9.23}$$

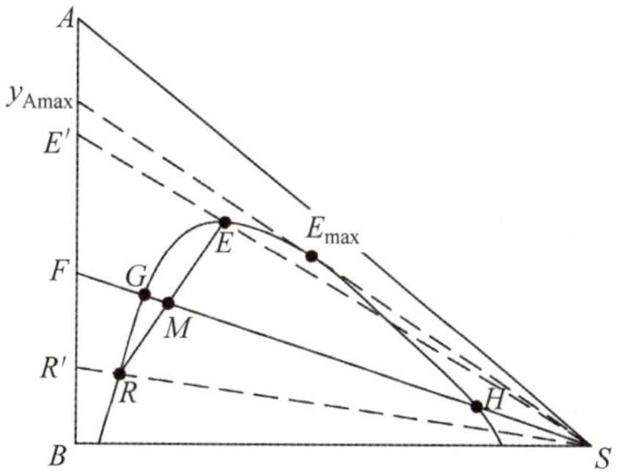

图 9.10 单级萃取三角形坐标图解

萃取相的组成可由三角形相图直接读出。

若从 E 相和 R 相中脱除全部纯溶剂,则得到萃取液 E' 和萃余液 R'。因 E' 和 R' 中只含组分 A 和 B,所以它们的组成点必落于 AB 边上,且 E' 为和点 E 与 S 的差点;R' 为和点 R 与 S 的差点。将 SE 和 SR 的延长线与 AB 相交,交点即为 E' 和 R'。其数量关系可由杠杆规则来确定,即

$$E' = F \times \frac{\overline{R'F}}{\overline{R'E'}} \tag{9.24}$$

$$R' = F - E' \tag{9.25}$$

以上各式中各线段的长度可从三角形相图直接量出,也可通过已知的坐标参数以比例关系确定。

3. 极限溶剂用量和极限浓度

由于萃取操作只能在两相区操作,因此对于一定的原料液量,存在两个极限萃取剂用量,如图 9.10 所示,增大或减少萃取剂用量,则 F 和 S 的和点会在点 G 和点 H 之间变化,继续增大或降低萃取剂用量,和点将落入均相区,无法分层,故不能实现分离过程。这两个极限萃取剂用量分别表示能进行萃取分离的最小溶剂用量 S_{min}(和点 G 对应的萃取剂用量)和最大溶剂用量 S_{max}(和点 H 对应的萃取剂用量),其值可由杠杆规则计算,显然,适宜

的萃取剂用量应介于二者之间。

如图 9.10 所示,从 S 点作溶解度曲线的切线 SE_{max} 并延长至 AB 边,交点组成 y_{Amax} 是单级萃取所能达到的最高浓度。

【例 9.2】 在 25℃下以水(S)为萃取剂从醋酸(A)与氯仿(B)的混合液中提取醋酸。已知原料液流量为 1 000 kg/h,其中醋酸的质量分数为 35%,其余为氯仿。用水量为 800 kg/h。操作温度下,萃取相 E 和萃余相 R 以质量分数表示的平衡数据列于附表中。试求:(1)经单级萃取后 E 相及 R 相的组成及流量;(2)若将 E 相及 R 相中的溶剂完全脱除,再求萃取液及萃余液的组成和流量;(3)操作条件下的选择性系数。

例 9.2 附表

氯仿层(R 相)		水层(E 相)	
醋酸	水	醋酸	水
0.00	0.99	0.00	99.16
6.77	1.38	25.10	73.69
17.72	2.28	44.12	48.58
25.72	4.15	50.18	34.71
27.65	5.20	50.56	31.11
32.08	7.93	49.41	25.39
34.16	10.03	47.87	23.28
42.50	16.50	42.50	16.50

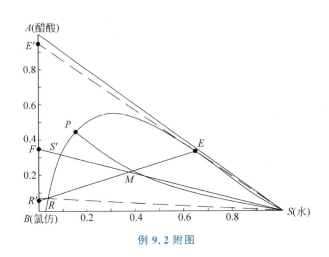

例 9.2 附图

解:根据题中所给数据,在等腰直角三角形相图中作出溶解度曲线和辅助曲线,见附图。

(1) 两相的组成和流量

根据醋酸在原料液中的质量分数为 35%,在 AB 边上确定点 F,连接点 F、S,按 F、S 的流量用杠杆规则在 FS 线上确定和点 M。

因为 E 相和 R 相的组成均已给出,借助辅助曲线用试差作图法确定过点 M 的联结线 ER。由图中读得两相的组成为

E 相:$y_A = 27\%, y_B = 1.5\%, y_S = 71.5\%$

R 相:$x_A = 7.2\%, x_B = 91.4\%, x_S = 1.4\%$

根据总物料衡算得

$$M = F + S = 1\,000 \text{ kg/h} + 800 \text{ kg/h} = 1\,800 \text{ kg/h}$$

由图中量得 $\overline{RM} = 45.5$ mm 及 $\overline{RE} = 73.5$ mm,则

$$E = M \times \frac{\overline{RM}}{\overline{RE}} = 1\,800 \times \frac{45.5}{73.5} \text{ kg/h} = 1\,114 \text{ kg/h}$$

$$R = M - E = 1\,800 \text{ kg/h} - 1\,114 \text{ kg/h} = 686 \text{ kg/h}$$

(2) 萃取液及萃余液的组成和流量

连接点 S、E,并延长 SE 与 AB 边交于 E',由图读得 $y'_E = 92\%$。连接点 S、R,并延长 SR 与边 AB 交于 R',由图读得 $x'_R = 7.3\%$。即

$$E' = F \times \frac{x_F - x'_R}{y'_E - x'_R} = 1\,000 \times \frac{35 - 7.3}{92 - 7.3} \text{ kg/h} = 327 \text{ kg/h}$$

$$R' = F - E' = 1\,000 \text{ kg/h} - 327 \text{ kg/h} = 673 \text{ kg/h}$$

(3) 选择性系数 β

$$\beta = \frac{y_A}{x_A} / \frac{y_B}{x_B} = \frac{27}{7.2} / \frac{1.5}{91.4} = 228.5$$

由于该物系的氯仿、水的互溶度很小,所以 β 值较高,得到的萃取液浓度很高。

9.4 多级萃取

9.4.1 多级错流萃取过程的计算

一般情况下单级萃取所得的萃余相中往往还含有较多的溶质,为进一步降低萃余相中溶质的含量,可采用多级错流萃取,其流程如图 9.11 所示。溶剂 S 分别加入各级,原料液从第 1 级加入,以后各级的萃余相作为下一级萃取的原料进行萃取,直到萃余相的组成符合要求。各级排出的萃取相收集在一起,萃取相和萃余相分别进行脱溶剂操作,回收的萃取剂可以循环使用。

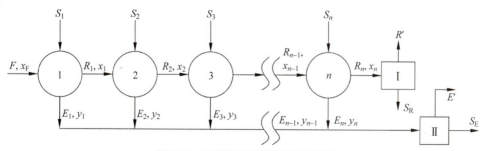

图 9.11 多级错流萃取流程示意图

多级错流萃取的总萃取剂用量为各级溶剂用量之和,原则上,各级萃取剂用量可以相等也可以不等。但可以证明,当各级萃取剂用量相等时,达到一定的分离程度所需的总萃取剂用量最少,故在多级错流萃取操作中,一般各级萃取剂用量均相等。

在多级错流萃取过程的设计型计算中,通常已知操作条件下的相平衡数据、原料液

量 F 及组成 x_F、萃取剂的用量 S 和组成 y_S 以及最终萃余相的组成 x_R,计算所需理论级数。

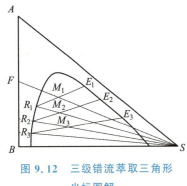

图 9.12 三级错流萃取三角形坐标图解

对于原溶剂 B 与萃取剂 S 部分互溶的物系,通常采用三角形坐标图解法求解理论级数。如图 9.12 所示,假定原料 F 和纯溶剂进行第 1 级萃取,则依据原料流量 F 和第 1 级萃取剂用量 S_1 可确定第 1 级混合液组成点 M_1,通过 M_1 试差作出联结线 E_1R_1,并由物料衡算求得 R_1;在第 2 级中依据 R_1 与萃取剂用量 S_2 确定第 2 级混合液组成点 M_2,试差作出通过 M_2 的联结线 E_2R_2;……如此重复直到 x_n 达到或低于指定值为止。所作联结线的数目即为所需理论级数。

上述图解法表明,多级错流萃取的三角形图解法是单级萃取图解的多次重复,它是多级错流萃取计算的通用方法。

9.4.2 多级逆流萃取的计算

多级逆流萃取是工业上广泛应用的操作方式。其流程如图 9.13(a)所示。原料液从第 1 级进入系统,依次经过各级萃取,成为各级的萃余相,其溶质组成逐级下降,最后从第 n 级流出;萃取剂则从第 n 级进入系统,依次通过各级与萃余相逆向接触,进行多次萃取,其溶质组成逐级提高,最后从第 1 级流出。最终的萃取相与萃余相可在萃取剂回收装置中脱除萃取剂,得到萃取液与萃余液,脱除的萃取剂返回系统循环使用。

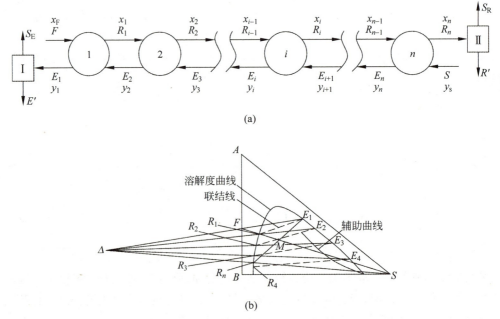

图 9.13 多级逆流萃取
(a) 流程示意图;(b) 萃取理论级的图解计算

对于多级逆流萃取的设计型计算,通常是已知原料液流量 F 和组成 x_F、萃取剂的用量 S 和组成 y_S,计算最终萃余相中溶质组成降至一定值所需的理论级数 n。

多级逆流理论级 n 的求解和精馏、吸收中的理论级数相似。离开任一理论级的萃取相和萃余相互呈平衡,它们之间的关系由平衡方程确定。因此最终获得的萃取相 E_1 的浓度受原料浓度和平衡关系制约;最终萃余相 R_n 的浓度受萃取剂浓度和平衡浓度制约。如果通过物料衡算获得任一理论级萃余相组成 x_i 和下一级萃取相组成 y_{i+1} 之间的关系,即操作关系,就可以按照精馏计算的方法交替使用平衡关系和操作关系进行求解。

对于原溶剂 B 与萃取剂 S 部分互溶的物系,由于其平衡关系难以用解析式表达,通常应用逐级图解法求解理论级数 n,具体方法有三角形坐标图解法和直角坐标图解法两种,它们是多级逆流萃取计算的通用方法。

1. 三角形坐标图解法

在图 9.13(a)所示的第 1 级与第 n 级之间作总质量衡算得

$$F + S = R_n + E_1 \tag{9.26}$$

由总衡算式知,虽然原料液并没有和纯溶剂混合,最终萃余相与第 1 级萃取相也没有混合,但它们之间存在着一个虚拟和点 M。据此,已知任意三个点可以确定另外一个点。

对第 1 级作总质量衡算得

$$F + E_2 = R_1 + E_1 \quad \text{或} \quad F - E_1 = R_1 - E_2$$

对第 2 级作总质量衡算得

$$R_1 + E_3 = R_2 + E_2 \quad \text{或} \quad R_1 - E_2 = R_2 - E_3$$

以此类推,对第 n 级作总质量衡算得

$$R_{n-1} + S = R_n + E_n \quad \text{或} \quad R_{n-1} - E_n = R_n - S$$

由以上各式可得

$$F - E_1 = R_1 - E_2 = R_2 - E_3 = \cdots R_i - E_{i+1} = \cdots$$
$$= R_{n-1} - E_n = R_n - S = \Delta \tag{9.27}$$

式(9.27)表明离开每一级的萃余相流量 R_i 与进入该级的萃取相流量 E_{i+1} 之差为常数,以 Δ 表示。Δ 为一虚拟流股,可视为通过每一级的"净流量",其组成也可在三角形相图上用某点(Δ 点)表示。显然,Δ 点分别为 F 与 E_1、R_1 与 E_2、R_2 与 E_3、$\cdots$、R_{n-1} 与 E_n、R_n 与 S 各流股的差点,根据杠杆规则,连接 R_i 与 E_{i+1} 两点的直线均通过 Δ 点,通常称 $R_i E_{i+1} \Delta$ 的联结线为多级逆流萃取的操作线,Δ 点称为操作点。

应予指出,操作点 Δ 的位置与物系联结线的斜率、原料液的流量及组成、萃取剂用量及组成、最终萃余相组成等有关,可能位于三角形相图的左侧,也可能位于三角形相图的右侧。若其他条件一定,则点 Δ 的位置由溶剂比决定:当 S/F 较小时,点 Δ 在三角形相图的左侧,R 为和点;当 S/F 较大时,点 Δ 在三角形相图的右侧,E 为和点;当 S/F 为某数值时,点 Δ 在无穷远处,此时可视为诸操作线是平行的。

如图 9.13(b)所示,三角形坐标图解法的步骤如下。

(1) 根据操作条件下的平衡数据在三角形坐标图上绘出溶解度曲线和辅助曲线。

(2) 根据原料液和萃取剂的组成,在图上定出点 F、S(图中是采用纯溶剂),再由溶剂比

S/F 依杠杆规则在 FS 连线上定出虚拟和点 M 的位置。

（3）由规定的最终萃余相组成在图上定出点 R_n，连接点 R_n、M 并延长 R_nM 与溶解度曲线交于点 E_1，此点即为最终萃取相组成点。在此也应注意，R_nE_1 也不是联结线。

根据杠杆规则，计算最终萃取相和萃余相的流量，即

$$E_1 = M \times \frac{\overline{MR_n}}{\overline{R_nE_1}}$$

$$R_n = M - E_1$$

（4）应用相平衡关系与质量衡算，用图解法求理论级数。首先作 F 与 E_1、R_n 与 S 的连线，并延长使其相交，交点即为点 Δ，然后由点 E_1 作联结线与溶解度曲线交于点 R_1，作 R_1 与 Δ 的连线并延长使之与溶解度曲线交于点 E_2，再由点 E_2 作联结线得点 R_2，连接 $R_2\Delta$ 并延长使之与溶解度曲线交于点 E_3，这样交替地应用操作线和平衡线（溶解度曲线）直至萃余相的组成小于或等于所规定的数值为止，重复作出的联结线数目即为所求的理论级数。

2. 直角坐标图解法

当萃取过程所需的理论级数较多时，若仍在三角形坐标图上进行图解，由于线条密集，很难得到准确的结果。此时可在直角坐标上绘出分配曲线和操作线，然后用图解法求解理论级数。

如图 9.14 所示，首先根据三角形相图，在直角坐标系中绘制出分配曲线；然后在操作范围内，过操作点 Δ 引若干条操作线 ΔRE，分别与溶解度曲线交于点 R_{m-1} 和 E_m；将这些交点所对应的 x_{m-1}、y_m 转换到直角坐标系中，平滑连接即为操作线，操作线的两个端点是 (x_F, y_1) 和 (x_n, y_S)。类似精馏图解塔板数，在图中从操作线的上端 (x_F, y_1) 出发，在操作线和分配曲线之间作梯级，直到 $x_{m-1} < x_n$。所绘的梯级数就是理论级数。

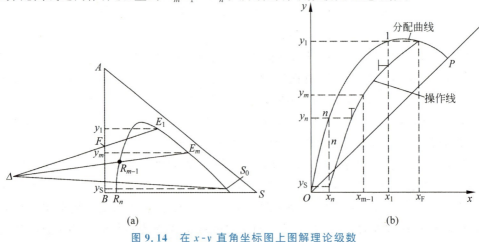

图 9.14 在 x-y 直角坐标图上图解理论级数

3. 最小萃取剂比 $(S/F)_{min}$ 和最小萃取剂用量 S_{min}

与吸收操作类似，在多级逆流萃取操作中萃取剂比 S/F 的大小对达到指定的分离要求

所需的理论级数有显著的影响。如图 9.15 所示,当萃取剂比减小时,操作线逐渐向分配曲线(平衡线)靠拢,达到同样分离要求所需的理论级数逐渐增加。当萃取剂比减少至一定值时,操作线和分配曲线相切(或相交),此时所需的理论级数无限多,显然,此时的萃取剂用量为最低极限值,记作 $S_{\min}$。实际用量需在操作费用和设备费用之间进行权衡,必须大于此极限值,一般取为最小萃取剂用量的 1.1~2.0 倍,即

$$S = (1.1 \sim 2.0) S_{\min} \tag{9.28}$$

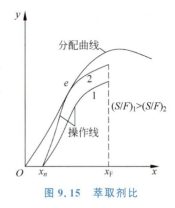

图 9.15 萃取剂比

9.5 完全不互溶物系萃取过程的计算

对于原溶剂 B 与萃取剂 S 不互溶的物系,在萃取过程中,仅有溶质 A 发生相际转移,原溶剂 B 及萃取剂 S 均为停滞组分,因此用类似吸收计算的方法,用质量比表示两相中的组成较为方便,即以 X 表示萃余相中溶质 A 与原溶剂 B 的质量分数之比,以 Y 表示萃取相中溶质 A 与纯溶剂的质量分数之比。只有一个传质组分分配于两相,因此在直角坐标系中就可以进行求解,此时溶质在两液相间的平衡关系可以用分配曲线来表示,即

$$Y = f(X) \tag{9.29}$$

若在操作范围内,以质量比表示相组成的分配系数 K 为常数,则平衡关系可表示为

$$Y = KX \tag{9.30}$$

9.5.1 单级萃取

图 9.1 所示的单级萃取过程溶质 A 的质量衡算式为

$$B(X_F - X_1) = S(Y_1 - Y_S) \tag{9.31}$$

式中 B——原料液中原溶剂的量,kg 或 kg/h;
  S——萃取剂中纯萃取剂的量,kg 或 kg/h;
  X_F、Y_S——原料液和萃取剂中组分 A 的质量比组成;
  X、Y——单级萃取后萃余相和萃取相中组分 A 的质量比组成。

一般 B、X_F 及 Y_S 由生产任务所规定,可联立式(9.30)与式(9.31)求解 Y_1 和 S。
上述计算也可以用图解法代替。
式(9.31)可改写为

$$\frac{Y_1 - Y_S}{X_1 - X_F} = -\frac{B}{S} \tag{9.32}$$

式(9.32)即为该单级萃取的操作线方程。
由于该萃取过程中 B、S 均为常量,故操作线为过点 (X_F, Y_S)、斜率为 $-B/S$ 的直线。如图 9.16 所示,当已知萃余相的组成 X,计算萃取剂用量 S 时,可由 X 在图中确定点 (X, Y),连接点 (X,Y) 和点 (X_F,Y_S) 得操作线,计算该操作线的斜率即可求得所需的萃取剂用量 S;由 S 计算萃取结果时,可在图中确定点 (X_F,Y_S),过该点作斜率为 $-B/S$ 的直线(操

作线),其与分配曲线的交点坐标(X, Y)即为萃取相和萃余相的组成。

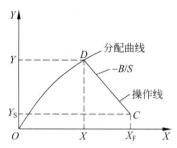

图 9.16　完全不互溶物系单级萃取

9.5.2　多级错流萃取

1. 图解法

设每一级的萃取剂加入量相等,由于原溶剂 B 与萃取剂 S 不互溶,则各级萃取相中萃取剂的量 S 和萃余相中原溶剂的量 B 均可视为常数。

对图 9.11 中的第 1 级作溶质 A 的质量衡算得

$$BX_F + SY_S = BX_1 + SY_1 \tag{9.33}$$

整理得

$$Y_1 - Y_S = -\frac{B}{S}(X_1 - X_F) \tag{9.34}$$

对第 2 级作溶质 A 的质量衡算得

$$Y_2 - Y_S = -\frac{B}{S}(X_2 - X_1) \tag{9.35}$$

同理,对第 n 级作溶质 A 的质量衡算得

$$Y_n - Y_S = -\frac{B}{S}(X_n - X_{n-1}) \tag{9.36}$$

式(9.36)表示了 $Y_n - Y_S$ 和 $X_n - X_{n-1}$ 间的关系,称为操作线方程。在 X-Y 直角坐标图上作过点 (X_{n-1}, Y_S)、斜率为 $-B/S$ 的直线。根据理论级的假设,离开任一萃取级的 Y_n 与 X_n 符合平衡关系,故点 (X_n, Y_n) 必位于分配曲线上,即点 (X_n, Y_n) 为操作线与分配曲线的交点。于是可在 X-Y 直角坐标图上图解理论级,其步骤如下。

首先在直角坐标图上作出系统的分配曲线,如图 9.17 所示。

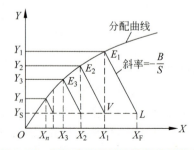

图 9.17　多级错流萃取直角坐标图解法

其次根据 X_F 及 Y_S 确定点 L，自点 L 出发，以 $-B/S$ 为斜率作直线（操作线）交分配曲线于点 E_1，LE_1 即为第 1 级的操作线，E_1 点的坐标 Y_1、X_1 即为离开第 1 级的萃取相与萃余相的组成。

然后过点 E_1 作 X 轴的垂线交 $Y=Y_S$ 于点 V，则第 2 级操作线必通过点 V，因各级萃取剂用量相等，故各级操作线的斜率相同，即各级操作线互相平行，于是自点 V 作 LE_1 的平行线即为第 2 级操作线，其与分配曲线交点 E_2 的坐标 Y_2、X_2 即为离开第 2 级的萃取相与萃余相的组成。

以此类推，直至萃余相组成等于或低于指定值 X_R 为止。重复作出的操作线数目即为所需的理论级数。

若各级萃取剂用量不相等，则操作线不再相互平行，此时可仿照第 1 级的作法，过点 V 作斜率为 $-B/S_2$ 的直线与分配曲线相交，以此类推，即可求得所需的理论级数。若溶剂中不含溶质，则 L、V 等点均落在 X 轴上。

2. 解析法

对于原溶剂 B 与萃取剂 S 不互溶的物系，若在操作范围内，以质量比表示的分配系数 K 为常数，即分配曲线为通过原点的直线，在此情况下，理论级数的计算除可采用前述的图解法外，还可采用解析法。

假定纯溶剂萃取，即 $Y_S=0$，则图 9.11 中第 1 级的衡算式为

$$Y_1 = -\frac{B}{S}(X_1 - X_F)$$

相平衡关系为 $Y_1 = KX_1$，代入得

$$X_1 = \frac{X_F}{1+\dfrac{KS}{B}} \tag{9.37}$$

令 $\dfrac{KS}{B} = A_m$，则上式变为

$$X_1 = \frac{X_F}{1+A_m} \tag{9.38}$$

式中 A_m 为萃取因数，对应于吸收中的脱吸因数。

同理，第 2 级衡算式为

$$Y_2 = -\frac{B}{S}(X_2 - X_1)$$

相平衡关系为 $Y_2 = KX_2$，代入得

$$X_2 = \frac{X_F}{(1+A_m)^2} \tag{9.39}$$

以此类推，对第 n 级则有

$$X_n = \frac{X_F}{(1+A_m)^n} \tag{9.40}$$

依据式(9.40)可以计算得到理论级数 n。

9.5.3 多级逆流萃取

当原溶剂 B 与萃取剂 S 完全不互溶时,多级逆流萃取的计算方法与液体的解吸完全相同。如图 9.18(a)在第 1 级至第 i 级之间进行质量衡算得

$$BX_F + SY_{i+1} = BX_i + SY_1 \tag{9.41}$$

或

$$Y_{i+1} = \frac{B}{S}X_i + \left(Y_1 - \frac{B}{S}X_F\right) \tag{9.42}$$

式中 X_i——离开第 i 级萃余相中溶质的质量比组成,kg(A)/kg(B);

Y_{i+1}——离开第 $i+1$ 级萃取相中溶质的质量比组成,kg(A)/kg(S)。

式(9.42)即为完全不互溶物系操作线方程,在直角坐标图上为过点 $J(X_F, Y_1)$ 和点 $D(X_n, Y_S)$ 的直线,如图 9.18(b)所示。在图中从操作线的上端(X_F, Y_1)出发,在操作线和分配曲线之间作梯级,直到 $X_i < X_n$,所得的梯级数就是理论级数。

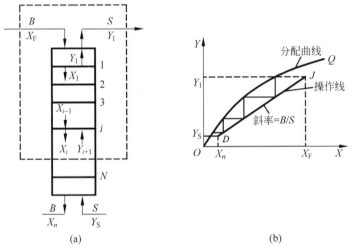

图 9.18 组分 B 和 S 完全不互溶时多级逆流萃取的图解计算
(a)流程示意图;(b)在 X-Y 直角坐标图中图解计算

若操作条件下的分配曲线为通过原点的直线,由于操作线也为直线,萃取因数 $A_m(= KS/B)$为常数,则可仿照脱吸过程的计算方法,用下式求算理论级数:

$$n = \ln\left[\left(1 - \frac{1}{A_m}\right)\frac{X_F - \left(\frac{Y_S}{K}\right)}{X_n - \left(\frac{Y_S}{K}\right)} + \frac{1}{A_m}\right] / \ln A_m \tag{9.43}$$

9.6 其他萃取方式简介

9.6.1 微分接触逆流萃取的计算

在连续逆流萃取设备中,萃取相与萃余相呈逆流微分接触,萃取设备通常是塔式设备

(如喷洒塔、脉冲筛板塔等),其流程如图 9.19 所示,重液(如原料液)和轻液(如萃取剂)分别自塔顶和塔底进入,二者通过微分逆流接触进行传质。萃取结束后,萃取相和萃余相分别在塔顶、塔底分层后流出。两相中的溶质浓度沿塔高连续变化。此种设备的设计主要是确定塔径和塔高。塔径的尺寸取决于两液相的流量及适宜的操作速度;而塔高的计算通常有两种方法,即理论级当量高度法和传质单元法。

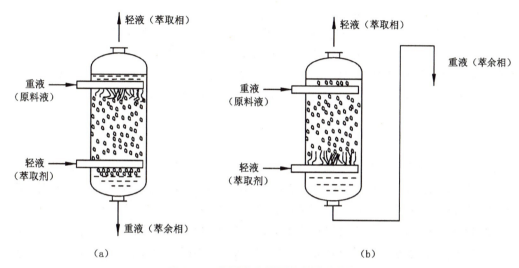

图 9.19 喷洒塔中微分接触逆流萃取
(a)重液为分散相;(b)轻液为分散相

1. 理论级当量高度法

与精馏和吸收类似,理论级当量高度是指与一个理论级的萃取效果相当的塔高,以 HETP 表示。在求得逆流萃取所需的理论级数后,即可由下式计算塔的有效高度:

$$H = n(\text{HETP}) \tag{9.44}$$

HETP 是衡量萃取塔传质特性的一个参数,其值与设备型式、物系性质以及操作条件有关,一般需通过实验确定。

2. 传质单元法

与吸收操作中填料层高度计算方法类似,萃取段有效高度亦可用传质单元法计算,即

$$H = \int_{X_n}^{X_F} \frac{B}{K_X a \Omega} \frac{\mathrm{d}X}{X - X^*} \tag{9.45}$$

当组分 B 和 S 完全不互溶,且溶质组成较低时,在整个萃取段内体积传质系数 $K_X a$ 和纯原溶剂流量 B 均可视为常数,于是式(9.45)变为

$$H = \frac{B}{K_X a \Omega} \int_{X_n}^{X_F} \frac{\mathrm{d}X}{X - X^*} \tag{9.46}$$

或

$$H = H_{\text{OR}} N_{\text{OR}} \tag{9.47}$$

式中 H_{OR} ——萃余相的总传质单元高度,m,$H_{\text{OR}} = \dfrac{B}{K_X a \Omega}$;

$K_X a$ —— 以萃余相中溶质的质量比为推动力的总体积传质系数,$kg/(m^3 \cdot h)$;

N_{OR} —— 萃余相的总传质单元数,$N_{OR} = \int_{X_n}^{X_F} \dfrac{dX}{X - X^*}$;

X —— 萃余相中溶质的质量比;

X^* —— 与萃取相呈平衡的萃余相中溶质的质量比;

Ω —— 塔的横截面积,m^2。

萃余相的总传质单元高度 H_{OR} 或总体积传质系数 $K_X a$ 一般需结合具体的设备及操作条件由实验测定;萃余相的总传质单元数 N_{OR} 可由图解积分或数值积分法求得。当分配曲线为直线时,则可仿照吸收单元的方法由对数平均推动力法或萃取因数法求得。

以上为对萃余相讨论的结果,类似地,也可对萃取相写出相应的计算式。

9.6.2 回流萃取

在多级逆流或微分接触逆流操作中,若采用纯萃取剂并选择适宜的萃取剂比,则只要理论级数足够多,就可使最终萃余相中的溶质组成降至很低,从而在萃余相脱除萃取剂后能得到较纯的原溶剂。而萃取相由于受到平衡关系的限制,最终其中的溶质组成不会超过与进料组成相平衡的组成,因而萃取相脱除萃取剂后所得到的萃取液中仍含有较多的原溶剂。为了得到具有更高溶质组成的萃取相,可仿照精馏中采用回流的方法,使部分萃取液返回塔内,这种操作称为回流萃取。回流萃取操作可在逐级接触式或连续接触式设备中进行。

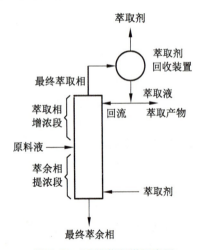

图 9.20 回流萃取塔示意图

如图 9.20 所示为回流萃取塔示意图,假定萃取剂密度较小为轻相,原料液和新鲜萃取剂分别自塔的中部和底部进入塔内。塔的下半部即是常规的逆流萃取塔,类似于精馏塔的提馏段,称为提浓段。在提浓段自上而下,溶质不断地由萃余相进入萃取相,使萃余相溶质组成逐渐下降。由于塔底入口为新鲜萃取剂,因此只要提浓段足够高,便可在塔底得到比较纯的 B 组分。

进料口以上的塔段,类似于精馏塔的精馏段,称为增浓段。在增浓段的最顶端引入几乎不含 B 组分的料液作为回流,与上升的萃取相接触,萃取剂的选择性将使其中的 B 组分向萃余相转移。传质的结果使自上而下的萃余相中 B 组分的组成逐渐增高,A 组分的组成逐渐下降。反之,即从进料口向上,萃取相中 A 组分浓度逐次增高,只要增浓段有足够的高度,且组分 B、S 互溶度很小(如二类物系),原则上就可以使塔顶萃取相中的组分 B 的含量降至无限小,从而在脱除萃取剂后得到溶质组成很高的产品。

【例 9.3】 在多级逆流萃取装置中,用 360 kg/h 纯萃取剂 S 萃取 A、B 两组分混合液中的组分 A。原料液的处理量为 600 kg/h,其中组分 A 的质量分数为 0.25,要求最终萃余相中组分 A 的含量不大于 0.08。已知在操作范围内的相平衡关系为 $y_A = 1.61 x_A$,$y_S = 0.999 - 1.05 y_A$,$x_S = 0.005 + 0.042 x_A$。

解： 物料衡算式及平衡方程：

总物料　$600+360=R_n+E_1$

组分 A　$600\times 0.25=0.08R_n+E_1 y_{1,A}$

组分 S　$360=R_n x_{n,S}+E_1 y_{1,S}$

式中　$x_{n,S}=0.005+0.042\times 0.08=0.00836$

$y_{1,S}=0.999-1.05 y_{1,A}$

联解，得到

$E_1=473$ kg/h，　$R_n=487$ kg/h，　$y_{1,A}=0.2347$，　$y_{1,S}=0.7526$

对第一理论级作物料衡算并列出相平衡关系式：

总物料　$600+E_2=R_1+473$

组分 A　$600\times 0.25+E_2 y_{2,A}=R_1 x_{1,A}+0.2347\times 473$

组分 S　$E_2 y_{2,S}=R_1 x_{1,S}+0.7526\times 473$

式中　$x_{1,A}=y_{1,A}/1.61=0.2347/1.61=0.1458$

$x_{1,S}=0.005+0.042\times 0.1458=0.01112$

$y_{2,S}=0.999-1.05 y_{2,A}$

联解上面各式，解得：

$E_2=402.4$ kg/h，　$R_1=529.4$ kg/h，　$y_{2,A}=0.09493$，　$y_{2,S}=0.8993$

又由平衡关系求得

$x_{2,A}=0.09493/1.61=0.05896<0.08$

即两个理论级便可满足萃取分离要求。

【例 9.4】 丙酮-水-三氯乙烷体系中，水和三氯乙烷可视为完全不互溶。操作条件下，丙酮的分配系数可视为常数，即 $K=1.71$。原料液中丙酮的质量分数为 25%，其余为水，处理量为 1 000 kg/h。萃取剂中丙酮的质量分数为 1%，其余为三氯乙烷。采用 5 级错流萃取，每级加入的萃取剂用量相等，要求最终萃余相中丙酮的含量不大于 1%。试求萃取剂的用量及萃取相中丙酮的平均组成。

解： 由题意可知，组分 B、S 完全不互溶，可用图解法进行计算，有关参数计算如下：

$X_F=\dfrac{0.25}{1-0.25}=0.3333$，　$X_n=\dfrac{0.01}{1-0.01}=0.0101$，　$Y_S=\dfrac{0.01}{1-0.01}=0.0101$

$B=F(1-x_F)=1\,000\times(1-0.25)$ kg/h $=750$ kg/h

$\dfrac{X_F-Y_S/K}{X_n-Y_S/K}=\dfrac{0.3333-\dfrac{0.0101}{1.71}}{0.0101-\dfrac{0.0101}{1.71}}=78.1$

由上面的计算值和 $n=5$，由式(9.43)得 $A_m=1.39$。

每级中纯萃取剂的用量为 $S=\dfrac{A_m B}{K}=\dfrac{1.39\times 750}{1.71}$ kg/h $=610$ kg/h

萃取剂的总用量为 $\sum S=\dfrac{5S}{1-0.01}=\dfrac{5\times 610}{0.99}$ kg/h $=3\,081$ kg/h

设萃取相中溶质的平均组成为 $\overline{Y}$，对全系统作溶质的物料衡算，得

$$BX_F + \sum SY_S = BX_n + \sum S\bar{Y}$$

所以

$$\bar{Y} = \frac{B(X_F - X_n)}{\sum S} + Y_S$$

即

$$\bar{Y} = \frac{750 \times (0.333\,3 - 0.010\,1)}{5 \times 610} + 0.010\,1 = 0.089\,58$$

9.7 液液萃取设备

液液系统中两相的密切接触和快速分离要比气液系统困难得多,因此液液传质设备的类型也很多。根据两相接触方式的不同,萃取设备可分为逐级接触式和微分接触式两类。在逐级接触式设备中,每一级均进行两相的混合与分离,故两液相的组成在级间发生阶跃式变化。而在微分接触式设备中,两相逆流连续接触传质,两液相的组成则发生连续变化。而每一类设备又可分为有外加能量和无外加能量两种。若两相密度差较大,萃取时,仅依靠液体进入设备时的压力差及密度差即可使液体有较好的分散和流动,此时不需外加能量即能达到较好的萃取效果;反之,若两相密度差较小,界面张力较大,液滴易聚合而不易分散,此时常采用从外界输入能量的方法来改善两相的相对运动及分散状况,如施加搅拌、振动、离心等。表 9.1 列出了几种常用的萃取设备。

表 9.1 萃取设备分类

液体分散的动力		逐级接触式	微分接触式
重力差		筛板塔	喷洒塔 填料塔
外加能量	脉冲	脉冲混合-澄清器	脉冲填料塔 液体脉冲筛板塔
	旋转搅拌	混合澄清器 夏贝尔(Scheibel)塔	转盘塔(RDC) 偏心转盘塔(ARDC) 库尼(Kühni)塔
	往复搅拌	—	往复筛板塔
	离心力	卢威式离心萃取器	波德式离心萃取器

9.7.1 逐级接触式萃取设备

1. 混合澄清器

混合澄清器是一种典型的逐级接触式的液液传质设备,使用最早,而且目前仍应用广泛。它由混合器与澄清器组成。典型的混合澄清器如图 9.21 所示。

在混合器中,原料液与萃取剂借助搅拌装置的作用使其中一相破碎成液滴而分散于另一相中,以加大相际接触面积并提高传质速率。两相分散体系在混合器内停留一定时间后,流入澄清器。在澄清器中,轻、重两相依靠密度差进行凝聚分层,形成萃取相和萃余相。混合澄清器可以单级使用,也可以多级串联按逆流、错流方式组合使用。

混合澄清器的主要优点是传质效率高,操作灵活、方便,能处理含有固体悬浮物的物料。缺点是水平排列的设备占地面积大,溶剂储量大,每级内都设有搅拌装置,液体在级间流动需输送泵,设备费和操作费都较高。

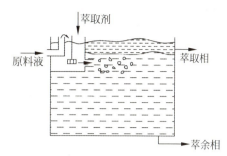

图 9.21　混合器与澄清器组合装置

2. 筛板萃取塔

筛板萃取塔如图 9.22 所示,塔内装有若干层筛板,筛板的孔径一般为 3～9 mm,孔距为孔径的 3～4 倍,板间距为 150～600 mm。

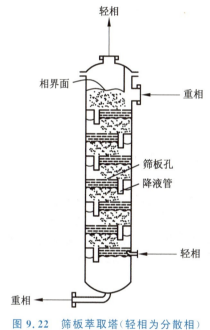

图 9.22　筛板萃取塔(轻相为分散相)

筛板萃取塔与用于气液传质的筛板塔颇为相似,总体而言,轻、重两相在塔内作逆流流动,而在每块塔板上两相呈错流接触。如图 9.22 所示,如果轻液为分散相,则作为连续相的重液沿每层塔板横向流动,由降液管流至下层塔板;而作为分散相的轻液则穿过每层塔板自下而上流动,经过板上的筛孔被分散为液滴,与板上横向流动的重液连续相接触传质。液滴穿过连续相后,在每层塔板的上部空间形成一轻液层。该轻液层在两相密度差的作用下,经上层筛板的筛孔再次被分散成液滴而上升。可见每层塔板相当于一级混合澄清器。

若重液作为分散相,则须将塔板上的降液管改为升液管。此时,轻液在塔板上横向流动,经升液管流至上层塔板,而重液则穿过每层塔板被分散,自上而下流动。

筛板萃取塔由于塔板的限制,减少了轴向返混,同时由于分散相的多次分散和聚集,液滴表面不断更新,使筛板萃取塔的传质效率较高,加之筛板塔结构简单,造价低廉,可处理腐蚀性料液,因而得到广泛应用。

9.7.2　微分接触式萃取设备

1. 喷洒塔

喷洒塔又称喷淋塔,是最简单的萃取塔,无任何内件。轻、重两相分别从塔底和塔顶进入。如图 9.23(a)所示,若以重相为分散相,则重相经塔顶的分布装置分散为液滴后进入轻相,与其逆流接触传质,重相液滴降至塔底分离段处聚合形成重相液层排出;而轻相上升至塔顶并与重相分离后排出。

若以轻相为分散相,则如图 9.23(b)所示,轻相经塔底的分布装置分散为液滴后进入连续的重相,与重相进行逆流接触传质,轻相升至塔顶分离段处聚合形成轻液层排出;而重相流至塔底与轻相分离后排出。

喷洒塔结构简单,塔体内除进出各流股物料的接管和分散装置外,无其他内部构件。缺点是轴向返混严重,传质效率较低,因而适用于仅需一两个理论级的场合,目前工业上已很少应用。

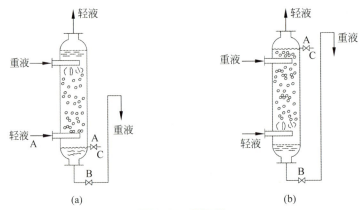

图 9.23 喷洒塔
(a) 重液为分散相;(b) 轻液为分散相

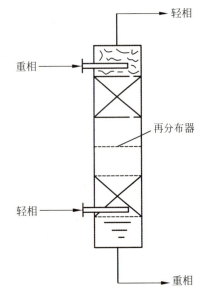

图 9.24 填料萃取塔

2. 填料萃取塔

填料萃取塔的结构与精馏和吸收的填料塔基本相同,如图 9.24 所示。塔内装有适宜的填料,轻、重两相分别由塔底和塔顶进入,由塔顶和塔底排出。萃取时,连续相充满整个填料塔,分散相由分布器分散成液滴进入填料层中的连续相,在与连续相逆流接触中进行传质。填料的作用是使液滴不断发生凝聚与再分散,以促进液滴的表面更新,填料也能起到减少轴向返混的作用。

填料萃取塔的优点是结构简单、操作方便,适于处理腐蚀性料液;缺点是传质效率低,一般用于所需理论级数较少(如 3 个萃取理论级)的场合。

3. 脉冲萃取塔

在普通填料塔和筛板塔中,液体的流动靠密度差维持,相对速度小,界面湍动程度低,传质效率亦低下。为改善两相接触状况,可在塔内提供外加机械能以产生脉动。脉冲的产生可以由往复泵来完成,特殊情况下,也可用压缩空气来实现。

脉动的加入,使塔内物料处于周期性的变速运动之中,重液惯性大,加速困难,轻液惯性小,加速容易,因而两相液体能获得较大的相对速度,从而加剧湍动,提高传质速率。传质速率与脉冲振幅和频率有关,但过度的脉动,会造成严重的轴向混合,传质效率反而下降。

在脉冲萃取塔内,一般脉冲振幅为 9~50 mm,频率为 30~200 min^{-1}。实验研究和生产实践表明,萃取效率受脉冲频率影响较大,受振幅影响较小。一般认为频率较高、振幅较小时萃取效果较好。

脉冲萃取塔的优点是结构简单、传质效率高,但其允许通过能力较小,在化工生产中的应用受到一定限制。

4. 往复筛板萃取塔

往复筛板萃取塔的结构如图 9.25 所示,将若干层筛板按一定间距固定在中心轴上,由塔顶的传动机构驱动而作上下往复运动。往复振幅一般为 3~50 mm,频率可达 100 $\min^{-1}$。往复筛板的孔径要比脉动筛板的大些,一般为 7~16 mm。当筛板向上运动时,迫使筛板上侧的液体经筛孔向下喷射;反之,又迫使筛板下侧的液体向上喷射。为防止液体沿筛板与塔壁间的缝隙短路流过,每隔若干块筛板,在塔内壁应设置一块环形挡板。

往复筛板萃取塔的效率与塔板的往复频率密切相关。当振幅一定时,在不发生液泛的前提下,效率随频率的增大而提高。

往复筛板萃取塔可较大幅度地增加相间接触面积和提高液体的湍动程度,传质效率高,流体阻力小,操作方便,生产能力大,在石油化工、食品、制药和湿法冶金工业中的应用日益广泛。

5. 转盘萃取塔(RDC)

转盘萃取塔的基本结构如图 9.26 所示,在塔体内壁面上按一定间距装有若干个环形挡板,称为固定环,固定环将塔内分割成若干个小空间。两固定环之间均装一转盘。转盘固定在中心轴上,转轴由塔顶的电机驱动。转盘的直径小于固定环的内径,以便于装卸。

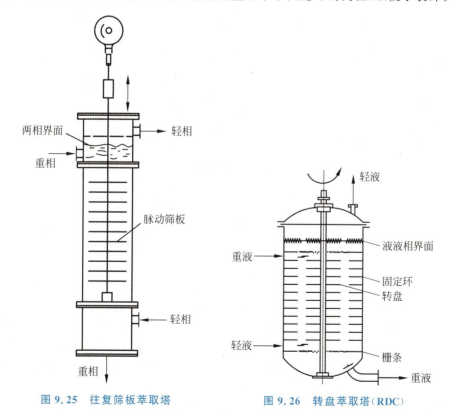

图 9.25　往复筛板萃取塔　　图 9.26　转盘萃取塔(RDC)

萃取操作时，转盘随中心轴高速旋转，其在液体中产生的剪应力将分散相破裂成许多细小的液滴，在液相中产生强烈的涡旋运动，从而增大了相间接触面积和传质系数。同时固定环的存在在一定程度上抑制了轴向返混，因而转盘萃取塔的传质效率较高。

转盘萃取塔结构简单，传质效率高，生产能力大，因而在石油化工中应用比较广泛。

6. 离心萃取器

离心萃取器是利用离心力的作用使密度差很小的轻、重两相以很大的相对速度逆流流动，两相接触密切，传质效率高。离心式传质设备的特点是：设备体积小，生产强度高，物料停留时间短，分离效果好。但离心萃取器结构复杂，制造困难，操作费用高，其应用受到一定限制。

离心萃取器种类较多，按两相接触方式可分为逐级接触式和微分接触式两类。在逐级接触式萃取器中，两相的作用过程与混合澄清器类似。而在微分接触式萃取器中，两相的接触方式则与连续逆流萃取塔类似。目前已被广泛使用的有转筒式离心萃取器、卢威(Luwesta)式离心萃取器、波德(Podbielniak)式离心萃取器等。

本章主要符号说明

A——溶质的量，kg 或 kg/h
B——原溶剂的量，kg 或 kg/h
S——萃取剂的量，kg 或 kg/h
E——萃取相的量，kg 或 kg/h
E'——萃取液的量，kg 或 kg/h
R——萃余相的量，kg 或 kg/h
R'——萃余液的量，kg 或 kg/h
F——原料液的量，kg 或 kg/h
M——混合液的量，kg 或 kg/h
n——理论级数
x——组分在萃余相中的质量分数

X——组分在萃余相中的质量比组成，kg(A)/kg(B)
y——组分在萃取相中的质量分数
Y——组分在萃取相中的质量比组成，kg(A)/kg(S)
K——以质量比表示相组成的分配系数
β——溶剂的选择性系数
φ_A——组分 A 的萃取率
下标
A、B、S——溶质、原溶剂及萃取剂
E——萃取相
R——萃余相
n——萃取级数

本章能力目标

通过本章的学习，应具备以下能力：①根据原料性质及生产要求，选择和应用恰当的萃取剂及萃取流程；②根据生产任务，初步完成萃取设备的选型，确定操作参数；③根据萃取设备的特点及类型，初步判定萃取操作过程中遇到的异常问题。

学习提示

1. 萃取与吸收过程有诸多相似之处，对比学习可更深刻地掌握传质分离过程的一般原理。萃取过程和吸收过程都是利用溶解度的差异而实现组分的分离，其主要差异在于吸收过程主要着眼于单一组分可溶的情况，而萃取只能从各组分都具有一定相互溶解度这一前提开展讨论；另外，二者的差异还在于吸收过程涉及气、液两相系统，萃取过程为液、液两组分系统。

2. 萃取过程本身并没有直接完成分离任务，而只是将一个难以分离的混合物转变为两个更易于分离的混合物,不能够直接获取目标产品。选择性系数与分配系数不同:选择性系数是两种组分在萃取剂中溶解能力的差异,是与两种组分有关的参数,选择性系数越大,则两个组分越容易分离;而分配系数是指一定温度下某组分在互相平衡的 E 相与 R 相中的组成之比,是某一个组分在两相中的分配。选取萃取剂的几个原则常常无法同时满足,萃取能力强,则反萃取就较为困难,萃取能力也经常是互相矛盾的;对于大规模工业生产应用而言,特效和廉价往往是选择萃取剂最为重要的条件。

3. 萃取过程的计算常采用图解法,其基础是以三角形相图表示的相平衡关系和杠杆规则,若无特别说明,萃取相组成 y 及萃余相组成 x 均指溶质 A 的组成。萃取操作只能在两相区操作,因此对于一定的原料液量,存在两个极限萃取剂用量,萃取剂用量增大,萃余相组成降低,而萃余液组成也随之降低,当萃取剂用量达到最大值时,萃余液组成最小。而单级萃取所能达到的萃取液最高浓度并不对应于最小或最大萃取剂用量,原因在于,萃取剂 S 与原溶剂 B 有一定互溶度,萃取剂用量过大,会将过多的 B 提取到萃取相中,从而导致 y_B 过高,则 y_A 减小;而萃取剂用量过小,虽然萃取相中的 y_B 很小,但萃取相中的 y_A 也很小,因此萃取液中 A 的浓度并不一定最高。

讨论题

1. 在什么情况下采用萃取分离方法可获得良好的技术经济效果?
2. 单级萃取计算时如何选择计算方法?
3. 多级错流萃取与多级逆流萃取的流程和计算有何异同?
4. 由各萃取流程的特点可知,在多级逆流萃取时,原料液与新鲜萃取剂并没有直接发生混合,但在多级逆流萃取计算时,仍可应用杠杆规则由 F/S 的量来确定和点 M,从而确定第 1 级萃取相 E_1 的组成及量。试讨论分析原因。
5. 如何确定单级萃取操作中可能获得的最大萃取液组成?
6. 有 A、B、S 三种有机液体,A 与 B、A 与 S 完全互溶,B 与 S 部分互溶。其溶解度曲线与辅助曲线如附图(a)所示。

(1) 现有含 A50%(质量分数)的 A-B 原料液 30 kg 及纯溶剂 15 kg,将它们混合在一起,问:①得到的混合液是否分层?②若不分层,用什么方法使其分层?若分层,用什么方法使其不分层?需定量计算出结果。

(2) 用纯溶剂 S,萃取含 A20%(质量分数)的 A-B 原料液,其流量为 100 kg/h,采用单级萃取时最小溶剂用量为多少?此时萃取相的量和组成是多少?

(3) 采用单级萃取,萃取液可能达到的最大浓度为多少?当进料分别为含 A30%(质量分数)和含 A10%(质量分数)的 A-B 混合液时,是否都能使萃取液的浓度达到最大值?所得萃取液浓度最大时,溶剂用量为多少?

(4) 假设所用萃取装置有无穷多级,所得萃取液浓度能否达到100%?萃余液浓度能否为0?

(5) 当原料组成 $X_F=0.3$ 时,为了使萃取液的浓度最大,同时要求萃余液的浓度 $X'_{nA}=0.06$,用单级萃取能否达到要求?如不行,可采取什么措施?

(6) 若选用两种不同的溶剂,则所得的溶解度曲线及联结线斜率不同,如附图(b)、附图(c)所示。附图(b)联结线为 ab,附图(c)联结线为 $a'b'$。求以上两种情况下分配系数 K_A 各为多少?选择性系数 β 各为多少?这两种情况下是否能用萃取方法进行分离?

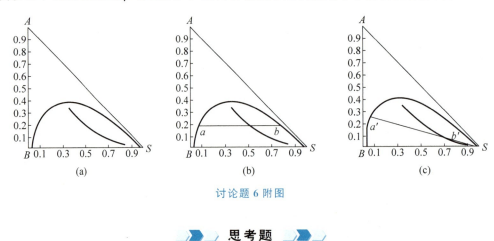

讨论题 6 附图

思考题

1. 萃取操作的原理是什么?工业萃取过程包括哪几个基本过程?
2. 液体混合物在什么情况下需要用萃取而不用精馏分离?
3. 溶解度曲线和分配曲线有何联系?
4. 分配系数和选择性系数有何差异?各有何意义?
5. 微分逆流接触萃取的计算与逆流吸收有何异同?

习　　题

一、填空题

1. 萃取操作是利用液体混合物中_____而实现分离的过程。
2. 萃取过程选择萃取剂的主要原则为_____,_____和_____。
3. 分配系数 $K_A<1$ 表示_____。K_A 越大,萃取分离的效果_____。
4. 在 A、B 两组分混合溶液中加入纯溶剂 S,达到平衡时,已知 E 相中含有 39%(质量分数)的 A 和 2.4%(质量分数)的 B,R 相中含有 16%(质量分数)的 A 和 83%(质量分数)的 B,则 A 在 E 相和 R 相中的分配系数 $K_A=$_____,溶剂的选择性系数 $\beta=$_____。
5. 蒸馏和萃取都是分离液体混合物的单元操作,萃取更适合用于_____,_____,_____及_____等溶液的分离。
6. 通常情况下,温度越高,液体的互溶度_____,对萃取操作_____。
7. 溶解度曲线将三角形相图分成_____和_____两个区域,萃取分离应该在_____区域内进行。
8. 在三角形坐标图上,三角形的顶点代表_____,三条边上的点代表_____,三角形内的点代表_____。

9. 用溶剂 S 从 A 和 B 组分完全互溶的溶液中萃取 A 组分,如果出现选择性系数 β _____ 1 的情况将不能进行萃取分离。(大于,等于,小于)

10. 单级萃取操作中,进料组成和萃取相浓度不变的条件下,用少量含有溶质的萃取剂代替纯萃取剂,则所得的萃余相浓度将_____。(增加,减少,不变,不一定)

11. 在部分互溶体系多级逆流萃取中,溶剂比较小时,操作点在三角形相图的_____侧,溶剂比较大时,操作点在三角形相图的_____侧。(左,右)

12. 萃取装置中,根据两相接触方式的不同,可以分为_____和_____两大类。

二、分析及计算题

1. 某溶液中含溶质 40%(质量分数),其余为稀释剂 B。试在三角形坐标图上标出该溶液组成的坐标点位置 F。若向该溶液中加入等量的纯溶剂 S,再在图上确定和点 M 的位置,并读出混合液的组成 x_A、x_B 及 x_S。

2. 25℃时,醋酸(A)-庚醇-3(B)-水(S)的平衡数据见附表。问:

习题 9.2 附表 1 溶解度曲线数据(质量分数)   %

醋酸(A)	庚醇-3(B)	水(S)	醋酸(A)	庚醇-3(B)	水(S)
0	96.4	3.6	48.5	12.8	38.7
3.5	93.0	3.5	47.5	7.5	45.0
8.6	87.2	4.2	42.7	3.7	53.6
19.3	74.3	6.4	36.7	1.9	61.4
24.6	67.5	7.9	29.3	1.1	69.6
30.7	58.6	10.7	24.5	0.9	74.6
41.4	39.3	19.3	19.6	0.7	79.7
45.8	26.7	27.5	14.9	0.6	84.5
46.5	24.1	29.4	7.1	0.5	92.4
47.5	20.4	32.1	0.0	0.4	99.6

习题 9.2 附表 2 联结线数据(醋酸的质量分数)   %

水层	庚醇-3 层	水层	庚醇-3 层
6.4	5.3	38.2	26.8
13.7	10.6	42.1	30.5
19.8	14.8	44.1	32.6
26.7	19.2	48.1	37.9
33.6	23.7	47.6	44.9

(1) 在直角三角形相图上作出溶解度曲线及辅助曲线,在直角坐标图上作出分配曲线;

(2) 确定由 50 kg 醋酸、50 kg 庚醇-3 和 100 kg 水组成的混合液的坐标点位置;经过充分混合而静置分层后,确定平衡的两液相的组成和量;

(3) 求上述两液层中溶质 A 的分配系数及萃取剂 S 的选择性系数。

3. 在 B-S 部分互溶的单级萃取中，进料中 $m_A=55$ kg，$m_B=45$ kg，用纯溶剂萃取，已知萃取相中 $y_A/y_B=12/5$，萃余液中 $x'_A/x'_B=2/5$，试求：(1)选择性系数 β；(2)萃取液量 E' 和萃余液量 R'。

4. 某二元混合液中含有 40% 的 A，60% 的 B（均为质量分数）。现用纯溶剂进行单级萃取，萃取相中 $y_A/y_B=4$，分配系数 $K_A=1$，$K_B=1/12$，试求：(1)选择性系数 β；(2)萃余液的浓度 x'_A；(3)萃取液量与进料量的比值。

5. 在多级错流接触萃取装置中，以水做萃取剂从含乙醛 6%（质量分数）的乙醚-甲苯混合液中提取乙醛。原料液的流量为 120 kg/h，要求最终萃余相中乙醛的含量不大于 0.5%。每级中水的用量均为 25 kg/h。操作条件下，水和甲苯可视作完全不互溶，以乙醛的质量比组成表示的平衡关系为：$Y=2.2X$，试求所需理论级数（作图法和解析法）。

6. 某液液萃取过程，其溶解度曲线和辅助曲线如本题附图所示。已知料液中组分 A 的质量分数为 0.40，要求获得尽可能高的萃取液组成。(1)计算单级萃取的溶剂比 S/F 及 E'/R'；(2)如欲使萃余液中组分 A 的质量分数不大于 0.05，可采取什么措施？

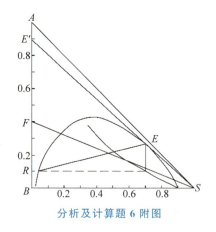

分析及计算题 6 附图

7. 拟设计一个多级逆流接触的萃取塔，在操作范围内，所用萃取剂 S 与料液 B 完全不互溶，以质量比表示的分配系数为 2，已知入塔顶 $F=100$ kg/h，其中含有溶质 A 为 0.2（质量分数），要求出塔底的萃余相中 A 的质量分数降为 0.02。试求：(1)最小的萃取剂用量 $S_{\min}$；(2)若所用的萃取剂量为 60 kg/h，则离开第二理论级的萃取相和萃余相组成为多少。

8. 拟设计一个多级逆流接触的萃取塔，以水为溶剂萃取乙醚与甲苯的混合液。混合液量为 100 kg/h，组成为含 15% 乙醚和 85% 甲苯（均为质量分数）。操作条件下，水和甲苯可视作完全不互溶，平衡关系可以用 $Y=2.2X$ 表示（Y 和 X 分别为乙醚和水、乙醚和甲苯的质量比），要求萃余相中乙醚的质量分数降为 1%。试求：(1)最小的萃取剂用量 $S_{\min}$；(2)若所用的萃取剂量 $S=1.5S_{\min}$，逆流萃取所需理论级数 n。

9. 含醋酸 35%（质量分数）的水溶液，在 20℃下用纯异丙醚作为萃取剂进行萃取，料液的处理量为 100 kg/h。试对如下两种情况分别计算醋酸的回收率：(1)用 100 kg/h 纯溶剂做单级萃取；(2)将萃取剂分为 2 等份，进行两级错流萃取。物系 20℃时的平衡溶解度数据见附表。

分析及计算题 9 附表　物系 20℃时的平衡溶解度（质量分数）　　　　　　　　%

在萃余相 R（水层）中			在萃取相 E（异丙醚层）中		
醋酸（A）	水（B）	异丙醚（S）	醋酸（A）	水（B）	异丙醚（S）
0.7	98.1	1.2	0.2	0.5	99.3
1.4	97.1	1.5	0.4	0.7	98.9
2.7	95.7	1.6	0.8	0.8	98.4
6.4	91.7	1.9	1.9	1.0	97.1
13.3	84.4	2.3	4.8	1.9	93.3
25.5	71.1	3.4	11.4	3.9	84.7
37.0	58.6	4.4	21.6	6.9	71.5
44.3	45.1	10.6	31.1	10.8	58.1
46.4	37.1	16.5	36.2	15.1	48.7

10. 如本题附图所示，用纯溶剂 S 对某混合液 A＋B 进行单级萃取，已知 B 与 S 部分互溶。现保持进料量 F 不变，问下列条件下萃余相、萃取相组成的变化：(1)进料组成 x_F 不变，萃取剂量 S 减少；(2) x_F 增加，S 不变；(3) x_F、S 不变，操作温度 T 增加。

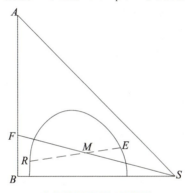

分析及计算题 10 附图

11. 有一个多级错流萃取过程，用纯溶剂对某混合液 A＋B 进行萃取。已知 B 与 S 完全不互溶，现保持原溶剂量 B、萃取剂量 S 不变，试分析当 x_F 增加时，萃余相、萃取相组成的变化。

第 9 章习题答案

第 10 章

干 燥

本章重点

1. 掌握湿空气的性质及湿焓图；
2. 掌握干燥过程的物料衡算与热量衡算方法；
3. 掌握干燥过程的平衡关系与速率关系；
4. 了解干燥时间的计算方法。

化工生产中的各种固体产品（或半成品）中过多的湿分（水或有机溶剂）会对储藏、使用或进一步加工产生一定的影响。例如药物或食品中水分过多,久藏会变质；塑料颗粒若水分超过规定,则在后续的加工成型过程中会产生气泡,影响产品品质。因此,固体物料在成为成品之前,必须除去其中超过规定的湿分。化学工业中的除湿方法很多,归纳起来主要有以下两种。

（1）机械除湿。物料含水较多时,可采用离心过滤等机械分离的方法去除大量的湿分。这种方法除湿并不彻底,但能量消耗较少。

（2）供热干燥。向物料供热以汽化其中的湿分,以获得湿分达到规定的产品。这种方法除湿彻底,但能量消耗高。

工业上往往是上述两种方法的联用,即先用比较经济的机械方法尽可能除去湿物料中的大部分湿分,然后再利用干燥的办法除去剩余的湿分,以获得符合要求的产品。

工业干燥有多种供热方式,如传导干燥、对流干燥、辐射干燥、介电加热干燥等,其中以对流干燥最为普遍,即以热空气或其他高温气体介质掠过固体表面,介质向固体物料传热并带走汽化的湿分。通常,工业上最为常见的湿分是水分,主要的干燥介质是不饱和的热空气,因此,本章以此为基础进行讨论,非水湿分以及非空气作为干燥介质的干燥原理与此完全相同。

进行对流干燥时,热空气与湿物料直接接触,气、固间同时进行着热量传递和质量传递,即热量由气相传递至低温的固体物料,固体物料中的水分传递至分压较低的气相当中。传热的推动力是温差,传质的推动力为固体物料表面水分的分压与空气中水分分压之差。可见,干燥用空气的温度以及空气中的水分含量是干燥得以进行的关键因素。

10.1 湿空气的性质及湿焓图

10.1.1 湿空气的性质

在干燥操作中,不饱和湿空气既是载热体又是载湿体,因而可通过空气的状态变化来了解干燥过程进行的程度,为此,应首先了解湿空气的性质。

干燥过程中湿空气中的水分含量是不断变化的,但绝干空气量不变,为方便计算,湿空气的各性质参数均以 1 kg 绝干空气作为基准进行定义。

1. 水汽分压 p_v 和露点 t_d

空气中的水汽分压直接影响干燥过程的传质过程。测定水汽分压的实验方法是测定露点,即在总压不变的条件下将空气与不断降温的冷壁相接触,直至空气在光滑壁上析出水雾,此时的冷壁温度称为露点 t_d。壁面上析出水雾表明水汽分压为 p_v 的湿空气在露点温度下达到饱和状态。因此,测出露点温度 t_d,便可从手册中查得此温度下的饱和蒸汽压,此压力即为空气中的水汽分压。

2. 湿度 H

湿度又称湿含量,为湿空气中水汽的质量与绝干空气的质量之比,以 H 表示,单位为 kg 水/kg 绝干气:

$$H = \frac{湿空气中水汽的质量}{湿空气中绝干气的质量} = \frac{n_v M_v}{n_g M_g} = \frac{0.622 p_v}{p - p_v} \tag{10.1}$$

式中　p_v——水汽分压,Pa 或 kPa;
　　　p——总压,Pa 或 kPa;
　　　M_v——湿空气中水汽的摩尔质量,kg/kmol;
　　　M_g——湿空气中绝干气的摩尔质量,kg/kmol;
　　　n_g——湿空气中绝干气的物质的量,kmol;
　　　n_v——湿空气中水汽的物质的量,kmol。

下标 v 表示水蒸气、g 表示绝干空气。

当湿空气中的水汽分压等于该空气温度下纯水的饱和蒸汽压时,空气达到饱和,相应的湿度称为饱和湿度,以 H_s 表示:

$$H_s = \frac{0.622 p_s}{p - p_s} \tag{10.2}$$

式中　H_s——湿空气的饱和湿度,kg 水/kg 绝干气;
　　　p_s——空气温度下纯水的饱和蒸汽压,Pa 或 kPa。

显然,湿空气的饱和湿度是温度与总压的函数,是在此温度、压力条件下的最大湿含量,H 继续增大,水分将会以液态形式析出。

如前述,露点温度下湿空气的湿度就是该温度下的饱和湿度 H_{s,t_d},即

$$H_{s,t_d} = \frac{0.622 p_{s,t_d}}{p - p_{s,t_d}} \tag{10.3}$$

式中　p_{s,t_d}——露点温度下水的饱和蒸汽压,Pa 或 kPa。

3. 相对湿度 φ

在一定总压下,湿空气中水汽分压 p_v 与该温度下空气中水的饱和蒸汽压 p_s 的比值定义为相对湿度,以 φ 表示:

$$\varphi = \frac{p_v}{p_s} \times 100\% \tag{10.4}$$

相对湿度代表空气的饱和程度,当 $p_v = p_s$ 时,$\varphi = 1$,表示湿空气被水汽所饱和,不能作为干燥介质;当 $p_v = 0$ 时,$\varphi = 0$,表示湿空气中不含水分,称为绝干空气,这时的空气具有最大的吸湿能力。φ 值介于 0 和 1 之间,值越小,吸湿能力越强。

将式(10.4)代入式(10.1),可得 H 与 φ 的关系式为

$$H = \frac{0.622 \varphi p_s}{p - \varphi p_s} \tag{10.5}$$

4. 比容 v_H

含 1 kg 绝干气的湿空气的体积称为湿空气的比容或湿容积,以 v_H 表示,单位为 m^3 湿空气/kg 绝干气。若湿空气视为理想气体,则有

$$v_H = 1 \text{ kg 绝干气的体积} + \{H\} \text{ kg 水汽的体积}$$

即

$$v_H = \left(\frac{1}{29} + \frac{H}{18}\right) \times 22.4 \times \frac{273 + t}{273} \times \frac{1.013 \times 10^5}{p}$$

$$= (0.772 + 1.244H) \frac{273 + t}{273} \times \frac{1.013 \times 10^5}{p} \tag{10.6}$$

干燥过程中空气的湿度一般不会太大,式中 H 值较小。除非有特殊需要,用绝干空气的比体积代替湿空气的比容所造成的误差并不大。一定总压下,比容是温度和湿度的函数。

5. 湿比热容 c_H

常压下,含 1 kg 绝干气的湿空气的温度升高(或降低)1 ℃所吸收(或放出)的热量,称为湿比热容,以 c_H 表示,单位为 kJ/(kg 绝干气·℃):

$$c_H = c_g + H c_v \tag{10.7}$$

式中 c_g——绝干空气的比热容,kJ/(kg 绝干气·℃);

c_v——水蒸气的比热容,kJ/(kg 水·℃)。

在常用温度范围内,c_g、c_v 可按常数处理,$c_g = 1.01$ kJ/(kg 绝干气·℃),$c_v = 1.88$ kJ/(kg 水·℃)。将其代入式(10.7),得

$$c_H = 1.01 + 1.88H \tag{10.8}$$

显然,湿空气比热容仅是湿度的函数。

6. 焓 I

将含有 1 kg 绝干气的湿空气所具有的焓定义为湿空气的焓,以 I 表示,单位为 kJ/kg 绝干气,显然,湿空气的焓包括了 1 kg 绝干气的焓和 $\{H\}$ kg 水汽的焓:

$$I = I_g + H I_v \tag{10.9}$$

式中 I_g——绝干空气的焓,kJ/kg 绝干气;

I_v——水汽的焓,kJ/kg 水。

通常,焓的基准状态可视计算方便而定,本章以 0 ℃的空气及 0 ℃的液态水为基准,则

湿空气焓的计算式为

$$I = c_g(t-0) + Hc_v(t-0) + Hr_0 = (c_g + Hc_v)t + Hr_0 \tag{10.10}$$

式中　r_0——0 ℃时水的汽化潜热,其值为 2 490 kJ/kg;
　　　c_g——绝干空气比热容,其值约为 1.01 kJ/(kg 绝干气·℃);
　　　c_v——水蒸气比热容,其值约为 1.88 kJ/(kg 水·℃)。

故对于空气-水系统,式(10.10)又可以改为

$$I = (1.01 + 1.88H)t + 2\,490H \tag{10.11}$$

可以看出,湿空气的焓是温度和湿度的函数。

7. 温度

1)干球温度

用普通温度计直接测得的湿空气的温度,称为湿空气的干球温度,简称温度,以 t 表示。它是湿空气的真实温度。

2)湿球温度

用湿纱布包裹温度计的感温部分(水银球),纱布下端浸在水中,以保证纱布一直处于充分润湿状态,这种温度计称为湿球温度计,如图 10.1 所示,该温度计所指示的温度实际为平衡后水的温度,即为湿球温度,其值与空气状态有关。

将湿球温度计置于温度为 t、湿度为 H 的流动不饱和空气中,则只要空气未达饱和,气相水汽分压必低于纱布表面水的平衡分压 p_s,水将由纱布表面汽化,汽化所需的热量只能来源于液体水本身,导致液体温度下降,一旦水温降低,与空气间出现温差,则会引起空气向水分传热,只要这一热量不足以补偿水分汽化所需的热量,水温必将继续下降,传热速率随着温差的增大而提高,直到空气传给水分的显热恰好等于水分因分压之差而汽化所需的潜热时,空气与湿纱布间的传热和传质达到平衡,湿球温度计上的温度不再降低并维持恒定。此时湿球温度计所测得的温度即为湿空气的湿球温度,以 t_w 表示。

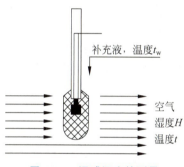

图 10.1　湿球温度的测量

在上述传热传质过程中,由于空气流量大,可认为汽化的水分进入空气中并不能影响空气的温度与湿度,空气保持在初始温度 t 和湿度 H 的状态下。当达到平衡时,空气向湿纱布表面的传热速率为

$$Q = \alpha S(t - t_w) \tag{10.12}$$

式中　Q——空气向湿纱布的传热速率,W;
　　　α——空气与湿纱布间的对流传热系数,W/(m²·℃);
　　　S——空气与湿纱布间的传热面积,m²;
　　　t——空气的温度,℃;
　　　t_w——空气的湿球温度,即湿纱布表面的温度,℃。

传质速率为

$$N = k_H(H_{s,t_w} - H)S \tag{10.13}$$

式中　N——水汽由相界面向空气主流的扩散速率，kg/h；

　　　k_H——以湿度差为推动力的传质系数，kg/(m² · h)；

　　　H_{s,t_w}——湿球温度 t_w 下空气的饱和湿度，kg 水/kg 绝干气。

达到热质传递平衡时，单位时间内从空气传入湿球表面的热量恰好等于湿球表面水分汽化所需的热量，即

$$Q = N r_{t_w} \tag{10.14}$$

式中　r_{t_w}——湿球温度 t_w 下水汽的汽化潜热，kJ/kg。

联立式(10.12)、式(10.13)及式(10.14)，并整理得

$$t_w = t - \frac{k_H r_{t_w}}{\alpha}(H_{s,t_w} - H) \tag{10.15}$$

实验表明，一般情况下上式中的 k_H 和 α 都与空气速度的 0.8 次方成正比，故可认为其比值与气流速度无关，对于空气-水蒸气系统，$\alpha/k_H = 1.09$。

湿球温度 t_w 不是湿空气的真实温度，它是湿空气温度 t 和湿度 H（或相对湿度）的函数。当湿空气的温度一定时，不饱和湿空气的湿球温度总低于干球温度，空气的湿度越高，湿球温度越接近干球温度，当空气为水汽所饱和时，湿球温度就等于干球温度。在一定总压下，只要测出湿空气的干、湿球温度，就可用式(10.15)算出空气的湿度。

应指出，在测湿球温度时，空气的流速应大于 5 m/s，以减少辐射与导热的影响。

3) 绝热饱和温度

湿空气经过绝热增湿达到饱和时空气的温度，称为湿空气的绝热饱和温度，以 t_{as} 表示。

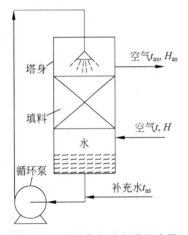

图 10.2　绝热饱和冷却塔示意图

设温度为 t、湿度为 H 的不饱和空气流经设备时，在设备内向气流喷洒少量温度为 t_{as} 的水滴，则水滴会接受来自空气的热量汽化进入气流当中，导致空气温度下降、湿度增加，当不计热损失时，由于过程绝热，空气传递给水的显热全部变为水分汽化的潜热返回空气，如果喷洒的水量足够多，两相接触充分，如图 10.2 所示，则出口气体的湿度可达饱和值 H_{as}，相应的气体出口温度即为初始湿空气的绝热饱和温度，记作 t_{as}。

若补充水的温度为气体的出口温度 t_{as}，则空气传递给水分的显热恰好等于水分汽化所需的潜热，对该过程作热量衡算得

$$L c_H (t - t_{as}) = L(H_{as} - H) r_{as} \tag{10.16}$$

式中　r_{as}——温度 t_{as} 下水的汽化潜热，kJ/kg；

　　　L——绝干空气流量，kg 绝干气/h。

将式(10.16)整理得

$$t_{as} = t - \frac{r_{as}}{c_H}(H_{as} - H) \tag{10.17}$$

式中 r_{as}、H_{as} 是 t_{as} 的函数，c_H 是 H 的函数。由此，绝热饱和温度 t_{as} 是湿空气初始温度 t 和湿度 H 的函数，它是湿空气在绝热、冷却、增湿过程中达到的极限冷却温度。在一定的总

压下,只要测出湿空气的初始温度和绝热饱和温度 t_{as},就可用式(10.17)算出湿空气的湿度 H。

实验证明,对于湍流状态下的水蒸气-空气系统,常用温度范围内 α/k_H 与湿空气比热容 c_H 值很接近,同时 $r_{as} \approx r_{t_w}$,故在一定温度 t 与湿度 H 下,比较式(10.15)和式(10.17)可以看出,湿球温度近似等于绝热饱和冷却温度,即

$$t_w \approx t_{as} \tag{10.18}$$

但对于水蒸气-空气以外的系统,式(10.18)就不一定成立了。例如甲苯蒸气-空气系统,$\alpha/k_H = 1.8 c_H$,此时,t_{as} 与 t_w 就不相等。

对于水蒸气-空气系统,绝热饱和温度 t_{as} 和湿球温度 t_w 在数值上近似相等,且两者均为初始湿空气温度和湿度的函数。但两者意义完全不同。

(1) 湿球温度是大量空气和少量水接触达到平衡状态时的温度,因空气是大量的,可以认为水分的汽化不会改变空气的温度和湿度;而绝热饱和温度是一定量的不饱和空气与大量水密切接触并在绝热条件下达到饱和时的温度,过程中空气的温度湿度都会发生变化。

(2) 绝热饱和温度是物料和热量衡算的结果,是空气的热力学性质;而湿球温度则取决于气、液两相间的传热传质速率的平衡,属动力学因素。

根据以上分析,对水蒸气-空气系统,干球温度 t、绝热饱和温度 t_{as}(即湿球温度 t_w)及露点 t_d 三者之间的关系为:不饱和空气 $t > t_{as}$(或 t_w)$> t_d$;饱和空气 $t = t_{as}$(或 t_w)$= t_d$。

10.1.2 湿空气的湿焓图

在一定总压下,上述湿空气的各参数中,只有两个是独立的,只要确定了湿空气的两个独立参数,湿空气的状态就确定了。工程上为了方便计算,常将湿空气的各参数标绘成图,只要知道湿空气任意的两个独立参数,即可从图上查出其他参数。常用的有湿度-焓(H-I)图、温度-湿度(t-H)图等,本书介绍应用最广的 H-I 图。

湿空气的 H-I 图如图 10.3 所示,是根据常压数据绘制的,若系统总压偏离常压较远,则不能应用此图。为了使图中各曲线分散开,提高读数的准确性,两坐标轴的夹角采用 135°,同时为了便于读数及节省图的幅面,将斜轴(图中没有将斜轴全部画出)上的数值投影在辅助水平轴上。

1. 湿焓图 H-I 图中的曲线族

湿空气的 H-I 图由以下几组曲线族组成。

1) 等湿度线(等 H 线)群

等湿度线是一系列平行于纵轴的直线。图 10.3 中 H 的读数范围为 0~0.15 kg 水/kg 绝干气。

2) 等焓线(等 I 线)群

等焓线是一系列平行于斜轴的直线,图 10.3 中 I 的读数范围为 0~480 kJ/kg 绝干气。

3) 等干球温度线(等 t 线)群

由式(10.11)可得

$$I = (1.88t + 2490)H + 1.01t \tag{10.19}$$

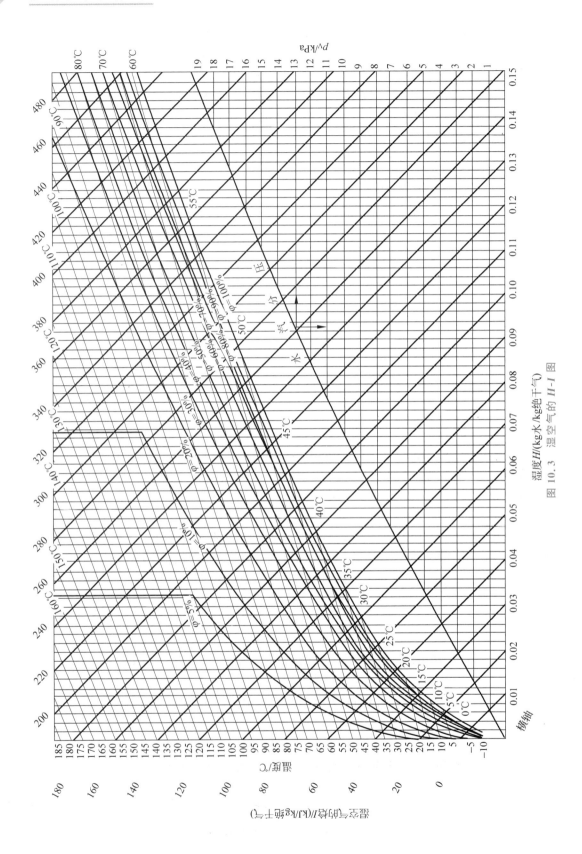

图 10.3 湿空气的 H-I 图

可以看出,在一定温度 t 下,H 与 I 呈线性关系。任意规定 t 值,按此式算出若干组 I 与 H 的对应关系,并标绘于 H-I 坐标图中,即为一条等 t 线。如此规定一系列的温度值,可得到一系列等温线。

由于等温线斜率($1.88t+2\,490$)是温度的函数,因此等温线是不平行的,温度越高,等温线斜率越大。图 10.3 中 t 的读数范围为 $0\sim185\ ℃$。

4) 等相对湿度线(等 φ 线)

根据式(10.5)可标绘等相对湿度线,即

$$H=\frac{0.622\varphi p_s}{p-\varphi p_s}$$

当总压一定时,任意规定相对湿度 φ 值,上式变为 H 与 p_s(或 t)的关系式。以此算出若干组 H 与 t 的对应关系,并标绘于 H-I 坐标图中,即为一条等 φ 线,取一系列的 φ 值,可得一系列等 φ 线。

图 10.3 中共有 11 条等 φ 线,由 $\varphi=5\%$ 到 $\varphi=100\%$。$\varphi=100\%$ 的等 φ 线称为饱和空气线,此时空气被水汽所饱和。

5) 蒸汽分压线

将式(10.1)改写为

$$p_v=\frac{Hp}{0.622+H} \tag{10.20}$$

总压一定时,上式表示水汽分压 p_v 与湿度 H 间的关系。因 $H\ll 0.622$,故上式可近似地视为线性方程。按式(10.20)算出若干组 p_v 与 H 的对应关系,并标绘于 H-I 图上,得到蒸汽分压线。为了保持图面清晰,蒸汽分压线标绘在 $\varphi=100\%$ 曲线的下方,分压坐标轴在图的右边。

2. H-I 图的应用

根据 H-I 图上湿空气的状态点,可方便地查出湿空气的其他性质参数。如图 10.4 所示,已知空气的状态点为 A,由通过 A 点的等 t、等 H、等 I 线可确定 A 点的温度、湿度和焓。因为露点是在空气等湿冷却至饱和时的温度,所以等 H 线与 $\varphi=100\%$ 的饱和空气线的交点所对应的等 t 线所示的温度即为露点 t_d。绝热饱和温度是空气等焓增湿至饱和时的温度,因此,由等 I 线与 $\varphi=100\%$ 的饱和空气线交点的等 t 线所示的温度即为绝热饱和温度 t_{as},对于水蒸气-空气系统,湿球温度 t_w 约等于绝热饱和温度。由等 H 线与蒸汽分压线的交点可读出湿空气中水汽的分压值。

根据湿空气的任意两个独立的参数,可在 H-I 图上确定其状态点。但应注意,并不是所有参数都是相互独立的,例如 t_d-H、p-H、t_d-p_v、t_w-I、t_{as}-I 等都不是相互独立的,它们不是在同一条等 H 线上就是在同一条等 I 线上,因此根据上述各组数据不能在 H-I 图上确定空气的状态点。

若已知湿空气的两个独立参数分别为:t-t_w、

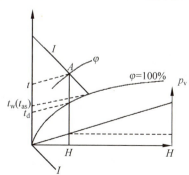

图 10.4 H-I 图的应用

t-t_d、t-φ,湿空气的状态点 A 的确定方法分别示于图 10.5(a)、(b)及(c)中。

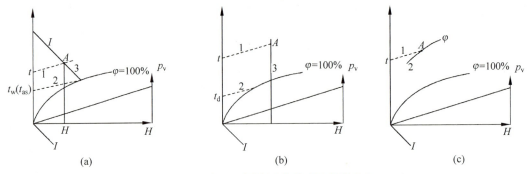

图 10.5 在 H-I 图中确定湿空气的状态点

应予注意,在确定湿空气的状态点时,当给出 t_d 时,相当于已给出了湿空气的等 H 线;当给出 t_w(或 t_{as})时,相当于已给出了湿空气的等 I 线。

另外,杠杆规则也适用于 H-I 图中,当两股气流混合时,其和点的状态点可按萃取相图中的做法进行图解。

设流量为 L_1、L_2(kg 绝干气/h)的两股气流相混,其中第一股气流的湿度为 H_1、焓为 I_1,第二股气流的湿度为 H_2、焓为 I_2,分别用图 10.6 中的 A、B 两点表示,此两股气流混合后的空气状态不难由物料衡算、热量衡算获得。设混合后空气的焓为 I_3,湿度为 H_3,则

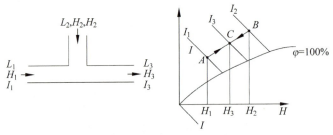

图 10.6 两股气流混合

总物料衡算

$$L_1 + L_2 = L_3$$

水分衡算

$$L_1 H_1 + L_2 H_2 = L_3 H_3$$

焓衡算

$$L_1 I_1 + L_2 I_2 = L_3 I_3$$

显然,混合气体的状态点 C 必在 AB 连线上,其位置也可由杠杆规则定出,即

$$\frac{L_1}{L_2} = \frac{\overline{BC}}{\overline{AC}}$$

【例 10.1】 将温度为 130℃、湿度 H_0 为 0.086 kg 水/kg 绝干气的湿空气在 101.33 kPa 的恒定总压下进行冷却,试分别比较冷却至以下各温度时,各状态的干球温度 t、湿球温度 t_w、绝热饱和温度 t_{as} 和露点温度 t_d 的大小,并计算析出水分量(kg 水/kg 绝干气):(1)冷

却至 100℃；(2)冷却至 20℃。

解：该空气在原来状态下的水汽分压 p_v：

$$p_v = \frac{H_0 p}{0.622 + H_0} = \frac{0.086 \times 101.3}{0.622 + 0.086} \text{ kPa} = 12.31 \text{ kPa}$$

(1) 冷却至 100 ℃

在 100 ℃时，水的饱和蒸汽压 $p_s = 101.33$ kPa，远大于空气中的水汽分压 p_v。故该空气从 130 ℃冷却至 100 ℃时，空气未达到饱和状态，不会有液态水析出。四个温度之间的关系为：$t > t_w \approx t_{as} > t_d$。

(2) 冷却至 20 ℃

在 20 ℃时，水的饱和蒸汽压 $p_s = 2.33$ kPa，小于空气中的水汽分压 p_v。故该空气此时已达到饱和状态，空气中有水分析出，此时有 $t = t_d = t_w \approx t_{as}$。

20 ℃时，空气的饱和湿度（$\varphi = 1$）通过下式计算：

$$H_s = 0.622 \times \frac{p_s}{p - p_s} = 0.622 \times \frac{2.33}{101.33 - 2.33} \text{ kg 水/kg 绝干气} = 0.014\ 6 \text{ kg 水/kg 绝干气}$$

故将该空气从 130 ℃冷却至 100 ℃时，析出的水分为

$$H_0 - H_s = (0.086 - 0.014\ 6) \text{ kg 水/kg 绝干气} = 0.071\ 4 \text{ kg 水/kg 绝干气}$$

从本例看出，相同湿度的空气温度越高，相对湿度越小，容纳水分的能力越强。在干燥过程中，为了提高气体容纳水分的能力，提高干燥效率和效果，必须将空气预热至一定温度。

［例 10.2］ 已知湿空气的总压为 101.325 kPa，相对湿度为 50%，干球温度为 20℃。试求：(1)湿度；(2)蒸汽分压 p_v；(3)露点 t_d；(4)焓 I；(5) 如将 500 kg/h 干空气预热至 117℃，求所需热量 Q；(6)每小时送入到预热器的湿空气体积 V。

解：$p = 101.325$ kPa，$t = 20℃$，由饱和蒸汽表查得，水在 20℃时的饱和蒸汽压为 $p_s = 2.34$ kPa。

(1) 湿度

$$H = 0.622 \frac{\varphi p_s}{p - \varphi p_s} = 0.622 \times \frac{0.50 \times 2.34}{101.3 - 0.50 \times 2.34} \text{ kg 水/kg 绝干气}$$
$$= 0.007\ 27 \text{ kg 水/kg 绝干气}$$

(2) 蒸汽分压

$$p_v = \varphi p_s = 0.50 \times 2.34 \text{ kPa} = 1.17 \text{ kPa}$$

(3) 露点

由 $p = 1.17$ kPa，查饱和蒸汽表，得到对应的饱和温度即露点温度 $t_d = 9℃$

(4) 焓

$$I = (1.01 + 1.88H)t + 2\ 490H$$
$$= [(1.01 + 1.88 \times 0.007\ 27) \times 20 + 2\ 490 \times 0.007\ 27] \text{ kJ/kg 绝干气}$$
$$= 38.6 \text{ kJ/kg 绝干气}$$

(5) 热量

$$Q = \frac{500}{3\ 600} \times (1.01 + 1.88H)(t_2 - t_1)$$
$$= \frac{500}{3\ 600} \times (1.01 + 1.88 \times 0.007\ 27)(117 - 20) \text{ kW} = 13.8 \text{ kW}$$

(6) 湿空气体积

$$V = 500 v_H = 500 \times (0.772 + 1.244H) \frac{t+273}{273}$$

$$= 500 \times (0.772 + 1.244 \times 0.00727) \times \frac{20+273}{273} \text{ m}^3/\text{h} = 419.7 \text{ m}^3/\text{h}$$

【例 10.3】 在 H-I 图上,确定 $t=60$ ℃,$H=0.01$ kg 水/kg 绝干气的湿空气的水汽分压、相对湿度 φ 和焓 I。

解:根据 $t=60$ ℃、$H=0.01$ kg 水/kg 绝干气,在本题附图中确定湿空气状态点 A。

(1) 水汽分压 p 从过 A 点的等 H 线与分压线相交的交点 B 向右作平行于水平轴的线,该线与右侧纵轴相交,由交点读出 $p_v = 1.6$ kPa。

(2) 相对湿度 φ 过 A 点的等 φ 线所示的值即为湿空气的相对湿度,即 $\varphi = 8\%$。

(3) 焓 I 过 A 点等 I 线所示的值为湿空气的焓,即 $I = 85$ kJ/kg 绝干气。

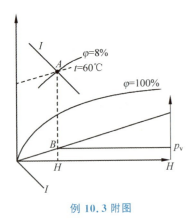

例 10.3 附图

10.2 物料衡算及热量衡算

10.2.1 湿物料中水分含量的表示方法

依据不同的计算基准,湿物料中含水量通常有两种表示方法。

1. 湿基含水量

湿基含水量是指湿物料中水分的质量分数,以 w 表示:

$$w = \frac{\text{湿物料中水分质量}}{\text{湿物料的总质量}} \tag{10.21}$$

2. 干基含水量

干基含水量是指湿物料中的水分质量与绝干物料质量的比,以 X 表示,单位为 kg 水/kg 绝干物料:

$$X = \frac{\text{湿物料中水分质量}}{\text{湿物料中绝干物料质量}} \tag{10.22}$$

两种含水量之间的关系为

$$w = \frac{X}{1+X} \tag{10.23}$$

$$X = \frac{w}{1-w} \tag{10.24}$$

在工业生产中,通常用湿基含水量表示物料中的水分含量;在干燥过程中湿物料的总量因失去水分而逐步减少,但绝干物料量不变,为计算方便,常采用干基含水量表示物料中的水分含量。

10.2.2 干燥系统的物料衡算

1. 水分蒸发量 W

对图 10.7 所示连续逆流干燥过程进行水分衡算。设干燥器内无物料损失，则

$$LH_1 + GX_1 = LH_2 + GX_2 \tag{10.25}$$

或

$$L = \frac{W}{H_2 - H_1} \tag{10.26}$$

式中　L——绝干空气流量，kg 绝干气/h；

W——单位时间内水分的蒸发量，kg/h；

G——单位时间内绝干物料的总量，kg 绝干物料/h；

H_1、H_2——进、出干燥器的空气湿度，kg 水/kg 绝干气。

上式中的 L 为绝干空气流量，若以 H_0 表示进入预热器时的空气湿度，则实际的空气用量为 $L(1+H_0)$，其体积流量为 $L_v = Lv_H$。

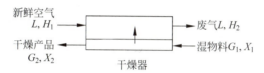

图 10.7　各流股进出逆流干燥器的示意图

L——绝干空气流量，kg 绝干气/h；
H_1、H_2——空气进、出干燥器时的湿度，kg 水/kg 绝干气；
X_1、X_2——湿空气进、出干燥器时的干基含水量，kg 水/kg 干料；
G_1、G_2——湿空气进、出干燥器时的流量，kg 物料/h

通常定义每蒸发 1 kg 水分所消耗的绝干空气量为比空气用量 l，单位为 kg 绝干气/kg 水，则

$$l = \frac{L}{W} = \frac{1}{H_2 - H_1}$$

空气通过预热器前、后湿度是不变的，即 $H_0 = H_1$，故

$$l = \frac{1}{H_2 - H_1} = \frac{1}{H_2 - H_0} \tag{10.27}$$

2. 绝干物料衡算

对干燥器进行绝干物料衡算可得

$$G = G_2(1 - w_2) = G_1(1 - w_1) \tag{10.28}$$

干燥器中物料失去的水分 W 为

$$W = G_1 - G_2 = \frac{G_1(w_1 - w_2)}{(1 - w_2)} = \frac{G_2(w_1 - w_2)}{(1 - w_1)}$$

应注意,干燥产品是指离开干燥器时的物料,并非是绝干物料,它仍是含少量水分的湿物料。

10.2.3 干燥系统的热量衡算

通过热量衡算,可以确定预热器的热负荷、向干燥器补充的热量、干燥过程消耗的总热量。它是预热器传热面积、加热介质用量、干燥器尺寸以及干燥系统热效率等计算的基础。

1. 热量衡算的基本方程

对图 10.8 所示的连续干燥过程作热量衡算,若忽略预热器的热损失,则预热器的热负荷为

$$Q_P = L(I_1 - I_0) = L(1.01 + 1.88H_0)(t_1 - t_0) \tag{10.29}$$

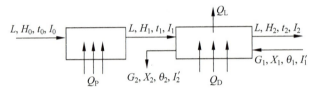

图 10.8 连续干燥过程的热量衡算示意图

H_0、H_1、H_2——湿空气进入预热器、离开预热器(即进入干燥器)及离开干燥器时的湿度,kg 水/kg 绝干气;

I_0、I_1、I_2——湿空气进入预热器、离开预热器(即进入干燥器)及离开干燥器时的焓,kJ/kg 绝干气;

t_0、t_1、t_2——湿空气进入预热器、离开预热器(即进入干燥器)及离开干燥器时的温度,℃;

L——绝干空气流量,kg 绝干气/h;Q_P——单位时间内预热器消耗的热量,kW;

G_1、G_2——湿物料进入和离开干燥器时的流量,kg 湿物料/h;

θ_1、θ_2——湿物料进入和离开干燥器时的温度,℃;

X_1、X_2——湿物料进入和离开干燥器时的干基含水量,kg 水/kg 绝干物料;

I'_1、I'_2——湿物料进入和离开干燥器时的焓,kJ/kg;

Q_D——单位时间内向干燥器补充的热量,kW;Q_L——干燥器的热损失,kW。

对干燥器

$$Q_D = L(I_2 - I_1) + G(I'_2 - I'_1) + Q_L \tag{10.30}$$

其中物料的焓 I'_1 包括绝干物料的焓和水分的焓,即

$$I'_1 = c_s\theta + Xc_w\theta = (c_s + 4.187X)\theta = c_m\theta \tag{10.31}$$

$$c_m = (c_s + 4.187X) \tag{10.32}$$

式中 c_s——绝干物料的比热容,kJ/(kg 绝干物料·℃);

c_w——水的比热容,取为 4.187 kJ/(kg 水·℃);

c_m——湿物料的比热容,kJ/(kg 绝干物料·℃)。

在干燥设计计算中,需要联立物料衡算方程和热量衡算方程求解,通常情况下,G、θ_1、X_1、X_2 是生产任务所规定的;干燥空气由空气的初始状态(t_0、H_0)所决定;气体进干燥器的温度 t_1 可以选定;干燥终了时的温度 θ_2 是干燥后期气、固两相间热质传递的必然结果,不能任意选择。因此,设计计算中需要选择确定气体出干燥器的状态如(t_2、H_2),用以计算空气用量以及干燥器的补充热量(或空气预热温度 t_1)。

在干燥过程中,不仅干燥介质与湿物料间有着复杂的热质传递,干燥器与外界间也存在着热量交换(补充热量、热损失等),因此,影响空气出口状态的因素较为复杂。一般根据空气在干燥器内焓的变化,将干燥过程分为等焓过程与非等焓过程。

1) 等焓干燥过程

等焓干燥过程又称绝热干燥过程或理想干燥过程。如果忽略干燥器的热损失,也不向干燥器补充热量,并且物料足够润湿,其温度保持为空气的湿球温度 t_w,则干燥器内空气经历的是绝热增湿的过程,即 $I_1 = I_2$。等焓干燥过程在实际操作中很难实现,但它能大大简化干燥计算。

空气在等焓干燥过程的状态沿绝热饱和线变化,故可用图解法确定干燥器出口空气的状态,如图10.9所示。根据新鲜空气的两个独立状态参数,如 t_0 及 H_0,在 H-I 图上确定空气进入预热器前的状态点 A。空气在预热器内被等湿加热至 t_1,故 A 点的等 H 线与 t_1 所对应的等 t 线的交点 B 即为离开预热器(即进入干燥器)的状态点。对于等焓干燥过程,空气的焓将沿过 B 点的等 I 线变化,故只要知道空气离开干燥器时的另一独立参数,比如温度 t_2,则过 B 点的等焓线与温度为 t_2 的等温线的交点 C 即为空气离开干燥器时的状态点。过点 B 的等焓线是理想干燥过程的操作线。等焓干燥过程也可通过物料衡算和热量衡算直接求解。

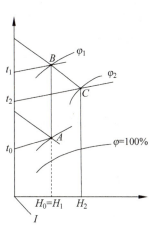

图10.9 等焓干燥过程中湿空气的状态变化示意图

2) 非等焓干燥过程

非等焓干燥过程又称为实际干燥过程。一般来说实际干燥过程大多有显著的热损失或有热量补充。在这种情况下,空气的状态不是沿绝热饱和线变化,其出口状态参数须由热量衡算求得。

对干燥器作热量衡算,列衡算表如表10.1所示。

表10.1 干燥器热量衡算表

带 入 焓	带 出 焓
(1) 湿物料带入焓	(1) 干燥产品带出焓:$G_2 c_m \theta_2$
干燥产品带入焓:$G_2 c_m \theta_1$	
蒸发水分带入焓:$W c_w \theta_1$	
(2) 空气带入焓:$LI_1 = L[(1.01 + 1.88H_1)t_1 + 2490H_1]$	(2) 空气带出焓:$LI_2 = L[(1.01 + 1.88H_2)t_2 + 2490H_2]$
(3) 干燥器补充热量:Q_D	(3) 干燥器内热损失:Q_L

由此可列出干燥器的热量衡算式:

$$G_2 c_m \theta_1 + W c_w \theta_1 + LI_1 + Q_D = G_2 c_m \theta_2 + LI_2 + Q_L \tag{10.33}$$

将 $L = \dfrac{W}{H_2 - H_1}$ 代入并整理得

$$\frac{I_1 - I_2}{H_2 - H_1} = \frac{G_2 c_m (\theta_1 - \theta_2) + Q_L - Q_D}{W} - c_w \theta_1 \tag{10.34}$$

因 $I=c_H t + r_0 H$,若忽略 c_H 变化,则
$$I_1 - I_2 = c_H(t_1 - t_2) + r_0(H_1 - H_2)$$

代入式(10.34)整理可得

$$\frac{t_1 - t_2}{H_2 - H_1} = \frac{G_2 c_m(\theta_1 - \theta_2) + Q_L - Q_D}{c_H W} - \frac{c_w}{c_H}\theta_1 + \frac{r_0}{c_H} \qquad (10.35)$$

式中,$H_1 = H_0$,取决于入口空气的状态,t_1 由经验选取;由物料衡算式可以求得 W、G_2,θ_2 与 t_2 有关,可由经验确定,也可由经验公式估算;热损失亦按经验值或视保温情况根据传热公式计算;大多数干燥器并不补充热量,未知量只有 t_2、H_2。通常控制空气的出口温度 t_2 高于空气进入干燥器时的绝热饱和温度 t_{as},使 $(t_2 - t_{as}) > 20 \sim 25\ ℃$,从而避免产品返潮以及干燥器后的分离设备或管道出现冷凝水,影响产品质量或腐蚀、堵塞设备和管道。确定 t_2 后可由上式求得 H_2。

2. 干燥系统的热效率

干燥系统的热效率定义为

$$\eta = \frac{蒸发水分所需的热量}{向干燥系统输入的总热量} \times 100\% \qquad (10.36)$$

将汽化的水分由进口态的水变为出口态的蒸汽所消耗的热量,即蒸发水分所需要的热量

$$Q_v = W(2\,490 + 1.88 t_2 - 4.187\theta_1) \qquad (10.37)$$

若忽略湿物料中水分带入系统中的焓,上式简化为

$$Q_v \approx W(2\,490 + 1.88 t_2) \qquad (10.38)$$

加热系统的总热量 $Q = Q_P + Q_D$,即

$$\eta = \frac{W(2\,490 + 1.88 t_2)}{Q} \times 100\% \qquad (10.39)$$

在理想干燥条件下,干燥器中空气所放出的热量全部用来汽化湿物料中的水分,即空气沿绝热饱和冷却线变化,$Q_v = L c_{H1}(t_1 - t_2)$;干燥器中无热量补充,$Q = Q_P = L c_{H1}(t_1 - t_0)$。若忽略湿比热容的变化,则

$$\eta = \frac{t_1 - t_2}{t_1 - t_0}$$

热效率表示热利用的程度,越高表明干燥系统的热利用率越好,一般用热空气做干燥介质时,热效率 $\eta = 30\% \sim 60\%$;部分废气循环时,$\eta = 50\% \sim 75\%$。提高空气的出口湿度,降低出口温度,都可以提高热效率,但又必然导致干燥过程热质传递推动力降低,从而使干燥速率下降。提高预热温度 t_1 也可以提高热效率。此外回收废气中的热量,如利用废气(离开干燥器的空气)来预热空气或物料,或减少设备和管道的热量损失,都有助于热效率的提高。

【例 10.4】 常压下以温度为 20℃、相对湿度为 60% 的新鲜空气为介质,干燥某种湿物料。空气在预热器加热到 90℃ 后送入干燥器,离开时的温度为 45℃,湿度为 0.022 kg 水/kg 绝干气。每小时有 1 100 kg 温度为 20℃、湿基含水量为 3% 的湿物料进入干燥器,物料离开干燥器时温度为 60℃,湿基含水量为 0.2%,湿物料的平均比热容为 3.28 kJ/(kg 干料·℃)。

忽略预热器向周围散失的热量,干燥器的热损失速率为 1.2 kW,试求:(1)水分蒸发量;(2)若风机装在预热器的新鲜空气入口处,求风机的风量;(3)若预热器中用压力为 196 kPa (绝对压力)的饱和蒸汽加热,计算蒸汽用量;(4)干燥系统消耗的总热量;(5)干燥系统的热效率。

解:(1)水分蒸发量
干基含水量

$$X_1 = \frac{w_1}{1-w_1} = \frac{0.03}{1-0.03} \text{ kg 水 /kg 绝干物料} = 0.030\,9 \text{ kg 水 /kg 绝干物料}$$

$$X_2 = \frac{w_2}{1-w_2} = \frac{0.002}{1-0.002} \text{ kg 水 /kg 绝干物料} = 0.002 \text{ kg 水 /kg 绝干物料}$$

绝干物料量

$$G = G_1(1-w_1) = 1\,100 \times (1-0.03) \text{ kg/h} = 1\,067 \text{ kg/h}$$

水分蒸发量

$$W = G(X_1 - X_2) = 1\,067 \times (0.030\,9 - 0.002) \text{ kg/h} = 30.84 \text{ kg/h}$$

(2)风机的风量

用 $L = \dfrac{W}{H_2 - H_1}$ 计算绝干空气的消耗量。

由湿度图查得当 $t_0 = 20\ ^\circ\text{C}$、$\varphi = 60\%$ 时,$H_0 = H_1 = 0.009$ kg 水/kg 绝干气,故

$$L = \frac{W}{H_2 - H_1} = \frac{30.84}{0.022 - 0.009} \text{ kg 绝干气 /h} = 2\,372 \text{ kg 绝干气 /h}$$

则新鲜空气消耗量

$$L' = L(1 + H_0) = 2\,372 \times (1 + 0.009) \text{ kg/h} = 2\,393 \text{ kg/h}$$

湿空气的比容为

$$v_H = v_g + H v_v = (0.772 + 1.244 H) \times \frac{273 + t}{273} \times \frac{1.013 \times 10^5}{p}$$

$$= (0.772 + 1.244 \times 0.009) \times \frac{273 + 20}{273} \text{ m}^3/\text{kg 绝干气} = 0.842 \text{ m}^3/\text{kg 绝干气}$$

故风机的风量为

$$L_v = L v_H = 2\,372 \times 0.842 \text{ m}^3/\text{h} = 1\,997 \text{ m}^3/\text{h}$$

(3)加热蒸汽消耗量

若忽略热损失,则预热器中加热量为

$$Q_P = L(I_1 - I_0) = L(1.01 + 1.88 H_0)(t_1 - t_0)$$

$$= 2\,372 \times (1.01 + 1.88 \times 0.009) \times (90 - 20) \text{ kJ/h} = 1.705 \times 10^5 \text{ kJ/h} = 77.3 \text{ kW}$$

查蒸汽表,压力为 196 kPa 饱和蒸汽的汽化热 $r = 2\,206$ kJ/kg,则加热蒸汽用量为

$$\frac{Q_P}{r} = \frac{1.705 \times 10^5}{2\,206} \text{ kg/h} = 7\,703 \text{ kg/h}$$

(4)干燥系统消耗的总热量

$$Q = 1.01 L(t_2 - t_0) + W(2\,490 + 1.88 t_2) + G c_m(t_2' - t_1') + Q_L$$

$$= [1.01 \times 2\,372 \times (45 - 20) + 30.84 \times (2\,490 + 1.88 \times 45) +$$

$$1\,067 \times 3.28 \times (60-20) + 1.2 \times 3\,600]\,\text{kJ/h}$$
$$= 2.837 \times 10^5\,\text{kJ/h} = 78.8\,\text{kW}$$

(5) 干燥系统的热效率

若忽略湿物料中水分带入系统中的焓,则

$$\eta = \frac{W(2\,490 + 1.88t_2)}{Q} \times 100\% = \frac{30.84 \times (2\,490 + 1.88 \times 45)}{2.837 \times 10^5} \times 100\% = 28\%$$

【例 10.5】 有一连续生产的常压气流干燥器用于干燥某砂糖晶体。已知干燥器的生产能力为年产 2×10^6 kg 晶体产品,年工作日为 300 天。物料含水量由 20% 降到 2%(以上均为湿基)。砂糖晶体的比热容为 1.25 kJ/(kg·℃)。干燥器内物料由 15℃升至 25℃。原始空气的温度为 15℃,相对湿度为 70%,经预热器加热至 90℃送入干燥器,离开干燥器的废气温度为 40℃。干燥器内无补充热量。干燥系统的热损失为 2.8 kW。试求:(1) 蒸发水分量,kg/s;(2) 原始空气用量,m³ 湿空气/h;(3) 预热器供热量,kW;(4) 干燥系统的热效率。

解:根据题意,干燥系统热量衡算过程如附图所示。

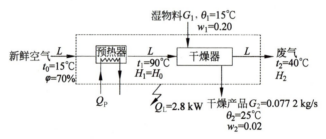

例 10.5 附图

(1) 水分蒸发量

已知产品量

$$G_2 = \frac{2 \times 10^6}{300 \times 24 \times 3\,600}\,\text{kg/s} = 0.077\,2\,\text{kg/s}$$

干物料量

$$G = G_2(1 - w_2) = 0.077\,2 \times (1 - 0.02)\,\text{kg/s} = 0.075\,6\,\text{kg/s}$$

物料的干基含水量为

$$X_1 = \frac{w_1}{1 - w_1} = \frac{0.2}{1 - 0.2}\,\text{kg 水/kg 绝干物料} = 0.250\,0\,\text{kg 水/kg 绝干物料}$$

$$X_2 = \frac{w_2}{1 - w_2} = \frac{0.02}{1 - 0.02}\,\text{kg 水/kg 绝干物料} = 0.020\,4\,\text{kg 水/kg 绝干物料}$$

则蒸发水量为

$$W = G(X_1 - X_2) = 0.075\,6 \times (0.25 - 0.020\,4)\,\text{kg/s} = 0.017\,4\,\text{kg/s}$$

(2) 空气消耗量

已知 $t_0 = 15\,℃, \varphi = 70\%$,查得 15 ℃下的饱和蒸汽压 $p_s = 1.707$ kPa,得

$$H_0 = 0.622 \frac{\varphi p_s}{p - \varphi p_s} = 0.622 \times \frac{0.7 \times 1.707}{101.3 - 0.7 \times 1.707}\,\text{kg 水/kg 绝干气}$$
$$= 0.007\,42\,\text{kg 水/kg 绝干气}$$

$$L = \frac{W}{H_2 - H_1} = \frac{0.017\,4}{H_2 - 0.007\,42} \tag{1}$$

但上式中 H_2 未知,需通过热量衡算求取

由式 $Q_D = L(I_1 - I_2) = G(I_2' - I_1') + Q_L$ 得

$$L\{(1.01 + 1.88H_0)t_1 + 2\,490H_0\} - L\{(1.01 + 1.88H_2)t_2 + 2\,490H_2\}$$
$$\approx G(c_s + X_2 c_w)(\theta_2 - \theta_1) + Q_L$$

将已知量代入上式得

$$L[(1.01 + 1.88 \times 0.007\,42) \times 90 + 2\,490 \times 0.007\,42] - L[(1.01 + 1.88H_2) \times 40 + 2\,490H_2] \approx 0.075\,6 \times (1.25 + 0.020\,4 \times 4.187)(25 - 15) + 2.8 = 3.625$$

上式化简可得

$$L = \frac{3.81}{70.24 - 2\,567.2H_2} \tag{2}$$

式(1)和式(2)联立并求解得:$L = 0.948$ kg 绝干气/s,$H_2 = 0.025\,78$ kg/kg 绝干气。

原始空气的比容为

$$v_H = (0.772 + 1.244H_0) \times \frac{273 + t}{273}$$

$$= (0.772 + 1.244 \times 0.007\,42) \times \frac{273 + 15}{273}\ \text{m}^3/\text{kg} = 0.825\ \text{m}^3/\text{kg}$$

则原始空气的体积为

$$L_v = 3\,600 L v_H = 0.948 \times 0.825 \times 3\,600\ \text{m}^3/\text{h} = 2\,816\ \text{m}^3/\text{h}$$

(3) 预热器供热量 Q_P

$$Q_P = L(I_1 - I_0) = L(1.01 + 1.88H_0) \times (t_1 - t_0)$$

$$= 0.948 \times (1.01 + 1.88 \times 0.007\,42) \times (90 - 15)\ \text{kW} = 72.8\ \text{kW}$$

(4) 干燥系统的热效率 η

$$\eta = \frac{W(2\,490 + 1.88t_2 - 4.187\theta_1)}{Q} \times 100\%$$

$$= \frac{0.017\,4 \times (2\,490 + 1.88 \times 40 - 4.187 \times 15)}{72.8} \times 100\% = 59.97\%$$

10.3　固体物料中的水分

物料干燥的快慢以及达到平衡以后的水分含量,不仅与干燥介质有关,还与物料本身的特性有关。干燥过程中,物料内部的水分首先应扩散到物料表面,然后再由湿物料表面向干燥介质主体扩散。水分在物料内部的扩散速率与物料结构以及物料中水分的性质有关。水分除去的难易程度取决于物料与水分的结合方式。

1. 结合水与非结合水

固体中的水分依据其与固体相互作用的强弱,可分为结合水和非结合水。结合水是指物料与水分依靠化学键或者较强的分子间作用力相结合的水分,例如处于物料细胞壁内的

水分、物料所含结晶水、多孔型物料中受到毛细管作用的水分,以及依靠电荷作用或氢键与物料相结合的水分等。结合水与固体物料间具有较强的结合力。当物料中含水较多时,除一部分水与固体结合外,其余的水只是机械地附着于固体表面或颗粒床层的大孔隙中(不存在毛细管力),这些水称为非结合水。非结合水与固体物料之间的结合力较弱,通常等同于纯水间的相互作用力。

结合水与非结合水的基本区别是其表现的平衡蒸汽压不同。非结合水的性质与纯水相同,其表现的平衡蒸汽压等于同温度下纯水的饱和蒸汽压。结合水则不同,由于要克服额外的化学力或者物理化学力,其表现的蒸汽压低于同温度下纯水的饱和蒸汽压,为使其汽化则需要更高的温度。

2. 平衡曲线

湿物料与一定状态的空气接触时,其中的水分必将在湿物料与空气间进行传递。传递的方向由相平衡关系决定,当湿物料表面的水汽分压大于空气中的水汽分压时,物料中的水分进入空气中而使物料被干燥;反之,若湿物料表面的水汽分压低于空气中的水汽分压,则空气中的水分进入湿物料而使物料吸湿返潮。无论传递方向如何,经过足够长的时间后,水分的传递达到平衡,物料表面水汽的分压将等于空气中的水汽分压,此时物料与空气之间的热质传递将达到平衡。只要空气的状态恒定,物料含水量不会因接触时间的延长而改变,这种恒定的含水量称为该物料在固定空气状态下的平衡水分,又称平衡湿含量或平衡含水量,以 X^* 表示,单位为 kg 水/kg 绝干物料。此时,湿物料表面的蒸汽压为干燥条件下水的平衡蒸汽压。

由此可见,湿物料的平衡含水量的大小与物料本身的性质和空气状态两个因素有关,不同种类的物料在不同的干燥条件下有不同的平衡含水量,通常需要实验测定。

图 10.10 所示为某些固体物料在 25℃ 时的平衡含水量 X^* 与空气相对湿度 φ 的关系曲线,称为平衡曲线。可以看出,平衡水分是物料性质和空气状态的函数。在相同的空气状态下,不同物料的平衡含水量有较大的差别;而对于同一种物料,空气的相对湿度越小,平衡含水量

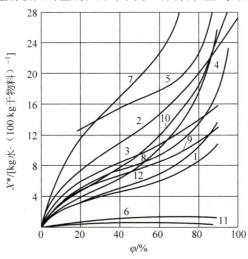

1—新闻纸;2—羊毛、毛织物;3—硝化纤维;4—丝;5—皮革;6—陶土;
7—烟叶;8—肥皂;9—牛皮胶;10—木材;11—玻璃绒;12—棉花。

图 10.10 25℃ 时某些物料的平衡含水量 X^* 与空气相对湿度 φ 的关系

越低，能够被干燥除去的水分越多。当 $\varphi=0$ 时，各种物料的平衡含水量均为零，即只有绝干空气才有可能将湿物料干燥成绝干物料。

湿物料含水量中超过平衡含水量的那部分水分称为自由水分，自由水分可被干燥除去。

图 10.11 所示为恒温下测得的某种湿物料（丝）的平衡曲线，将该曲线延长并与 $\varphi=100\%$ 线交于点 B，湿物料在点 B 处的平衡水分 X_B^* 为结合水，湿物料中超出 X_B^* 的那部分水分为非结合水。在点 B 处，湿物料与饱和空气达到平衡，即物料表面水汽的分压等于空气中的水汽分压，并等于同温度下纯水的饱和蒸汽压 p_s。在恒定的温度下，物料的结合水与非结合水只是物料性质的函数，而与空气状态无关。

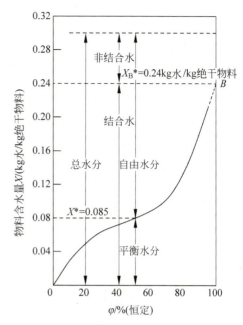

图 10.11 固体物料（丝）中所含水分的性质

图 10.11 还展示了物料的总水分、平衡水分与自由水分、非结合水分与结合水分之间的关系。

10.4 干燥过程速率

干燥过程设计通常需要计算干燥器的尺寸及完成一定干燥任务所需的时间，这都取决于干燥过程速率。干燥速率的大小，不仅取决于湿物料的性质和干燥介质状态，还与干燥介质与物料的接触方式、相对运动方向以及干燥器的结构型式有关。目前一般用实验的方法确定干燥速率。

干燥操作可以是连续操作，也可以是间歇操作。若用大量空气对少量物料进行间歇干燥，因空气是大量的，可以认为干燥过程中空气的湿度和温度均不变，这种操作称为恒定干燥。在连续操作的干燥设备内，湿物料的加入和产品的排出是连续进行的。沿干燥器的长度和高度方向，空气的温度逐渐降低而湿度逐渐增高，但设备中各点的操作参数不随时间改变，这种操作称为变动干燥。本书以间歇操作的恒定干燥为主进行讨论，在此基础上解决连续操作的变动干燥的速率问题。

10.4.1 干燥曲线及干燥速率曲线

1. 干燥实验和干燥曲线

在恒定干燥条件下进行干燥实验，采用间歇操作，用大量的热空气干燥少量的湿物料，空气的温度、湿度、气速及流动方式都恒定不变。实验所得数据，以干燥时间 τ 对物料表面温度 θ 以及干燥时间 τ 对干基含水量 X 作图，得到的曲线称为干燥曲线，如图 10.12 所示。

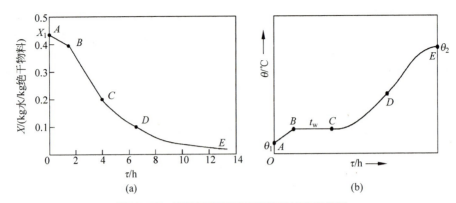

图 10.12 恒定干燥条件下某物料的干燥曲线
(a) 物料含水量随时间变化关系；(b) 物料表面温度随时间变化关系

2. 干燥速率曲线

干燥速率是指单位时间、单位干燥面积上汽化的水分质量，即

$$U = \frac{dW'}{S d\tau} \tag{10.40}$$

式中　U——干燥速率，又称干燥通量，$kg/(m^2 \cdot h)$；
　　　S——干燥面积，m^2；
　　　W'——一批操作中汽化的水分量，kg；
　　　τ——干燥时间，h。

又因

$$dW' = -G' dX \tag{10.41}$$

式中　G'——一批操作中绝干物料的质量，kg。
　　　将式(10.41)代入式(10.40)中，得

$$U = -\frac{G' dX}{S d\tau} \tag{10.42}$$

式中的负号表示 X 随干燥时间的增加而减小。式(10.42)即为**干燥速率的微分形式**。

根据干燥曲线求出各点的斜率 $dX/d\tau$，按式(10.42)计算物料在不同含水量时的干燥速率，由此即可得如图 10.13 所示的干燥速率曲线 $U = f(X)$。

10.4.2　干燥过程分析

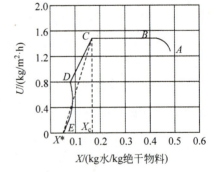

图 10.13 恒定干燥条件下干燥速率曲线

从图 10.12 和图 10.13 可看出，整个干燥过程可大致划分为恒速干燥和降速干燥两个阶段。
图中 ABC 段表示干燥第一阶段，其中 AB 段为预热段，预热段一般很短，通常并入 BC 段内一起考虑。在此段内，物料表面温度维持在 t_w 不变，物料的含水量随干燥时间直线下降，而

干燥速率保持恒定,故称为恒速干燥阶段。CDE 表示干燥的第二阶段,称为降速干燥阶段。在此阶段内干燥速率随物料含水量的减少而降低,直至 E 点,物料的含水量等于平衡含水量 X^*,干燥速率降为零,干燥过程停止。两个干燥阶段之间的交点 C 称为临界点,与点 C 对应的物料含水量称为临界含水量,以 X_c 表示。点 C 为恒速段的终点、降速段的起点,其干燥速率仍等于恒速干燥阶段的速率,以 U_c 表示。

由于恒速干燥阶段与降速干燥阶段中的干燥机理及影响因素各不相同,应予分别讨论。

1. 恒速干燥阶段

在恒定干燥条件下,恒速干燥阶段固体物料的表面充分润湿,其状况与湿球温度计的湿纱布表面的状况类似。湿物料内部的水分向表面的迁移速率能完全满足水分自物料表面汽化的要求,从而使物料表面始终维持恒定充分的润湿状态。恒速干燥阶段的干燥速率的大小取决于物料表面水分的汽化速率,亦即决定于物料外部的干燥条件,与物料内部水分的状态无关,所以恒速干燥阶段又称为表面汽化控制阶段。一般来说,此阶段汽化的水分为非结合水,与纯水的汽化情况相同。

物料表面的温度 θ 等于空气的湿球温度 t_w(假设湿物料受辐射传热的影响可忽略不计),物料表面空气的湿度等于 t_w 下的饱和湿度 H_{s,t_w},且空气传给湿物料的显热恰等于水分汽化所需的汽化热,即

$$dQ' = r_{t_w} dW' \tag{10.43}$$

其中空气与物料表面的对流传热通量为

$$\frac{dQ'}{S d\tau} = \alpha(t - t_w) \tag{10.44}$$

式中 Q'——一批物料干燥中空气传给物料的总热量,kJ。

湿物料与空气的传质速率(即干燥速率)为

$$U = \frac{dW'}{S d\tau} = k_H(H_{s,t_w} - H) \tag{10.45}$$

由于干燥是在恒定的空气条件下进行的,故随空气条件而变的 α 和 k_H 值均保持恒定不变,而且 $(t-t_w)$ 及 $(H_{s,t_w}-H)$ 也为恒定值。因此,由式(10.44)及式(10.45)可知,湿物料和空气间的传热速率及传质速率均保持不变,即湿物料以恒定的速率 U 向空气中汽化水分。

将式(10.43)、式(10.44)代入式(10.45)中,并整理得

$$U = \frac{dW'}{S d\tau} = \frac{dQ'}{r_{t_w} S d\tau}$$

$$U = k_H(H_{s,t_w} - H) = \frac{\alpha}{r_{t_w}}(t - t_w) \tag{10.46}$$

2. 降速干燥阶段

当湿物料中的含水量降到临界含水量 X_c 以后,便转入降速干燥阶段。此时水分自物料内部向表面迁移的速率小于物料表面水分汽化速率,物料表面不能维持充分润湿,部分表面变干,使得实际汽化面积减小,因此干燥速率逐渐减小;有一部分热量用于加热物料,使物料温度升高。此阶段在部分表面上汽化出的是结合水分,部分表面仍有非结合水分汽化,

称为第一降速阶段。

当干燥过程进行到图 10.13 中的 D 点时,全部物料表面都变成干区,汽化面逐渐向物料内部移动,汽化所需的热量通过已被干燥的固体层而传递到汽化面,从物料中汽化出的水分也通过这层固体传递到空气主流中,这时干燥过程的传热、传质阻力增加,干燥速率比 CD 段下降得更快,称为第二降速阶段。到达点 E 时速率降至零,物料中所含水分即为该空气状态下的平衡水分。

降速阶段的干燥速率曲线的形状随物料内部的结构而异。对某些多孔性物料,降速阶段曲线只有 CD 段;对某些无孔吸水性物料,干燥曲线没有等速段,而降速段只有类似 DE 段的曲线;也有些物料 DE 段的弯曲情况与图 10.13 中相反。

根据以上分析,降速阶段的干燥速率取决于物料本身结构、形状和尺寸,而与干燥介质的状态参数关系不大。故降速阶段又称为物料内部迁移控制阶段。

3. 临界含水量

临界含水量是恒速干燥段和降速干燥段的分界点,临界含水量 X_c 值越大,转入降速干燥段越早,对于相同的干燥任务所需的干燥时间越长,对干燥过程来说是很不利的。临界含水量不但与物料本身的结构、分散程度有关,也受干燥介质的温度、湿度、流速的影响。提高物料的分散程度、减低物料层的厚度、加强对物料的搅拌都可减小 X_c,同时又可增大干燥面积。如采用气流干燥器或流化床干燥器时,X_c 值一般均较低。

湿物料的临界含水量通常由实验测得,或从手册中查得。表 10.2 列出了某些物料的 X_c 值。

表 10.2 不同物料的临界含水量

有机物料		无机物料		临界含水量
特征	例子	特征	例子	水分(干基含水量)/%
很粗的纤维	未染过的羊毛	粗核无孔的物料,大至 50 目	石英	0.03~0.05
		晶体的、粒状的、孔隙较少的物料,粒度为 60~325 目	食盐、海沙、矿石	0.05~0.15
晶体的、粒状的、孔隙较少的物料	麸酸结晶	有孔的结晶物料	硝石、细沙、黏土、细泥	0.15~0.25
粗纤维的细粉	粗毛线、醋酸纤维、印刷纸、碳素颜料	细沉淀物、无定形和胶体状物料、粗无机颜料	碳酸钙、细陶土、普鲁士蓝	0.25~0.5
细纤维、无定形的和均匀状态的压紧物料	淀粉、纸浆、厚皮革	浆状、有机物的无机盐	碳酸钙、碳酸镁、二氧化钛、硬脂酸钙	0.5~1.0
分散的压紧物料、胶体状态和凝胶状态的物料	鞣制皮革、糊墙纸、动物胶	有机物的无机盐、触媒剂、吸附剂	硬脂酸锌、四氯化锡、硅胶、氢氧化铝	1.0~30.0

10.5 干燥时间的计算

为了确定干燥器的生产能力或干燥器的尺寸,需要先确定给定条件下被干燥物料从初始湿含量干燥到规定湿含量所需的时间,即固体物料在干燥器内必需的停留时间。原则上干燥时间应由物料的干燥实验确定,且实验物料的分散程度必须与生产相同。当生产条件与实验差别不大时,可依据干燥速率进行计算。

10.5.1 恒定干燥条件下的干燥时间

前已述及,恒定干燥条件下,物料的干燥过程分为恒速干燥阶段和降速干燥阶段。故总的干燥时间为两段干燥时间之和,需分别计算。

1. 恒速阶段

恒速干燥阶段的干燥时间可直接从图10.12(a)查得。对于没有干燥曲线的物系,可采用如下方法计算。

因恒速干燥段的干燥速率等于临界干燥速率,故式(10.42)可以改写为

$$d\tau = -\frac{G'dX}{U_c S} \tag{10.47}$$

以边界条件 $\tau = 0$、$X = X_1$ 和 $\tau = \tau_1$、$X = X_c$ 积分上式,得

$$\int_0^{\tau_1} d\tau = -\frac{G'}{U_c S}\int_{X_1}^{X_c} dX$$

$$\tau_1 = \frac{G'}{U_c S}(X_1 - X_c) \tag{10.48}$$

式中 τ_1——恒速阶段的干燥时间,h;
U_c——临界干燥速率,kg/(m²·h);
X_1——物料的初始含水量,kg水/kg绝干物料;
X_c——物料的临界含水量,kg水/kg绝干物料;
G'/S——单位干燥面积上的绝干物料量,kg绝干物料/m²。

若缺乏 U_c 的数据,可将式(10.46)应用于临界点处,计算出 U_c,即

$$U_c = \frac{\alpha}{r_{t_w}}(t - t_w) \tag{10.49}$$

对流传热系数 α 同物料与干燥介质的接触方式有关,可用下面几种经验公式估算。

(1) 空气平行流过静止物料层的表面

$$\alpha = 0.0204(L')^{0.8} \tag{10.50}$$

式中 α——对流传热系数,W/(m²·K);
L'——湿空气的质量速度,kg/(m²·h)。

上式应用于 $L' = 2\,450 \sim 29\,300$ kg/(m²·h)、空气的平均温度为45~150℃。

(2) 空气垂直流过静止的物料层表面

$$\alpha = 1.17(L')^{0.37} \tag{10.51}$$

上式应用于 $L' = 3\,900 \sim 19\,500 \text{ kg/(m}^2 \cdot \text{h)}$。

(3) 气体与运动着的颗粒间的传热

$$\alpha = \frac{\lambda_g}{d_p}\left[2 + 0.54\left(\frac{d_p u_t}{\nu_g}\right)^{0.5}\right] \tag{10.52}$$

式中　d_p——颗粒的平均直径,m;

u_t——颗粒的沉降速度,m/s;

λ_g——空气的导热系数,W/(m·K);

ν_g——空气的运动黏度,m²/s。

上述经验式对干燥速率和干燥时间只能作近似的计算,但通过它们可分析影响干燥速率的因素。例如空气的流速越高、温度越高、湿度越低,干燥速率越快,但温度过高、湿度过低,可能会因干燥速率太快而引起物料变形、开裂或表面硬化。此外,空气速度太大,还会产生气流夹带现象。所以,应视具体情况选择适宜的操作条件。

2. 降速干燥阶段

降速干燥段的干燥时间仍可采用式(10.46)计算,先将该式改为

$$d\tau = -\frac{G' dX}{US} \tag{10.53}$$

以边界条件 $\tau = 0$、$X = X_c$ 到 $\tau = \tau_2$、$X = X_2$ 积分上式:

$$\tau_2 = \int_0^{\tau_2} d\tau = -\frac{G'}{S}\int_{X_c}^{X_2}\frac{dX}{U} \tag{10.54}$$

式中　τ_2——降速阶段的干燥时间,s;

U——降速阶段的瞬时干燥速率,kg/(m²·h);

X_2——降速阶段终了时物料的含水量,kg 水/kg 绝干物料。

式(10.54)中的积分项需要 U 与 X 的关系,若 U 与 X 呈非线性关系,则应采用图解积分或数值积分法计算。

若 U 随 X 呈线性变化(或可近似为直线),如图 10.14 所示,则可根据降速阶段干燥速率曲线过 (X_c, U_c)、$(X^*, 0)$ 两点,确定其方程为

$$U = k_X(X - X^*) \tag{10.55}$$

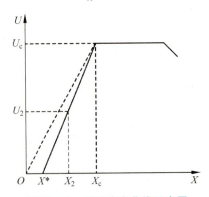

图 10.14　干燥速率曲线示意图

式中 k_X——降速阶段干燥速率曲线的斜率。

将式(10.55)代入式(10.54),得

$$\tau_2 = \int_0^{\tau_2} \mathrm{d}\tau = \frac{G'}{S}\int_{X_2}^{X_c} \frac{\mathrm{d}X}{k_X(X-X^*)} \tag{10.56}$$

积分上式,得

$$\tau_2 = \frac{G'}{Sk_X}\ln\frac{X_c-X^*}{X_2-X^*} \tag{10.57}$$

或

$$\tau_2 = \frac{G'}{S}\frac{X_c-X^*}{U_c}\ln\frac{X_c-X^*}{X_2-X^*} \tag{10.58}$$

当平衡含水量 X^* 非常低,或缺乏 X^* 的数据时,可忽略 X^*,假设降速阶段的干燥速率曲线为通过原点的直线,如图10.14中的虚线所示。$X^*=0$ 时,式(10.55)及式(10.58)变为

$$U = k_X X \tag{10.59}$$

$$\tau_2 = \frac{G'}{S}\frac{X_c}{U_c}\ln\frac{X_c}{X_2} \tag{10.60}$$

采用上述公式进行计算时,干燥面积的确定是项复杂的任务,与颗粒的尺寸及床层的堆积状态等因素有关。

10.5.2 变动干燥时间的计算

对连续操作条件下的变动干燥操作,需设计确定的是设备尺寸,即干燥设备容积,大多数情况下,也可以用确定干燥时间的方法确定设备尺寸。若干燥时湿空气的状态沿等 I 线变化,在逆流干燥器中空气和湿物料的温度分布如图10.15所示。

物料进入干燥器先经过很短的预热,当物料温度升高到空气初始状态的湿球温度 t_w 后,即转入恒速干燥阶段,若干燥操作是等焓过程,即此段内空气状态沿等焓线变化,空气绝热降温增湿,而物料表面温度几乎恒定在空气初始状态的湿球温度。在此阶段中,干燥速率由物料表面水分汽化速率控制,汽化出的为非结合水,但由于空气状态是变化的,所以干燥速率并

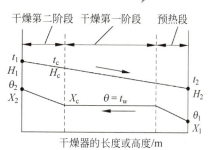

图 10.15 连续逆流干燥器中典型的温度分布情况

不恒定。到达临界点后转入降速干燥阶段,临界点处物料含水量为 X_c,相应的空气温度为 t_c、湿度为 H_c。干燥第二阶段中,干燥速率为水分在物料内部迁移速度控制,到达干燥器出口处,物料温度上升到 θ_2,含水量下降到 X_2。

1. 恒速阶段干燥时间

由式(10.42)知

$$U = -\frac{G\mathrm{d}X}{S\mathrm{d}\tau}$$

在多数干燥过程中,预热段的时间很短,计算时可并入第一阶段。因此,从 $\tau=0$、$X=X_1$ 至 $\tau=\tau_1$、$X=X_c$ 积分上式得

$$\tau_1 = \int_0^{\tau_1} \mathrm{d}\tau = -\frac{G}{S}\int_{X_1}^{X_c} \frac{\mathrm{d}X}{U} \tag{10.61}$$

将式(10.45)代入上式得

$$\tau_1 = \int_0^{\tau_1} \mathrm{d}\tau = -\frac{G}{S}\int_{X_1}^{X_c} \frac{\mathrm{d}X}{k_H(H_{s,t_w}-H)} \tag{10.62}$$

上式可用图解积分法或数值积分法求解其中的积分项。

若干燥第一阶段为绝热过程,则 H_{s,t_w} 为定值,且当空气流速恒定时,传质系数 k_H 也为恒定值,故式(10.62)可以积分。先将式中湿物料的干基含水量 X 以相应的空气湿度 H 替换。对逆流干燥器中微分长度或高度 $\mathrm{d}H$ 范围进行水分衡算,得

$$G\mathrm{d}X = L\mathrm{d}H \tag{10.63}$$

将式(10.63)代入式(10.62),并将以物料含水量 X 表示的边界条件改为以相应的空气湿度 H 表示,即

$$\tau_1 = \int_0^{\tau_1} \mathrm{d}\tau = -\frac{G}{S}\frac{L}{G}\frac{1}{k_H}\int_{H_2}^{H_c} \frac{\mathrm{d}H}{(H_{s,t_w}-H)} = \frac{L}{Sk_H}\ln\frac{H_{s,t_w}-H_c}{H_{s,t_w}-H_2} \tag{10.64}$$

2. 降速阶段的干燥时间

同样利用式(10.42),可求第二阶段的干燥时间

$$\tau_2 = \int_0^{\tau_2} \mathrm{d}\tau = -\frac{G}{S}\int_{X_c}^{X_2} \frac{\mathrm{d}X}{U} \tag{10.65}$$

式中的积分项可用图解积分法或数值积分法求解。

若第二阶段的干燥速率曲线为直线,即过 (X_c, U_c)、$(X^*, 0)$ 两点,则

$$U = \frac{U_c}{X_c-X^*}(X-X^*) \tag{10.66}$$

将式(10.45)应用于临界点处,并与式(10.65)、式(10.66)相联立,整理得

$$\tau_2 = -\frac{G}{S}\frac{X_c-X^*}{k_H}\int_{X_c}^{X_2} \frac{\mathrm{d}X}{(H_{s,t_w}-H)(X-X^*)} \tag{10.67}$$

在干燥器的物料出口处与干燥第二阶段中任意截面间进行水分的衡算,得

$$G(X-X_2) = L(H-H_1)$$

或

$$X = X_2 + \frac{L}{G}(H-H_1)$$

将上式及式(10.63)代入式(10.67),并将式中边界条件 X 换以相应的 H,得

$$\tau_2 = -\frac{G}{S}\frac{X_c-X^*}{k_H}\frac{L}{G}\int_{H_c}^{H_2} \frac{\mathrm{d}H}{(H_{s,t_w}-H)\left[\frac{L}{G}(H-H_1)+(X_2-X^*)\right]}$$

积分上式并整理得第二阶段的干燥时间计算式为

$$\tau_2 = \frac{L(X_c-X^*)}{k_H S}\frac{1}{(X_2-X^*)+(H_{s,t_w}-H_1)\frac{L}{G}}\ln\frac{(X_c-X^*)(H_{s,t_w}-H_1)}{(H_{s,t_w}-H_c)(X_2-X^*)}$$

(10.68)

必须指出,不同类型的干燥器,湿物料与干燥介质的相对运动方式不同,因此实际计算时,对某些干燥器需采用经验方法计算干燥时间,可参阅干燥器的设计。

【例 10.6】 用一间歇干燥器将一批湿物料从含水量 27% 干燥到 5%(均为湿基),湿物料的质量为 200 kg,干燥面积为 0.025 m²/kg 绝干物料,装卸时间 1h,试确定每批物料的干燥周期。(从该物料的干燥速率曲线可知 $X_c=0.2$,$X^*=0.05$,$U_c=1.5$ kg/(m²·h),降速阶段 U-X 为直线,传质系数 $k_X=10$ kg/(m²·h))

解:绝对干物料量
$$G=G_1(1-w_1)=200\times(1-0.27) \text{ kg}=146 \text{ kg}$$

干燥总面积
$$S=146\times 0.025 \text{ m}^2=3.65 \text{ m}^2$$

干基含水量
$$X_1=\frac{w_1}{1-w_1}=\frac{0.27}{1-0.27}=0.37$$

$$X_2=\frac{w_2}{1-w_2}=\frac{0.05}{1-0.05}=0.053$$

恒速阶段由 $X_1=0.37$ 至 $X_c=0.2$,则

$$\tau_1=\frac{G}{U_c S}(X_1-X_c)=\frac{146}{1.5\times 3.65}\times(0.37-0.2) \text{ h}=4.53 \text{ h}$$

降速阶段由 $X_c=0.2$ 至 $X_2=0.053$,则

$$k_X=\frac{U_c}{X_c-X^*}=\frac{1.5}{0.2-0.05} \text{ kg/(m}^2\cdot\text{h)}=10 \text{ kg/(m}^2\cdot\text{h)}$$

$$\tau_2=\frac{G}{k_X S}\ln\frac{X_c-X^*}{X_2-X^*}=\frac{146}{10\times 3.65}\ln\frac{0.2-0.05}{0.053-0.05} \text{ h}=15.7 \text{ h}$$

每批物料的干燥周期
$$\tau=\tau_1+\tau_2+\tau'=(4.53+15.7+1) \text{ h}=21.23 \text{ h}$$

10.6 干燥设备

在工业生产中,由于被干燥物料的形状(块状、粒状、溶液、浆状及膏糊状等)和性质(耐热性、含水量、分散性、黏性、耐酸碱性、防爆性及湿度等)不同,生产规模或生产能力也相差较大,对干燥产品的要求(如含水量、形状、强度及粒度等)也不尽相同,因此,所采用干燥器的型式也是多种多样的。通常,干燥器可按加热方式分成如下几类。

(1) 对流干燥器　如厢式干燥器、洞道式干燥器、气流干燥器、流化床干燥器、喷雾干燥器等;

(2) 传导干燥器　如滚筒式干燥器、耙式干燥器、介电加热干燥器等;

(3) 辐射干燥器　如红外线干燥器等;

(4) 介电加热干燥器　如微波干燥器、高频真空干燥器等。

下面介绍几种工业上常用的对流干燥器。

1. 厢式干燥器

厢式干燥器又称洞道式或盘架式干燥器,是一种常压间歇操作的最古老的干燥设备之一。一般小型的称为烘箱,大型的称为烘房。

厢式干燥器的基本结构如图 10.16 所示,被干燥物料放在盘架 7 上的浅盘内,物料的堆积厚度为 10～100 mm。风机 3 吸入的新鲜空气,经加热器 5 预热后沿挡板 6 均匀地水平掠过各浅盘内物料的表面,对物料进行干燥。部分废气经排出管 2 排出,余下的循环使用,以提高热效率。废气循环量由吸入口或排出口的挡板进行调节。空气的流速根据物料的粒度而定,以使物料不被气流挟带出干燥器为原则,一般为 1～10 m/s。这种干燥器的浅盘也可放在能移动的小车盘架上,以方便物料的装卸,减轻劳动强度。

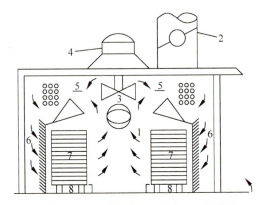

1—空气入口;2—排出管;3—风机;4—电动机;
5—加热器;6—挡板;7—盘架;8—移动轮

图 10.16 厢式干燥器

厢式干燥器的优点是结构简单、设备投资少、物料适应性强,缺点是劳动强度大、装卸物料热损失大、产品质量不易均匀。厢式干燥器一般应用于少量、多品种物料的干燥,尤其适合于实验室应用。

2. 洞道式干燥器

如图 10.17 所示,洞道式干燥器的器身为狭长的洞道,内铺设铁轨,一系列的小车载着盛于浅盘中或悬挂在架上的湿物料通过洞道,在洞道中与热空气接触而被干燥。小车可以连续地或间歇地进出洞道。

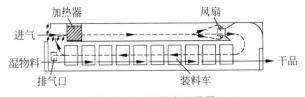

图 10.17 洞道式干燥器

由于洞道干燥器的容积大,小车在器内停留时间长,因此适用于处理量大、干燥时间长的物料,如木材、陶瓷等。干燥介质为热空气或烟道气,气速一般应大于 2～3 m/s。洞道中也可采用中间加热或废气循环操作。

3. 气流干燥器

气流干燥器是一种连续操作的干燥器。湿物料首先被热气流分散成粉粒状，在随热气流并流运动的过程中被干燥。气流干燥器可处理泥状、粉粒状或块状的湿物料，对于泥状物料需装设分散器，对于块状物料需附设粉碎机。

图 10.18 所示为装有粉碎机的直管型气流干燥装置的流程图。气流干燥器 4 的主体是直立圆管，湿物料经螺旋输送器 1 送入粉碎机 3 粉碎，粉碎后的物料被来自燃烧炉 2 的干燥介质吹入气流干燥器中。在干燥器中，由于热气体作高速运动，使物料颗粒分散并随气流一起运动，热气流与物料间进行热质传递，使物料得以干燥。干燥后的物料随气流进入旋风分离器 5，经分离后由底部排出，再经分配器 8，部分作为产品排出，部分送入螺旋混合器供循环使用，而废气经风机 6 放空。

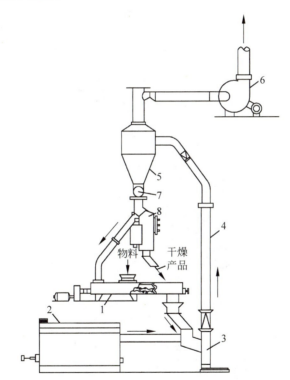

1—螺旋桨式输送器；2—燃烧炉；3—粉碎机；4—气流干燥器；
5—旋风分离器；6—风机；7—星式加料器；8—流动固体物料的分配器。
图 10.18 具有粉碎机的气流干燥装置流程图

气流干燥器的优点是处理量大、干燥时间短。由于气流的速度可高达 20～40 m/s，物料悬浮于气流中，因此气固间的接触面积大，热质传递速率快。对粒径在 50 μm 以下的颗粒，可得到干燥均匀且含水量很低的产品；物料在干燥器内一般只停留 0.5～2 s，故即使干燥介质温度较高，物料温度也不会升得太高。因此，适用于热敏性、易氧化物料的干燥。但也存在着产品磨损较大以及所处理物料有一定的粒度限制等缺点。

4. 流化床干燥器

流化床干燥器又称沸腾床干燥器,是流态化技术在干燥操作中的应用。流化床干燥器种类很多,大致可分为:单层流化床干燥器、多层流化床干燥器、卧式多室流化床干燥器、喷动床干燥器、旋转快速干燥器、振动流化床干燥器、离心流化床干燥器和内热式流化床干燥器等。

图 10.19 为单层圆筒流化床干燥器。颗粒物料放置在分布板上,热空气由多孔板的底部送入,使其均匀地分布并与物料接触。气速控制在临界流化速度和带出速度之间,使颗粒在流化床中上下翻动,彼此碰撞混合,气固间进行传热和传质。气体温度降低,湿度增大,物料含水量不断降低,最终在干燥器底部得到干燥产品。热气体由干燥器顶部排出,经旋风分离器分出细小颗粒后放空。当静止物料层的高度为 0.05~0.15 m 时,对于粒径大于 0.5 mm 的物料,气速可取为 $(0.4\sim 0.8)u_t$;对于粒径较小的物料,颗粒床内易发生结块,一般由实验确定操作气速。

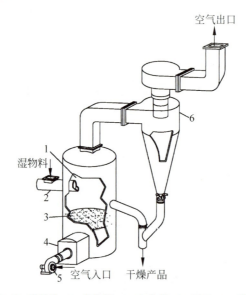

1—流化室;2—进料器;3—分布板;4—加热器;5—风机;6—旋风分离器。
图 10.19 单层圆筒流化床干燥器

流化干燥与气流干燥一样,具有较高的热质传递速率,体积传热系数可高达 2 300~7 000 W/(m³·℃),由于传递速率高,气体离开床层时几乎等于或略高于床层温度,因而热效率高,设备简单,操控容易。

5. 喷雾干燥器

喷雾干燥器将溶液、浆液或悬浮液通过喷雾器而形成雾状细滴并分散于热气流中,使水分迅速汽化而达到干燥的目的。热气流与物料可采用并流、逆流或混合流等接触方式。根据对产品的要求,最终可获得 30~50 μm 微粒的干燥产品。这种干燥方法不需要将原料预先进行机械分离,且干燥时间很短(一般为 5~30 s),因此适用于热敏性物料的干燥,如食品、药品、生物制品、染料、塑料及化肥等。但是由于没有进行机械分离,大量的水分靠汽化处理,能耗较高,分离成本高。

常用的喷雾干燥流程如图 10.20 所示。浆液用送料泵压至喷雾器(喷嘴),经喷嘴喷成雾滴而分散在热气流中,雾滴中的水分迅速汽化,成为微粒或细粉落到器底。产品由风机吸至旋风分离器中而被回收,废气经风机排出。喷雾干燥的干燥介质多为热空气,也可用烟道气,对含有机溶剂的物料,可使用氮气等惰性气体。

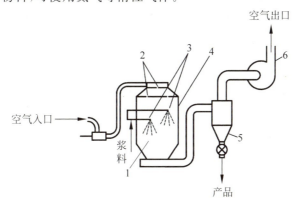

1—燃烧炉;2—空气分布器;3—压力式喷嘴;4—干燥塔;5—旋风分离器;6—风机。

图 10.20 喷雾干燥设备流程

喷雾器是喷雾干燥的关键部分。液体通过喷雾器分散成 $10\sim60~\mu m$ 的雾滴,使蒸发面积变得很大(每 m^3 溶液具有的表面积为 $100\sim600~m^2$),从而达到快速干燥的目的。对喷雾器的一般要求为:形成的雾粒均匀,结构简单,生产能力大,能量消耗低及操作容易等。

常用的喷雾器有以下三种基本型式。

(1) 离心转盘式喷雾器 图 10.21(a)所示为离心转盘式喷雾器,料液被送到一高速旋转圆盘的中部,圆盘上有放射形叶片,一般圆盘转速为 $4\,000\sim20\,000$ r/min,圆周速度为 $100\sim160$ m/s。液体在离心力的作用下,呈雾状从圆盘的周边甩出。当处理物料的固体浓度较大时,宜采用旋转式喷雾器。

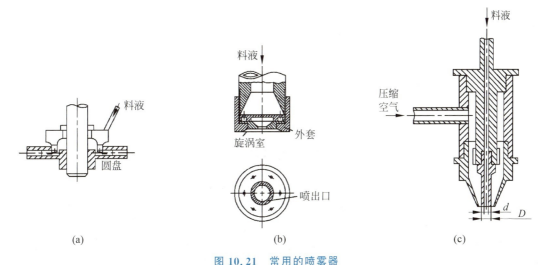

图 10.21 常用的喷雾器
(a) 离心转盘式;(b) 压力式;(c) 气流式

(2) 压力式喷雾器　压力式喷雾器如图 10.21(b)所示。用高压泵使液浆获得高压(3～20 MPa)，液浆进入喷嘴的旋涡室并作高速旋转，然后从出口小孔呈雾状喷出。压力式喷雾器的特点是结构简单、操作简便、能耗低、生产能力大，但需使用高压系统。压力式喷雾器是目前应用最广的喷雾器。

(3) 气流式喷雾器　气流式喷雾器如图 10.21(c)所示。用高速气流使料液经过喷嘴成为雾滴而喷出。一般所用压缩空气的压力在 0.3～0.7 MPa。气流式喷雾器所喷出的雾滴最细，常用于处理量较少时，也可用于处理含有少量固体的溶液。

本章主要符号说明

A——传热面积(干燥面积)，m^2

c_H——湿空气的平均比热容，$kJ/(kg \cdot ℃)$

c_v——水蒸气的平均比热容，$kJ/(kg \cdot ℃)$

G_1——湿物料的质量流量，kg/h

G_2——干燥产品的质量流量，kg/h

G——绝干物料的质量流量，kg/h

D——预热器中饱和水蒸气用量，kg/h

H——湿度，kg 水/kg 绝干气

H_{s,t_w}——t_w 时空气的饱和湿度，kg 水/kg 绝干气

H_s——空气的饱和湿度，kg 水/kg 绝干气

H_{as}——t_{as} 时空气的饱和湿度，kg 水/kg 绝干气

I——湿空气的焓，kJ/kg 绝干气

I_v——水蒸气的焓，kJ/kg 水

I_g——干空气的焓，kJ/kg 绝干气

k_H——以湿度差为推动力的对流传质系数，$kg/(m^2 \cdot s)$

L——干空气流量，kg 绝干气/h

Q_D——干燥器内的补充热量，kW

Q_L——干燥系统的热损失，kW

Q_P——预热器的供热量，kW

Q_V——用于蒸发水分所需要的热量，kW

r_0——0 ℃时水的汽化潜热，kJ/kg

r_{as}——t_{as} 下水的汽化潜热，kJ/kg

r_{t_w}——t_w 下水的汽化潜热，kJ/kg

t_{as}——湿空气的绝热饱和温度，℃

t_d——湿空气的露点，℃

t_w——湿空气的湿球温度，℃

U——干燥速率，$kg/(m^2 \cdot s)$

v_H——湿空气的比容，m^3 湿空气/kg 绝干气

v_g——干空气的比容，m^3 干空气/kg

w——物料的湿基含水量，质量分数

W——单位时间内湿物料蒸发的水分量，kg/h

X——物料的干基含水量，kg 水/kg 绝干物料

X_0——物料的临界含水量，kg 水/kg 绝干物料

X^*——物料的平衡含水量，kg 水/kg 绝干物料

α——对流传热系数，$W/(m^2 \cdot K)$

η——热效率，量纲为一

τ——干燥时间，h

φ——相对湿度，%

下标

g——绝干空气

as——绝热饱和

d——露点

H——湿空气

v——水汽

本章能力目标

通过本章的学习，应当掌握干燥过程的基本原理、影响干燥速率的因素及物料衡算和热量衡算的基本方法；掌握将热、质同时传递的基本原理应用于处理复杂工程问题的能力，即注意学习在处理干燥过程的工程问题时，如何将互相联系又互相影响的传热和传质问题模型化，明确将工程问题转化为数学问题的思路和方法。同时应具备以下能力：①根据物料性质、生产要求，选择合适的干燥器类型应用于干燥过程；②根据给定的生产任务，完成干燥设备的选型或设计，确定操作参数；③掌握物料衡算和热量衡算的基本方法，并将其应用于干燥过程设计。

学习提示

1. 本章中重新定义了湿空气的物理性质,主要是为了计算方便。通常的定义是基于 1 kg 总湿空气量,这里将基准定义于 1 kg 绝干空气量,主要原因是绝干空气量在干燥过程中不变,从而大大简化了计算过程。

2. 物料衡算和热量衡算是工程计算中最基础的通用方法,从数学角度看,其本质是获得两类约束方程。方程的个数决定了能够求解的未知量的个数。不能被约束的量,要从设计角度去选定。

3. 设计型问题的出发点,总是在确定设备结构以后,确定设备的特征尺寸。设备尺寸一般来讲取决于过程速率,而过程速率又与平衡相关。在干燥过程中,由于传热和传质同时反向传递,其平衡和速率问题会比较复杂。学习过程中,一定要注意一个过程的进行对另一个过程平衡的影响。绝热饱和冷却温度和湿球温度就非常有代表性。

4. 干燥过程平衡同时受空气状态和物料性质的影响。事实上恒定干燥过程是作了简化,即将空气状态这个变量简化为不变量来进行讨论。

讨论题

1. 当湿空气总压变化时,湿空气的各物理性质会有怎样的变化?提高操作压力对干燥操作是否有利,为什么?

2. 测定湿球温度和绝热饱和冷却温度时,若水的初温不同,对测定结果是否有影响?为什么?

3. 试分析干燥废气温度 t_2 的影响因素,该温度过低有什么危害?

4. 试分析恒速干燥阶段和降速干燥阶段中的干燥机理及影响干燥速率的因素。

5. 当空气的 t、H 一定时,某物料的平衡湿含量为 X^*,若空气的 H 下降,试问该物料的 X^* 将如何变化?

6. 什么是临界含水量?它与哪些因素有关?

7. 什么是物料的平衡水分与自由水分、结合水分与非结合水分?

8. 干燥器选型中,如何考虑物料的各种因素?

9. 用 N_2 干燥含少量苯的物料以回收苯,回收流程如附图所示。风机送风量为 1 200 m³/h,体系压力为 760 mmHg,进入冷却器的气体温度为 30℃,露点为 25℃,每小时回收苯 4 kg。进入冷却器前后温度、湿度分别为 t_2、H_2、t_0、H_0,经预热器后温度、湿度分别为 t_1、H_1。干燥后的温度与湿度分别为 t_2、H_2。问:(1) t_0、t_1、t_2 各温度的高低顺序如何?H_0、H_1、H_2 各湿度的大小顺序如何?0、1、2 各点处的干燥介质是否为饱和气体?按各点的相对湿度大小顺序排列。(2)冷却器出口温度 t_0 是多少?(3)为了使干燥器正常运转,预热后气体的相对湿度 $\varphi=15\%$,问预热器最低要加热到多少度?(4)若每小时回收苯的量增加到 10 kg 或减少到 1 kg,冷却器及预热器出口温度如何变化?(5)若苯的回收量不变,而干燥介质相对湿度 φ 降低为 5%,此时冷却器和预热器出口温度 t_0、t_1 将如何变化?(已知苯的安托因常数 $A=6.898, B=1\ 206.35, C=220.24$,安托因方程为 $\lg P^0 = A - \dfrac{B}{t+C}$,$P^0$ 的单位为 mmHg)

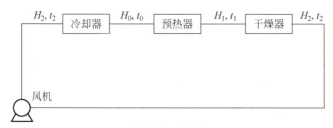

讨论题 9 附图

思考题

1. 为什么说干燥过程既是传热过程又是传质过程？
2. 湿球温度和绝热饱和冷却温度有何区别？对哪种物系二者相等？
3. 通常湿空气的露点温度、湿球温度、干球温度的高低关系如何？在什么情况下三者相等？
4. 湿空气的相对湿度大，其湿度亦大，这种说法是否正确，为什么？
5. 连续干燥的热效率是如何定义的？为提高干燥过程热效率可采取哪些措施？
6. 干燥结合水分时，操作温度为什么会升高？
7. 湿物料的比热是如何计算的？
8. 试分析工业循环水冷却塔内空气温度和湿度的变化及水的温度及相态变化。

习　题

一、填空题

1. 不饱和空气在绝热饱和器中与大量循环水密切接触，设备保温良好，最后空气被水汽所饱和后所达到的温度即为　　　　。
2. 饱和空气在恒压下冷却，温度由 t_1 降低至 t_2，其相对湿度 φ　　　　，绝对湿度 H　　　　，露点 t_d　　　　，湿球温度 t_W　　　　。（增大，减小，不变，不确定）
3. 离开干燥器的湿空气的温度 t_2 比绝热饱和温度　　　　，目的是　　　　。
4. 恒定干燥条件下，恒速干燥阶段属于　　　　控制；降速干燥阶段属于　　　　控制。
5. 已知湿空气总压为 101.33 kPa，干球温度为 30 ℃，相对湿度为 89%，30 ℃ 水蒸气的饱和蒸气压为 4.25 kPa，则湿空气的水汽分压 $p_v = $　　　　，湿度 $H = $　　　　。
6. 理想干燥过程满足的条件为：　　　　，　　　　，　　　　。
7. 物料在干燥过程中，区分恒速干燥阶段和降速干燥阶段的标志是　　　　。
8. 已知某物料含水量 $X = 0.4$ kg 水/kg 绝干料，已知：临界含水量 $X_c = 0.25$ kg 水/kg 绝干料，平衡含水量 $X^* = 0.05$ kg 水/kg 绝干料，则该物料的自由水分为　　　　kg 水/kg 绝干料，不可除去的结合水为　　　　kg 水/kg 绝干料。
9. 湿物料在一定空气条件下干燥的极限为　　　　。
10. 若维持不饱和空气的湿度 H 不变，提高空气的干球温度，则空气的湿球温度　　　　、露点温度　　　　、相对湿度　　　　。（填写变化趋势）

二、分析及计算题

1. 已知湿空气中水汽分压为 10 kPa，总压为 100 kPa。试求该空气成为饱和湿空气时的温度和湿度。

2. 聚氯乙烯树脂的湿基含水量为6%,干燥后产品中的湿基含水量为0.3%,干燥产品量为5 000 kg/h。试求树脂在干燥器中蒸发的水分量(kg/h)。

3. 湿空气在总压101.33 kPa下的湿度为0.005 kg水/kg绝干气。试求:(1)该空气在5℃时的相对湿度;(2)将该空气加热到303K时的湿度和相对湿度。

4. 已知空气的干球温度为60℃,湿球温度为30℃,试计算空气的湿度H、相对湿度、焓I和露点温度。

5. 空气的总压为101.33 kPa,干球温度30℃,相对湿度为70%。试求该空气的:(1)湿度H;(2)饱和湿度H_s;(3)水汽分压p_v;(4)露点t_d;(5)湿球温度t_w;(6)焓I;(7)湿比容v_H。

6. 干球温度为293 K、湿球温度为289 K的空气,经预热器温度升高至323 K后送入干燥器,空气在干燥器中经历近似等焓(即绝热增湿)过程,离开干燥器时温度为27℃,干燥器的操作压强为101.33 kPa。用计算法求解下列各项:(1)原始空气的湿度H_0和焓I_0;(2)空气离开预热器的湿度H_1和焓I_1;(3)100 m³原始湿空气在预热过程中的焓变化;(4)空气离开干燥器时的湿度H_2和焓I_2;(5)100 m³原始湿空气绝热冷却增湿时增加的水量。

7. 在某连续干燥器中,总压为95 kPa,每秒钟从被干燥物料中除去的水量为0.028 kg。原始空气的温度为15℃,相对湿度为80%,离开干燥器的空气温度为40℃,相对湿度为60%。试:(1)求进入风机的原始空气流量,m³/h;(2)若预热至95℃,用200 kPa(绝压)的饱和水蒸气加热,求蒸汽用量为多少,kg/h。

8. 连续常压干燥某物料。已知湿物料的处理量为1 000 kg/h,含水量由40%干燥到5%(均为湿基)。试计算所需蒸发的水分量。

9. 在常压连续干燥器中,将某湿物料从含水量5%干燥至0.5%(均为湿基)。干燥器的生产能力为7 200 kg绝干物料/h。已知物料进口温度为25℃,出口温度为65℃。干燥介质为空气,其初温为20℃,湿度为0.007 kg水/kg绝干气,经预热器加热至120℃进入干燥室,出口废气温度为80℃,绝干物料的比热容为1.8 kg/(kg·℃)。若不计热损失,干燥器内不计补充加热,求干空气的消耗量及废气的湿度。

10. 在常压气流干燥器中干燥某树脂产品。干燥产品量为280 kg/h,产品的干基含水量为0.01 kg/kg,物料入口温度为20℃,出口温度为40℃;在干燥器中蒸发水分量为35 kg/h。原始空气温度为15℃,湿度为0.007 2 kg水/kg绝干气。已知空气用量为2 000 kg绝干气/h,经预热器加热至90℃后通入干燥器。若干燥系统的热量损失为1 500 kJ/h,绝干物料的平均比热容为1.4 kJ/(kg·℃)。试求气体出口温度和湿度。

11. 常压下,已知25℃时氧化锌物料的气、固两相水分的平衡关系,其中当$\varphi=100\%$时,$X^*=0.02$ kg水/kg绝干物料;当$\varphi=40\%$时,$X^*=0.007$ kg水/kg绝干物料。设氧化锌的初始含水量为0.25 kg水/kg绝干物料,若与$t=25$℃、$\varphi=40\%$的恒定状态的空气长时间接触,试求:(1)该物料的平衡含水量和自由水分含量;(2)该物料的结合水分含量和非结合水分含量。

12. 某湿物料在常压气流干燥器内进行干燥。湿物料处理量为1 kg/s,其含水量由10%降至2%(均为湿基)。空气的初始温度为20℃,湿度为0.006 kg水/kg绝干气,空气由预热器预热至140℃进入干燥器。假设干燥过程近似为等焓过程。若废气出口温度为80℃,试求预热器所需提供的热量及干燥过程的热效率。系统的热损失可忽略。

13. 将含水量为0.35 kg水/kg绝干物料的某物料放入$t=25$℃、相对湿度$\varphi=0.5$的空气流中,经长时间接触后,该物料在 25℃ 时的平衡蒸汽压曲线如附图所示。试求：

(1) 物料的含水量将为多少？

(2) 在脱去的水分中,有多少是非结合水？

(3) 若空气的相对湿度升为 0.8,温度不变,物料的含水量为多少？

(4) 若物料的堆积方式改变(料层增厚),物料的含水量为多少？

(5) 若空气的状态不变,而流速增大,物料的含水量是否变化？

(6) 若空气的湿含量不变,温度增加,物料的湿含量有何变化？

14. 某湿物料用温度为 t、湿度为 H 的空气进行干燥。测得干燥速率曲线可简化为如附图所示。试定性绘出以下工况的干燥速率曲线与原工况干燥速率曲线的相对位置。

(1) 空气状态不变而流速增加；

(2) 气速不变、温度不变、湿度增加,或气速不变、湿度不变、温度降低；

(3) 气速不变、温度不变、物料的堆积厚度增加；

(4) 气速不变、湿度不变、温度升高,或气速不变、温度不变、湿度降低。

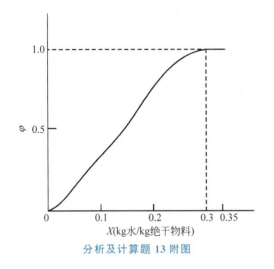

分析及计算题 13 附图

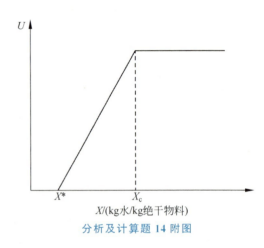

分析及计算题 14 附图

15. 在 I-H 图上定性绘出下列干燥过程中湿空气的状态变化过程：

(1) 温度为 t_0、湿度为 H_0 的湿空气,经预热器升温到 t_1 后送入理想干燥器,废气出口温度为 t_2；

(2) 温度为 t_0、湿度为 H_0 的湿空气,经预热器升温到 t_1 后送入理想干燥器,废气出口温度为 t_2,此废气再经冷却冷凝器析出水分后,恢复到 t_0、H_0 的状态；

(3) 部分废气再循环流程：温度为 t_0、湿度为 H_0 的新鲜空气与温度为 t_2、湿度为 H_2 的出口废气混合(设循环废气中绝干空气质量与混合气中绝干空气质量之比为 $m:n$),送入预热器加热到一定的温度 t_1 后再送入干燥器,离开干燥器时的废气状态为温度为 t_2、湿度为 H_2；

(4) 中间加热流程：温度为 t_0、湿度为 H_0,经预热器温度升高到 t_1 后再送入干燥器进行等焓干燥,温度降为 t_2 时,再用中间加热器加热至 t_1,再进行等焓干燥,废气最后出口温度仍为 t_2。

第 10 章习题答案

其他传质与分离过程

本章重点
1. 结晶的基本概念;
2. 结晶过程的相平衡;
3. 结晶动力学简介;
4. 工业结晶方法的基本原理与典型设备的结构与特点;
5. 膜分离与分离膜的基本概念。

11.1 结　　晶

固体物质以晶体状态从溶液、熔融混合物或蒸气中析出的过程称为结晶,结晶是获得纯净固态物质的重要方法之一,在化学工业中常遇到的是从溶液或熔融物结晶的过程。

在化学工业中,许多产品及中间产品都是以晶体形态出现的,因此许多化工过程中都包含着结晶这一单元操作。与其他化工分离过程比较,结晶过程有以下特点。

(1) 能从杂质含量很多的溶液或多组分熔融态混合物中获得非常纯净的晶体产品,结晶产品在包装、运输、储存或使用上都较方便。

(2) 对于许多其他方法难以分离的混合物系如共沸物系、同分异构体物系以及热敏性物系等,采用结晶分离往往更为有效。

(3) 结晶与精馏、吸收等分离方法相比,操作能耗低,对设备材质要求不高,一般亦很少有"三废"排放。

(4) 结晶是一个很复杂的分离操作,它是多相、多组分的传热-传质过程,也涉及表面反应过程,尚有晶体粒度及粒度分布问题,结晶过程和设备种类繁多。

近年来,结晶技术引起了世界科学界以及工业界的注意,理论分析和工业技术与设备的开发取得了许多引人注目的发展。现代测量技术的应用,使人们对结晶机理、结晶热力学和结晶动力学等有了较为深刻的认识,结晶技术已在有机物系分离中得到了工业应用。

结晶过程可分为溶液结晶、熔融结晶、升华结晶及沉淀结晶四大类,其中溶液结晶是化学工业中最常采用的结晶方法,本节将重点讨论这种结晶过程。

11.1.1 结晶的基本原理

1. 基本概念

晶体是内部结构中的质点元素(原子、离子或分子)作三维有序排列的固态物质,晶体中任一宏观质点的物理性质和化学组成以及晶格结构都相同,这种特征称为晶体的均匀性。当物质在不同的条件下结晶时,其所成晶体的大小、形状、颜色等可能不同。例如,因结晶温度的不同,碘化汞的晶体可以是黄色或红色;NaCl 从纯水溶液中结晶时,为立方晶体,但若水溶液中含有少许尿素,则 NaCl 形成八面体的结晶。

构成晶体的微观粒子(分子、原子或离子)按一定的几何规则排列,由此形成的最小单元成为晶格。晶格可按晶格空间结构的区别分为不同的晶系。同一物质在不同的条件下可形成不同的晶系,或为两种晶系的混合物。例如,熔融的硝酸铵在冷却过程中可由立方晶系变成斜棱晶系、长方晶系等。

微观粒子的规则排列可按不同方向发展,即各晶面以不同的速率发展,从而形成不同外形的晶体,这种习性以及最终形成的晶体外形称为晶习。同一晶系的晶体在不同结晶条件下的晶习不同,改变结晶温度、溶剂的种类、pH 以及少量杂质或添加剂的存在往往因改变晶习而得到不同的晶体外形。例如,萘在环己烷中结晶析出时为针状,而在甲醇中析出时为片状。

控制结晶操作的条件以改善晶习,获得理想的晶体外形,这是结晶操作区别于其他分离操作的重要特点。

在结晶过程中,利用物质的不同溶解度和不同的晶习,创造相应的结晶条件,可使固体物质极其纯净地从原溶液中结晶出来。

溶质从溶液中结晶出来,要经历两个步骤:首先要产生微观的晶粒作为结晶的核心,这个核心称为晶核。然后晶核长大,成为宏观的晶体,这个过程称为晶体成长。无论是成核过程还是晶体成长过程,都必须以浓度差即溶液的过饱和度作为推动力。溶液的过饱和度的大小直接影响成核和晶体成长过程的快慢,而这两个过程的快慢又影响着晶体产品的粒度分布。因此,过饱和度是结晶过程中一个极其重要的参数。

溶液在结晶器中结晶出来的晶体和剩余的溶液所构成的悬混物称为晶浆,去除晶体后所剩的溶液称为母液。结晶过程中,含有杂质的母液会以表面粘附或晶间包藏的方式夹带在固体产品中。工业上,通常在对晶浆进行固液分离以后,再用适当的溶剂对固体进行洗涤,以尽量除去由于粘附和包藏母液所带来的杂质。

此外,若物质结晶时有水合作用,则所得晶体中含有一定数量的溶剂(水)分子,称为结晶水。结晶水的含量不仅影响晶体的形状,也影响晶体的性质。例如,无水硫酸铜($CuSO_4$)在 240 ℃ 以上结晶时,是白色的三棱形针状晶体;但在寻常温度下结晶时,则是含 5 个结晶水的大颗粒蓝色晶体水和物($CuSO_4 \cdot 5H_2O$)。晶体水合物具有一定的蒸气压。

2. 结晶过程的相平衡

1) 相平衡与溶解度

任何固体物质与其溶液相接触时,如溶液尚未饱和,则固体溶解;如溶液已过饱和,则该物质在溶液中的逾量部分迟早将会析出。但如溶液恰好达到饱和,则固体的溶解与析出的速率相等,净结果是既无溶解也无析出。此时固体与其溶液已达相平衡。

固体与其溶液间的这种相平衡关系,通常可用固体在溶剂中的溶解度来表示。物质的溶解度与其化学性质、溶剂的性质及温度有关。一定物质在一定溶剂中的溶解度主要随温度变化,而随压力的变化很小,常可忽略不计。因此溶解度的数据通常用溶解度对温度所标绘的曲线来表示。

溶解度的大小通常采用1(或100)份质量的溶剂中溶解多少份质量的无水溶质来表示。图11.1示出了若干无机物在水中的溶解度曲线。

由图11.1可见,许多物质的溶解度曲线是连续的,中间无断折,而且这些物质的溶解度随温度升高而明显增大,如 $NaNO_3$、KNO_3 等。但也有一些形成晶体水合物的物质,其溶解度曲线有折点(变态点),它表示其组成有所改变,例如 $Na_2SO_4 \cdot 10H_2O$ 转变为 Na_2SO_4 (变态点温度为32.4℃)。这类物质的溶解度随温度的升高反而减小,例如 Na_2SO_4。至于NaCl,温度对其溶解度的影响很小。

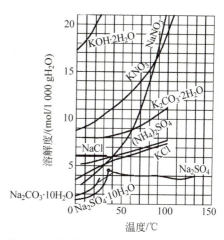

图11.1 某些无机盐在水中的溶解度曲线

物质的溶解度曲线的特征对于结晶方法的选择起决定性作用。对于溶解度随温度变化敏感的物质,可选用变温方法结晶分离;对于溶解度随温度变化缓慢的物质,可用蒸发结晶的方法(移除一部分溶剂)分离。不仅如此,通过物质在不同温度下的溶解度数据还可计算结晶过程的理论产量。

2) 溶液的过饱和与介稳区

前文曾指出,含有超过饱和量溶质的溶液为过饱和溶液。将一个完全纯净的溶液在不受任何外界扰动(如无搅拌,无震荡)及任何刺激(如无超声波等作用)的条件下缓慢降温,就可以得到过饱和溶液。过饱和溶液与相同温度下的饱和溶液的浓度差称为过饱和度。各种物系的结晶都不同程度地存在过饱和度。例如,硫酸镁溶液可以维持到饱和温度以下17℃而不结晶。

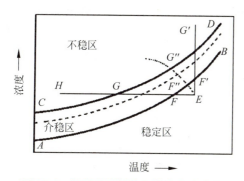

图11.2 溶液的过饱和与超溶解度曲线

溶液的过饱和度与结晶的关系可用图11.2表示。图中AB线为普通溶解度曲线,CD线则表示溶液过饱和且能自发产生结晶的浓度曲线,称为超溶解度曲线,它与溶解度曲线大致平行。超溶解度曲线与溶解度曲线有所不同:一个特定物系只有一条明确的溶解度曲线,但超溶解度曲线的位置却要受到许多因素的影响,例如有无搅拌、搅拌强度的大小,有无晶种、晶种的大小与多少,冷却速率快慢等。换言之,一个特定物系可以有多个超溶解度曲线。

图11.2中,AB线以下的区域为稳定区,在此区域溶液尚未达到饱和,因此没有结晶的可能。AB线以上是过饱和区,此区又分为两部分:AB线和CD线之间的区域称为介稳区,在此区域内,不会自发地产生晶核,但如果溶液中加入晶种,所加晶种就会长大;CD线以上是不稳区,在此区域中,能自发地产生晶核。

参见图 11.2，将初始状态为 E 的洁净溶液冷却至 F 点，溶液刚好达到饱和，但没有结晶析出；当由 F 点继续冷却至 G 点，溶液经过介稳区，虽已处于过饱和状态，但仍不能自发地产生晶核（不加晶种的条件下）。当冷却超过 G 点进入不稳定区后，溶液中才能自发地产生晶核。另外，也可利用在恒温下蒸发溶剂的方法，使溶液达到过饱和，如图中 $EF'G'$ 线所示，或者利用冷却与蒸发相结合的方法，如图中 $EF''G''$ 所示，二者都可以完成溶液的结晶过程。

过饱和度和介稳区的概念，对工业结晶操作具有重要的意义。例如，在结晶过程中，若将溶液的状态控制在介稳区且在较低的过饱和度内，则在较长时间内只能有少量的晶核产生，主要是加入晶种的长大，于是可得到粒度大而均匀的结晶产品。反之，将溶液状态控制在不稳区且在较高的过饱和度内，则将有大量晶核产生，于是所得产品中晶粒必然很小。

3. 结晶动力学简介

1) 晶核的形成

晶核是过饱和溶液中初始生成的微小晶粒，是晶体成长过程必不可少的核心。晶核形成过程的机理可能是，在成核之初，溶液中快速运动的溶质元素（原子、离子或分子）相互碰撞，首先结合成线体单元。当线体单元增长到一定限度后成为晶胚。晶胚极不稳定，有可能继续长大，亦可能分解为新线体单元或单一元素。当晶胚进一步长大即成为稳定的晶核。晶核的大小估计在数十纳米至几微米的范围。

在没有晶体存在的过饱和溶液中自发产生晶核的过程称为初级成核。前文曾指出，在介稳区内，洁净的过饱和溶液还不能自发地产生晶核。只有进入不稳区后，晶核才能自发地产生。这种在均相过饱和溶液中自发产生晶核的过程称为均相初级成核。如果溶液中混入外来固体杂质粒子，如空气中的灰尘或其他人为引入的固体粒子，则这些杂质粒子对初级成核有诱导作用。这种在非均相过饱和溶液（在此非均相指溶液中混入了固体杂质颗粒）中自发产生晶核的过程称为非均相初级成核。

另外一种成核过程是在有晶体存在的过饱和溶液中进行的，称为二级成核或次级成核。在过饱和溶液成核之前加入晶种诱导晶核生成，或者在已有晶体析出的溶液中再进一步成核均属于二级成核。目前人们普遍认为二级成核的机理是接触成核和流体剪切成核。接触成核是指当晶体之间或晶体与其他固体物接触时，晶体表面破碎成为新的晶核。在结晶器中晶体与搅拌桨叶、器壁或挡板之间的碰撞以及晶体与晶体之间的碰撞都有可能产生接触成核。剪切成核指由于过饱和液体与正在成长的晶体之间的相对运动，在晶体表面产生的剪切力将附着于晶体之上的微粒子扫落，进而成为新的晶核。

应予指出，初级成核的速率要比二级成核速率大得多，而且对过饱和度变化非常敏感，故其成核速率很难控制。因此，除了超细粒子制造外，一般结晶过程都要尽量避免发生初级成核，而应以二级成核作为晶核的主要来源。

2) 晶体的成长

晶体成长是指过饱和溶液中的溶质质点在过饱和度推动力作用下，向晶核或加入晶种运动并在其表面上层有序排列，使晶核或晶种微粒不断长大的过程。晶体的成长可用液相扩散理论描述。按此理论，晶体的成长过程由如下三个步骤组成。

(1) 扩散过程。溶质质点以扩散方式由液相主体穿过靠近晶体表面的静止液层（边界层)转移至晶体表面,推动力为浓度差 $C-C_i$。

(2) **表面反应过程**。到达晶体表面的溶质质点按一定排列方式嵌入晶面,使晶体长大并放出结晶热。

(3) **传热过程**。放出的结晶热传导至液相主体中。

上述过程可用图 11.3 示意。第 1 步是扩散过程,以浓度差作为推动力。第 2 步是溶质质点在晶体空间的晶格上按一定规则排列的过程。这好比是筑墙,不仅要向工地运砖,而且要把运到的砖按照规定图样一一垒砌,才能把墙筑成。至于第 3 步,由于大多数结晶物系的结晶放热量不大,对整个结晶过程的影响一般可忽略不计。因此,晶体的成长速率或是扩散控制,或是表面反应控制。如果扩散阻力与表面反应的阻力相当,则成长速率为双方控制。

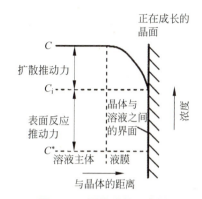

图 11.3 晶体成长示意图

对于多数结晶物系,其扩散阻力小于表面反应阻力,因此晶体成长过程多为表面反应控制。

影响晶体成长速率的因素较多,主要包括晶粒的大小、结晶温度及杂质等。对于大多数物系,悬浮于过饱和溶液中的几何相似的同种晶粒都以相同的速率增长,即晶体的成长速率与原晶粒的初始粒度无关。但也有一些物系,晶体的成长速率与晶体的大小有关。晶粒越大,其成长速率越快。这可能是由于较大颗粒的晶体与其周围溶液的相对运动较快,从而使晶面附近的静液层减薄所致。

温度对晶体成长速率亦有较大的影响,一般低温结晶时是表面反应控制;高温时则为扩散控制;中等温度是二者控制。例如,NaCl 在水溶液中结晶时的成长速率在约 50℃以上为扩散控制,而在 50℃以下则为表面反应控制。

3) 杂质对结晶过程的影响

许多物系,如果存在某些微量杂质(包括人为加入某些添加剂),浓度仅为 10^{-6} mg/L 量级或者更低,即可显著地影响结晶行为,其中包括对溶解度、介稳区宽度、晶体成核及成长速率、晶系及粒度分布的影响等。杂质对结晶行为的影响是复杂的,目前尚没有公认的普遍规律。在此,仅定性讨论其对晶核形成、晶体成长及对晶系的影响。

溶液中杂质的存在一般对晶核的形成有抑制作用。例如少量胶体物质、某些表面活性剂、痕量的杂质离子都会不同程度地产生这种作用。像胶体和表面活性剂这些高分子物质抑制晶核生成的机理可能是,它被吸附于晶胚表面上,从而抑制了晶胚成长为晶核;而离子的作用是破坏溶液中的液体结构,从而抑制成核过程。溶液中杂质对晶体成长速率的影响颇为复杂,有的杂质能抑制晶体的成长,有的能促进其成长;有的杂质能在极低浓度(10^{-6} mg/L 的量级)下发生影响,有的却需要相当大的量才起作用。杂质影响晶体成长速率的途径也各不相同:有的通过改变溶液的结构或溶液的平衡饱和浓度;有的通过改变晶体与溶液界面处液层的特性而影响溶质质点嵌入晶面;有的通过本身吸附在晶面上而发生阻挡作用;如果晶格类似,则杂质能嵌入晶体内部而产生影响。

杂质对晶体形状的影响,对于工业结晶操作有重要意义。在结晶溶液中,杂质的存在或有意识地加入某些物质,有时即使是痕量($<1.0×10^{-6}$ mg/L)也会有惊人的改变晶系的效

果。这种物质称为晶系改变剂,常用的有无机离子、表面活性剂以及某些有机物等。

11.1.2 工业结晶方法与设备

1. 结晶方法的分类

本节仅介绍溶液结晶的工业方法及其典型设备。溶液结晶是指晶体从溶液中析出的过程。按照结晶过程中过饱和度形成的方式,可将溶液结晶分为两大类:不移除溶剂的结晶和移除部分溶剂的结晶。

1) 不移除溶剂的结晶法

此法亦称冷却结晶法,它基本上不去除溶剂,溶液的过饱和度是借助冷却获得的,故适用于溶解度随温度降低而显著下降的物系,例如 KNO_3、$NaNO_3$、$MgSO_4$ 等。

2) 移除部分溶剂的结晶法

按照具体操作的情况,此法又可分为蒸发结晶法和真空冷却结晶法。蒸发结晶法是使溶液在常压(沸点温度下)或减压(低于正常沸点)下蒸发,部分溶剂汽化,从而获得过饱和溶液。此法适用于溶解度随温度变化不大的物系,例如 NaCl 及无水硫酸钠等。真空冷却结晶是使溶液在较高真空度下绝热闪蒸的方法。在这种方法中,溶液经历的是绝热等焓过程,在部分溶剂被蒸发的同时,溶液亦被冷却。因此,此法实质上兼有蒸发结晶和冷却结晶共有的特点,适用于具有中等溶解度物系的结晶,如 KCl、$MgBr_2$ 等。

此外,也可按照操作连续与否,将结晶操作分为间歇式和连续式,或按有无搅拌分为搅拌式和无搅拌式等。

2. 常用结晶器简介

在工业生产中,由于被结晶溶液的性质各有不同,对结晶产品的粒度、晶形以及生产能力大小的要求也有所不同,因此使用的结晶设备也多种多样。本节仅重点介绍几种常用的结晶器的结构和性能。

1) 不移除溶剂的结晶器(冷却结晶器)

冷却结晶器的类型很多,目前应用较广的是图 11.4 和图 11.5 所示的间接换热釜式结晶器。其中图 11.4 为内循环釜式,图 11.5 为外循环釜式。冷却结晶过程所需冷量由夹套或外部换热器提供。内循环式结晶器由于换热面积的限制,换热量不能太大。而外循环式结晶器通过外部换热器传热,由于溶液的强制循环,传热系数较大,还可根据需要加大换热面积。但必须选用合适的循环泵,以避免悬浮晶体的磨损破碎。这两种结晶器可连续操作,亦可间歇操作。

间接换热冷却的缺点在于冷却表面结垢及结垢将导致换热器效率下降。为克服这一缺点,有时可采用直接接触式冷却结晶,它直接将冷却介质与结晶溶液混合。常用的冷却介质是惰性的液态烃类,如乙烯、氟利昂等。但应注意,采用这种操作时,冷却介质必须对结晶产品不污染,不能与结晶溶液中的溶剂互溶或者虽不互溶但难以分离。也有用气体或固体以及不沸腾的液体作为冷却介质的,通过相变或显热移走结晶热。这类结晶器有釜式、回转式及湿壁塔式等类型。

此外,还有许多其他类型的冷却结晶器,如摇篮式结晶器、长槽搅拌式连续结晶器以及

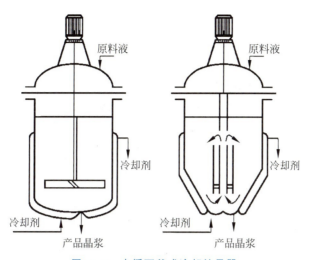

图 11.4 内循环釜式冷却结晶器

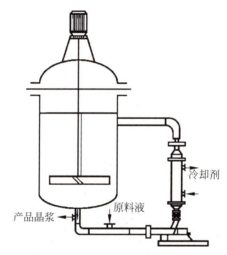

图 11.5 外循环釜式冷却结晶器

克里斯托(Krystal)冷却结晶器等,在此不再一一介绍。

2) 移除部分溶剂的结晶器

这类结晶器亦有多种,本节只介绍最常用的几种形式。

(1) 蒸发结晶器

蒸发结晶器与用于溶液浓缩的普通蒸发器在设备结构及操作上完全相同。在此种类型的设备(如结晶蒸发器、有晶体析出所用的强制循环蒸发器等)中,溶液被加热至沸点,蒸发浓缩达到过饱和而结晶。但应指出,用蒸发器浓缩溶液使其结晶时,由于是在减压下操作,故可维持较低的温度,使溶液产生较大的过饱和度,但对晶体的粒度难以控制。因此,遇到必须严格控制晶体粒度的场合,可先将溶液在蒸发器中浓缩至略低于饱和浓度,然后移送至另外的结晶器中完成结晶过程。

(2) 真空冷却结晶器

真空冷却结晶器是将热的饱和溶液加入一与外界绝热的结晶器中,由于器内维持高真空,故其内部滞留的溶液沸点低于加入溶液的温度。这样,当溶液进入结晶器后,经绝热闪蒸过程冷却到与器内压力相对应的平衡温度。

真空冷却结晶器可以间歇或连续操作。图 11.6 所示为一种连续式真空冷却结晶器。热的原料液自进料口连续加入,晶浆(晶体与母液的悬浮物)用泵连续排出,结晶器底部管路上的循环泵使溶液作强制循环流动,以促进溶液均匀混合,维持有利的结晶条件。蒸出的溶剂(气体)由结晶器顶部逸出,至高位混合冷凝器中冷凝。双级式蒸汽喷射泵用于产生和维持结晶器内的真空。一般地,真空结晶器内的操作温度都很低,所产生的溶剂蒸汽不能在冷凝器中被水冷凝,此时可在冷凝器的前部装一蒸汽喷射泵,将溶剂蒸汽压缩,以提高其冷凝温度。

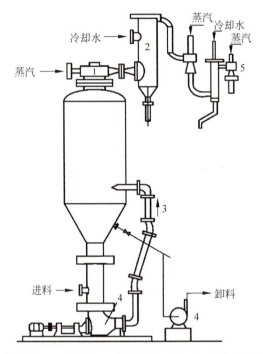

1—蒸汽喷射泵;2—冷凝器;3—循环管;4—泵;5—双级式蒸汽喷射泵。

图 11.6 连续式真空冷却结晶器

真空结晶器结构简单,生产能力大,当处理腐蚀性溶液时,器内可加衬里或用耐腐蚀材料制造。由于溶液是绝热蒸发而冷却,无需传热面,因此可避免传热面上的腐蚀及结垢现象。其缺点是:必须使用蒸汽,冷凝耗水量较大,溶液的冷却极限受沸点升高的限制等。

(3) DTB 型结晶器

DTB 型结晶器是具有导流筒及挡板的结晶器的简称。这种结晶器除可用于真空绝热冷却法之外,还可用于蒸发法、直接接触冷却法以及反应结晶法等多种结晶操作。DTB 型结晶器性能优良,生产强度大,能产生粒度达 600~1 200 μm 的大粒结晶产品,器内不易结晶疤,已成为国际上连续结晶器的最主要形式之一。

图 11.7 是 DTB 型结晶器的结构简图。结晶器内有一圆筒型挡板,中央有一导流筒。在其下端装置的螺旋桨式搅拌器的推动下,悬浮液在导流筒及导流筒与挡板之间的环形通道内循环流动,形成良好的混合条件。圆筒形挡板将结晶器分为晶体成长区与澄清区。挡

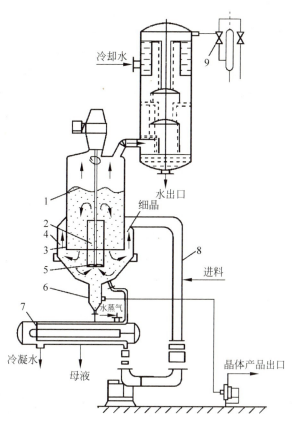

1—结晶器；2—导流筒；3—环形挡板；4—澄清区；5—搅拌桨；6—淘析腿；
7—加热器；8—循环管；9—喷射真空泵。

图 11.7　DTB 型真空结晶器

板与器壁间的环隙为澄清区，此区内搅拌的作用已基本上消除，使晶体得以从母液中沉降分离，只有过量的细晶才会随母液从澄清区的顶部排出器外加以消除，从而实现对晶核数量的控制。为了使产品粒度分布更均匀，有时在结晶器下部设有淘析腿。

DTB 型结晶器属于典型的晶浆内循环结晶器。其特点是器内溶液的过饱和度较低，并且循环流动所需的压头很低，螺旋浆只需在低速下运转。此外，桨叶与晶体间的接触成核速率也很低，这也是该结晶器能够生产较大粒度晶体的原因之一。

11.2　膜　分　离

11.2.1　概述

膜分离技术是自 20 世纪 60—70 年代发展起来的一种新的分离方法，较传统的分离单元操作具有能耗低、操作简便、占地少、无污染等优点，在许多领域正在取代常用的蒸馏、吸收、萃取等，成为一种新的单元操作，其应用领域还在进一步扩大。

膜分离过程是利用流体混合物中组分在特定的半透膜中迁移速度的不同，经半透膜的

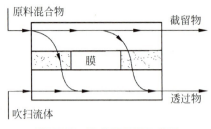

图 11.8 膜分离过程示意图

渗透作用,改变混合物的组成,达到组分间的分离。常见的膜分离过程如图 11.8 所示。原料混合物通过膜后被分离成一个截留物(浓缩物)和一个透过物。通常原料混合物、截留物及透过物为液体或气体。半透膜可以是薄的无孔聚合物膜,也可以是多孔聚合物、陶瓷或金属材料的薄膜。有时在膜的透过物一侧加入一个吹扫流体以帮助移除透过物。几种已在工业中使用的膜分离过程及其特性如表 11.1 所示。

表 11.1 工业化膜分离过程及其特性

分离过程	分离目的	截留物性质(尺寸)	透过物性质	推动力	传递机理	原料、透过物相态
气体分离 GP	气体浓缩或净化	大分子或低溶解性气体	小分子或高溶解性气体	浓度梯度(分压差)	溶解扩散	气态
渗透蒸发 PV	液体浓缩或提纯	大分子或低溶解性物质	小分子或高溶解性物质或挥发性物质	浓度梯度温度梯度	溶解扩散	进料:液态 透过物:气态
渗析 D	大分子溶液脱除低分子溶质,或低分子溶液脱除大分子溶质	>0.02 μm,血液渗析中>0.005 μm	低分子和小分子溶剂	浓度梯度	筛分、阻碍扩散	液态
电渗析 ED	脱除溶液中的离子或浓缩溶液中的离子成分	大尺寸离子和水	小分子离子	电势梯度	反离子传递	液态
反渗透 RO	溶液脱除所有溶质或溶质浓缩	>0.1~1 nm	溶剂	静压差	溶解-扩散、优先吸附/毛细管流	液态
纳滤 NF	脱除低分子有机物或浓缩低分子有机物	>200~3 000(相对分子质量)	溶剂和无机物及相对分子质量小于 200 的物质	静压差	溶解扩散及筛分	液态
超滤 UF	溶液脱除大分子或大分子与小分子分离	>1~20 nm	低分子	静压差	筛分	液态
微滤 MF	脱除或浓缩液体中的颗粒	>0.02~10 μm 的物质	溶液或气体	静压差	筛分	液态或气态

与常规分离过程相比,膜分离过程的特点是:①两个产品(指截留物和透过物)通常是互溶的;②分离剂为半透膜;③往往难以实现组分间的清晰分离。

虽然在100多年前人们就发现了膜可以作为分离剂,但是大规模的应用仅仅始于近60年。在20世纪40年代,多孔氟碳膜被用于分离$^{235}UF_6$和$^{238}UF_6$。20世纪60年代中期,醋酸纤维素反渗透膜首先被应用于海水淡化。1979年Monsanto化学公司成功地应用中空纤维聚砜膜实现了某些气体混合物的分离,而采用渗透蒸发进行乙醇脱水以及将乳液膜用于分离废水中的有机物和金属离子均始于20世纪80年代末。

用膜分离替代常规的分离操作可节省大量能耗。然而这种替代要求大规模地生产高传质通量、长寿命的膜以及将膜制成具有大比表面积、结构紧凑和经济的膜组件。膜分离过程的经济性和有效性取决于膜及膜组件的特性及其结构、形式,这些特性可以归结为:①具有高渗透性和选择性;②具有良好的化学和机械加工的环境适应性;③性能稳定、抗污染和具有较长的使用寿命;④易于膜件加工制造;⑤能够承受较大的跨膜压差。

本节将简要介绍膜材料的特点、种类及膜组件的形式。

11.2.2 膜分离与分离膜

广义地说,膜是分隔两相的中间相。有分离作用的膜称为分离膜,通常简称为膜。膜可以是均相的,也可以是非均相的。常见的有下列几种或其组合形式:无孔固体膜、多孔固体膜、多孔固体中充满流体(液体或气体)的支撑膜和液体膜。膜的材料可以是天然的,也可以是合成的;可以是有机的,也可以是无机的,目前以有机材料为主。膜可以制成各种形状,如中空纤维式、管式、平板式等。表11.2中归纳了膜的一些常用分类方法,在实际应用中往往是结合起来使用的。如有一种膜是复合结构的,形状是中空纤维的,用于气体分离过程,则该膜可称为中空纤维式气体分离复合膜;再如,一种管式的、材质为陶瓷的膜,用于超滤过程,则该膜被称为管式陶瓷超滤膜。

表11.2 常见的膜分类方式

分类依据	分 类
来源	天然膜、合成膜
状态	固体膜、液膜、气膜
材料	聚合物膜、无机膜
结构	对称膜(微孔膜、均质膜)、非对称膜、复合膜
电性	非荷电膜、荷电膜
形状	平板膜、管式膜、中空纤维膜
制备方法	烧结膜、延展膜、径迹刻蚀膜、相转换膜、动力形成膜
分离体系	气-气、气-液、气-固、液-液、液-固分离膜
分离机理	吸附性膜、扩展性膜、离子交换膜、选择渗透膜、非选择性膜
分离过程	反渗透膜、超滤膜、微滤膜、气体分离膜、电渗析膜、渗析膜、渗透蒸发膜

本节主要介绍聚合物膜和无机膜两大类。

1. 聚合物膜

目前,聚合物膜在分离用膜中占主导地位。聚合物膜由天然或合成聚合物制成。天然聚合物包括橡胶、纤维素等；合成聚合物可由相应的单体经缩合或加合反应制得，亦可由两种不同单体的共聚而得。按照聚合物的分子结构形态可将其分为：①具有长的线链结构，如线状聚乙烯；②具有支链结构，如聚丁二烯；③具有高交联度的三维结构，如酚醛缩合物；④具有中等交联结构，如丁基橡胶。线链状聚合物随温度升高变软，并溶于有机溶剂，这类聚合物称为热塑性(thermoplastic)聚合物，而高交联聚合物随温度升高不会明显地变软，几乎不溶于多数有机溶剂，这类聚合物称为热固性(thermosetting)聚合物。

按照聚合物膜的结构与作用特点，可将其分为致密膜、微孔膜、非对称膜、复合膜与离子交换膜五类。

1) 致密膜

致密膜又称均质膜，是一种均匀致密的薄膜，物质通过这类膜主要是靠分子扩散。

2) 微孔膜

微孔膜内含有相互交联的孔道，这些孔道曲曲折折，膜孔大小分布范围宽，一般为 $0.01 \sim 20\ \mu m$，膜厚 $50 \sim 250\ \mu m$。对于小分子物质，微孔膜的渗透性高，但选择性低。然而，当原料混合物中一些物质的分子尺寸大于膜的平均孔径，而另一些分子小于膜的平均孔径时，则用微孔膜可以实现这两类分子的分离。另有一种核径迹微孔膜，它是以 $10 \sim 15\ \mu m$ 的致密塑料薄膜为原料，先用反应堆产生的裂变碎片轰击，穿透薄膜而产生损伤的径迹，然后在一定温度下用化学试剂侵蚀而成一定尺寸的孔。核径迹膜的特点是孔直而短，孔径分布均匀，但开孔率低。

3) 非对称膜

非对称膜的特点是膜的断面不对称，故称非对称膜。它由用同种材料制成的表面活性层与支撑层两层组成。膜的分离作用主要取决于表面活性层。由于表面活性层很薄（通常仅 $0.1 \sim 1.5\ \mu m$），故对分离小分子物质而言，该膜层不但渗透性高，而且分离的选择性好。大孔支撑层呈多孔状，仅起支撑作用，其厚度一般为 $50 \sim 250\ \mu m$，它决定了膜的机械强度。

4) 复合膜

复合膜由在非对称膜表面加一层 $0.2 \sim 15\ \mu m$ 的致密活性层构成。膜的分离作用亦取决于这层致密活性层。与非对称膜相比，复合膜的致密活性层可根据不同需要选择多种材料。

5) 离子交换膜

离子交换膜是一种膜状的离子交换树脂，由基膜和活性基团构成。按膜中所含活性基团的种类可分为阳离子交换膜、阴离子交换膜和特殊离子交换膜。膜多为致密膜，厚度在 $200\ \mu m$ 左右。

2. 无机膜

聚合物膜通常在较低的温度下使用（最高不超过 200℃），而且要求待分离的原料流体不与膜发生化学作用。当在较高温度下或原料流体为化学活性混合物时，可以采用由无机材料制成的分离膜。无机膜多以金属及其氧化物、陶瓷、多孔玻璃等为原料，制成相应的金属膜、陶瓷膜、玻璃膜等。这类膜的特点是热、机械和化学稳定性好，使用寿命长，污染少且易于清洗，孔径分布均匀等。其主要缺点是易破损、成型性差、造价高。

无机膜的发展大大拓宽了膜分离的应用领域。目前，无机膜的增长速度远快于聚合物膜。此外,无机材料还可以和聚合物制成杂合膜,该类膜有时能综合无机膜与聚合物膜的优点而具有良好的性能。

3. 膜组件

如上所述的用于制造膜组件的各种膜可以做成如图 11.9 所示的各种形状:平板膜片、圆管式膜和中空纤维膜。典型平板膜片的长宽各为 1 m,厚度为 200 μm,致密活性层厚度一般为 50~500 nm。圆管式膜通常做成直径为 0.5~5.0 cm、长约 6 m 的圆管,其致密活性层可以在管外侧面,亦可在管内侧面,并用玻璃纤维、多孔金属或其他适宜的多孔材料作为膜的支撑体。具有很小直径的中空纤维膜的典型尺寸为:内径为 100~200 μm,纤维长约 1 m,致密活性层厚为 0.1~1.0 μm。中空纤维膜能够提供很大的单位体积的膜表面积。

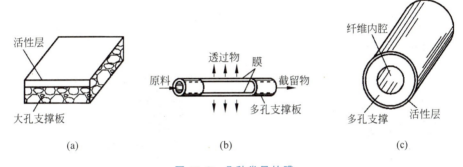

图 11.9　几种常见的膜
(a) 平板膜片;(b) 圆管式膜;(c) 中空纤维膜

由上述各种膜制成的若干结构紧凑的膜组件如图 11.10 所示。其中图 11.10(a)为典型的板框式膜件。其设计类似于常规的板框过滤装置,膜被放置在可垫有滤纸的多孔支撑板上,两块多孔支撑板叠压在一起形成的料液流道空间,组成一个膜单元。板框式膜组件所用的板膜的横截面可以做成圆形的、方形的,也可以是矩形的。如图 11.10(a)所示,苦咸水料液沿一组叠式平板膜的表面顺次流过,透过膜到达膜的另一侧,透过物为产品纯水,而截留物为浓缩的咸水。

平板膜片也可制做成如图 11.10(b)所示的螺旋卷式组件,其结构类似于螺旋板式换热器。螺旋卷式膜组件的典型结构是由中间为多孔支撑材料、两边是膜的"双层结构"装配而成的。其中三个边沿被密封而粘接成膜袋,另一个开放的边沿与一根多孔的产品收集管连接,在膜袋外部的进料侧再垫一层网眼型间隔材料(隔网),即膜、多孔支撑体、进料侧隔网依次叠合,绕中心管紧密地卷在一起,形成一个膜卷,再装进圆柱型压力容器内,构成一个螺旋卷式膜组件。

图 11.10(c)所示为用于气体混合物分离的中空纤维膜组件,其结构类似于管壳式换热器。加压的原料气体由膜件的一端进入壳侧,在气体由进口端向另一端流动的同时,渗透组分经纤维管壁进入管内通道中。通常纤维束的一端封住,而另一端固定在环氧树脂浇注的管板上。工业用典型中空纤维组件长为 1 m,组件直径为 0.1~0.25 m,组件内填充数千根乃至上万根纤维管。

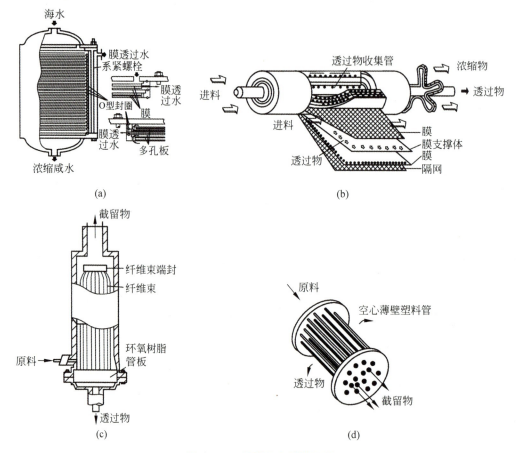

图 11.10 常见的几种膜组件
(a) 板框式；(b) 螺旋卷式；(c) 中空纤维式；(d) 圆管式

圆管式膜组件的结构如图 11.10(d)所示，其结构与管式换热器类似，但原料多进入管内，而透过物在壳侧。管式膜组件通常装填的膜管数可达 30 以上。

上述几种膜组件的传质特性和综合性能分别见表 11.3 和表 11.4，表 11.4 中填充密度是指单位体积膜组件具有的膜表面积。显然，中空纤维膜组件的填充密度最大。尽管板框式组件造价高，其填充密度也不是很大，但在所有的工业膜过程中被普遍使用（气体分离除外）。螺旋卷式膜组件由于它的低造价和良好的抗污染性能亦被广泛采用。中空纤维膜组件由于具有很高的填充密度和低造价，在膜污染小和不需要进行膜清洗的场合应用普遍。

表 11.3 四种膜组件的传质特性参数比较

组件形式	水力直径 d_p/cm	雷诺数 Re	传质系数 $k/(10^6 \text{ m/s})$
中空纤维式	0.04	1 000	11
圆管式	1.0	20 000	14
板框式	0.1	2 000	9
螺旋卷式	0.1	500	16

表 11.4 四种膜组件的特性比较

项 目	板框式	螺旋卷式	圆管式	中空纤维式
填充密度/(m²/m³)	30～500	200～800	30～200	500～9 000
料液流速/(m/s)	0.25～0.5	0.25～0.5	1～5	0.005
料液侧压强/MPa	0.3～0.6	0.3～0.6	0.2～0.3	0.01～0.03
抗污染性能	好	中等	很好	差
膜清洗	易	可	简单	难
膜更换方式	膜	组件	膜或组件	组件
组件结构	非常复杂	复杂	简单	复杂
膜更换成本	低	较高	中	较高
对水质要求	低	较高	低	高
料液预处理	需要	需要	不需要	需要
相对造价	高	低	高	低
主要应用	D、RO、PV、UF、MF	D、RO、GP、UF、MF	RO、UF	D、RO、GP、UF

本章能力目标

通过本章的学习,应掌握结晶和膜分离的基本原理方法,同时应具备以下能力:①根据生产要求,选择和应用恰当的分离过程;②根据分离要求,选择适宜的分离方法。

学习提示

1. 结晶方法特别适合于产品的提纯。在溶剂中,众多的少量杂质都处于不饱和状态,原则上都不会析出,只有高浓度的目的产物处于过饱和状态而析出,因此,只要控制结晶过程避免形成晶族夹带,适当洗涤,就可得到高纯度产品。但是,结晶母液中不可避免地含有相当量的目的产物,结晶方法难以达到高得率,因此,工业上经常采用组合方法,用其他分离方法进行粗分离,不追求高纯度,只追求高得率,而采用结晶方法保证高纯度。

2. 膜分离过程通常在常温下进行,特别适合于热敏性物料的分离,如食品、生物产品的分离、浓缩及纯化等。多数膜分离过程不发生相的变化,因而能耗低。由于膜分离过程主要以压力差或电位差等为推动力,因此装置简单,操作方便,易于工业放大。膜分离的应用范围广泛,不仅适用于无机和有机化合物的分离,而且适用于病毒、细菌等的分离。膜分离过程不消耗化学试剂,不外加任何添加剂,因而不会污染产品。

讨论题

1. 溶液结晶操作有哪几种方法会造成过饱和度?
2. 什么是晶格、晶系、晶习?
3. 冷却结晶器与移除部分溶剂结晶器各自的特点及应用范围是什么?
4. 晶体的成长过程是怎样的?
5. 常用的工业结晶设备的特点有哪些?

习 题

1. 结晶有哪几种基本方法？溶液结晶操作的基本原理是什么？
2. 结晶操作有哪些特点？
3. 超溶解度曲线与溶解度曲线有什么关系？溶解有哪几种状态？什么是稳定区、介稳区、不稳区？
4. 晶核的生成有哪几种方式？
5. 选择结晶设备时要考虑哪些因素？
6. 什么是膜分离？常用的膜分离过程有哪几种？
7. 膜分离有哪些特点？
8. 反渗透的基本原理是什么？
9. 超滤的分离机理是什么？
10. 电渗析的分离机理是什么？阴膜、阳膜各有什么特点？

参 考 文 献

[1] 柴诚敬,贾绍义.化工原理[M].3版.北京:高等教育出版社,2017.
[2] 贾绍义,柴诚敬.化工传质与分离过程[M].2版.北京:化学工业出版社,2009.
[3] 大连理工大学.化工原理[M].3版.北京:高等教育出版社,2015.
[4] 蒋维钧,戴猷元,顾惠君.化工原理[M].3版.北京:清华大学出版社,2009.
[5] BIRD R B,STEWART W E,LIGHTFOOT E N. Transport phenomena[M]. 2nd ed. New York: John Wiley & Sons,2002.
[6] 陈敏恒,丛德滋,方图南,等.化工原理[M].4版.北京:化学工业出版社,2015.
[7] 王瑶,贺高红.化工原理[M].北京:化学工业出版社,2017.
[8] 丁忠伟,刘丽英,刘伟.化工原理[M].北京:高等教育出版社,2014.
[9] 邹华生,黄少烈.化工原理[M].3版.北京:高等教育出版社,2016.
[10] 管国锋,赵汝溥.化工原理[M].4版.北京:化学工业出版社,2015.
[11] 谭天恩,窦梅.化工原理[M].4版.北京:化学工业出版社,2013.
[12] 陈涛,张国亮.化工传递过程基础[M].3版.北京:化学工业出版社,2014.
[13] 沙庆云.传递原理[M].大连:大连理工大学出版社,2003.
[14] 韩兆熊.传递过程原理[M].杭州:浙江大学出版社,1988.
[15] 邓颂九,李启恩.传递过程原理[M].广州:华南理工大学出版社,1988.
[16] 夏清,贾绍义.化工原理[M].2版.天津:天津大学出版社,2012.
[17] 丁忠伟.化工原理学习指导[M].2版.北京:化学工业出版社,2014.
[18] 阮奇,叶长燊.化工原理解题指南[M].2版.北京:化学工业出版社,2014.
[19] 王瑶.化工原理学习指导[M].北京:高等教育出版社,2016.
[20] 何潮洪,窦梅,钱栋英.化工原理操作型问题的分析[M].北京:化学工业出版社,1998.
[21] 黄婕.化工原理学习指导与习题精解[M].北京:化学工业出版社,2015.
[22] 柴诚敬,刘国维,陈常贵.化工原理学习指导[M].天津:天津科学技术出版社,1997.
[23] 马江权,冷一欣,韶晖,等.化工原理学习指导[M].2版.上海:华东理工大学出版社,2012.

气体的扩散系数

表 A1　一些物质在氢、二氧化碳、空气中的扩散系数（0℃、101.3 kPa）　　10^{-4} m²/s

物质名称	H_2	CO_2	空气	物质名称	H_2	CO_2	空气
H_2	—	0.550	0.611	NH_3	—	—	0.198
O_2	0.697	0.139	0.178	Br_2	0.563	0.0363	0.086
N_2	0.674	—	0.202	I_2	—	—	0.097
CO	0.651	0.137	0.202	HCN	—	—	0.133
CO_2	0.550	—	0.138	H_2S	—	—	0.151
SO_2	0.479	—	0.103	CH_4	0.625	0.153	0.223
CS_2	0.3689	0.063	0.0892	C_2H_4	0.505	0.096	0.152
H_2O	0.7516	0.1387	0.22	C_6H_6	0.294	0.0527	0.0751
空气	0.611	0.138	—	甲醇	0.5001	0.0880	0.1325
HCl	—	—	0.156	乙醇	0.378	0.0685	0.1016
SO_3	—	—	0.102	乙醚	0.296	0.0552	0.0775
Cl_2	—	—	0.108				

表 A2　一些物质在氢、二氧化碳、空气中的扩散系数　　10^9 m²/s

溶质	浓度/(mol/L)	温度/℃	扩散系数
HCl	9	0	2.7
	7	0	2.4
	4	0	2.1
	3	0	2.0
	2	0	1.8
	0.4	0	1.6
	0.6	5	2.4
	1.3	5	1.9
	0.4	5	1.8
	9	10	3.3
	6.5	10	3.0
	2.5	10	2.5
	0.8	10	2.2
	0.5	10	2.1
	2.5	15	2.9
	3.2	19	4.5
	1.0	19	3.0

续表

溶质	浓度/(mol/L)	温度/℃	扩散系数
HCl	0.3	19	2.7
	0.1	19	2.5
	0	20	2.8
CO_2	0	10	1.46
	0	15	1.60
	0	18	1.71±0.03
	0	20	1.77
NH_3	0.686	4	1.22
	3.5	5	1.24
	0.7	5	1.24
	1.0	8	1.36
	饱和	8	1.08
	饱和	10	1.14
	1.0	15	1.77
	饱和	15	1.26
		20	2.04
C_2H_2	0	20	1.80
Br_2	0	20	1.29
CO	0	20	1.90
C_2H_4	0	20	1.59
H_2	0	20	5.94
HCN	0	20	1.66
H_2S	0	20	1.63
CH_4	0	20	2.06
N_2	0	20	1.90
O_2	0	20	2.08
SO_2	0	20	1.47
Cl_2	0.138	10	0.91
	0.128	13	0.98
	0.11	18.3	1.21
	0.104	20	1.22
	0.099	22.4	1.32
	0.092	25	1.42
	0.083	30	1.62
	0.07	35	1.8

几种气体溶于水时的亨利系数

气体	温度/℃															
	0	5	10	15	20	25	30	35	40	45	50	60	70	80	90	100
	$E/10^3$ MPa															
H_2	5.87	6.16	6.44	6.70	6.92	7.16	7.38	7.52	7.61	7.70	7.75	7.75	7.71	7.65	7.61	7.55
N_2	5.36	6.05	6.77	7.48	8.14	8.76	9.36	9.98	10.5	11.0	11.4	12.2	12.7	12.8	12.8	12.8
空气	4.38	4.94	5.56	6.15	6.73	7.29	7.81	8.34	8.81	9.23	9.58	10.2	10.6	10.8	10.9	10.8
CO	3.57	4.01	4.48	4.95	5.43	5.87	6.28	6.68	7.05	7.38	7.71	8.32	8.56	8.56	8.57	8.57
O_2	2.58	2.95	3.31	3.69	4.06	4.44	4.81	5.14	5.42	5.70	5.96	6.37	6.72	6.96	7.08	7.10
CH_4	2.27	2.62	3.01	3.41	3.81	4.18	4.55	4.92	5.27	5.58	5.85	6.34	6.45	6.91	7.01	7.10
NO	1.71	1.96	1.96	2.45	2.67	2.91	3.14	3.35	3.57	3.77	3.95	4.23	4.34	4.54	4.58	4.60
C_2H_6	1.27	1.91	1.57	2.90	2.66	3.06	3.47	3.88	4.28	4.69	5.07	5.72	6.31	6.70	6.96	7.01
	$E/10^2$ MPa															
C_2H_4	5.59	6.61	7.78	9.07	10.3	11.5	12.9	—	—	—	—	—	—	—	—	—
N_2O	—	1.19	1.43	1.68	2.01	2.28	2.62	3.06	—	—	—	—	—	—	—	—
CO_2	0.737	0.887	1.05	1.24	1.44	1.66	1.88	2.12	2.36	2.60	2.87	3.45	—	—	—	—
C_2H_2	0.729	0.85	0.97	10.9	1.23	1.35	1.48	—	—	—	—	—	—	—	—	—
Cl_2	0.271	0.334	0.399	0.461	0.537	0.604	0.67	0.739	0.80	0.86	0.90	0.97	0.99	0.97	0.96	—
H_2S	0.271	0.319	0.372	0.418	0.489	0.552	0.617	0.685	0.755	0.825	0.895	1.04	1.21	1.37	1.46	1.062
	E/MPa															
Br_2	2.16	2.79	3.71	4.72	6.01	7.47	9.17	11.04	13.47	16.0	19.4	25.4	32.5	40.9	—	—
SO_2	1.67	2.02	2.45	2.94	3.55	4.13	4.85	5.67	6.60	7.63	8.71	11.1	13.9	17.0	20.1	—